征途

余西顺 李 卉◎主编

九 州 出 版 社
JIUZHOUPRESS

图书在版编目（CIP）数据

征途 / 余西顺，李卉主编 . -- 北京：九州出版社，2021.12

ISBN 978-7-5108-0718-3

Ⅰ.①征… Ⅱ.①余… ②李… Ⅲ.①区域地质调查—工作概况—山东 Ⅳ.① P562.52

中国版本图书馆 CIP 数据核字 (2022) 第 009035 号

征　途

作　　者	余西顺　李　卉　主编
责任编辑	姬登杰
出版发行	九州出版社
地　　址	北京市西城区阜外大街甲 35 号 (100037)
发行电话	(010)68992190/3/5/6
网　　址	www.jiuzhoupress.com
印　　刷	山东东方印刷有限公司
开　　本	710 毫米 ×1000 毫米　16 开
印　　张	25.75
字　　数	390 千字
版　　次	2022 年 1 月第 1 版
印　　次	2022 年 1 月第 1 次印刷
书　　号	ISBN 978-7-5108-0718-3
定　　价	96.00 元

《征途》编委会

主　　编：余西顺　　李　卉

副 主 编：李兆营　　吴召明　　孙永胜　　冯雪立
　　　　　李文正　　张　岚　　王红梅　　冯　潇
　　　　　车少远　　王伟德　　徐希强　　冯超臣
　　　　　孙士伟　　刘传朋　　胡自远　　肖丙建

编　　委：于英红　　廉　波　　杨荣杭　　豆文广
　　　　　周　媛　　王　倩　　刘　伟　　石　林
　　　　　姚锡平　　宋奠南　　朱　源　　艾计泉
　　　　　杨启俭　　刘金民

编　　审：余西顺　　李　卉　　李兆营　　吴召明
　　　　　王伟德　　徐希强　　肖丙建

图片作者：李　卉　　冯雪立　　刘　伟　　杨荣杭
　　　　　石　林　　任传玉　　刘卫东　　邓　俊
　　　　　刘效才　　赵红娟　　张士鹏　　袁丽伟
　　　　　宋彬滨　　王凯凯　　郭立帅　　陈文涛

山东省地质矿产勘查开发局第七大队
历史沿革和历任主要领导

地质部山东办事处沂沭地质队（1957.3—1958.4）

队长：马松寿（1957.3—1958.3）

队长：李学林（1958.3—1958.4）

书记：马松寿（1957.3—1958.4）

山东省地质局沂沭地质队 (1958.4—1961.3)

队长：李学林（1958.4—1960.3）

书记：李学林（1958.5—1959.5）

书记：张　诚（1959.5—1961.3）

山东省地质厅八〇九队（1961.3—1963.5）

队长：徐世忠（1961.10—1970.1）

书记：张　诚（1961.3—1962.7）

书记：刘殿选（1962.7—1965.8）

地质部山东省地质局八〇九队（1963.5—1970.1）

代理书记：徐世忠（1964.11—1970.1）

山东省地质局八〇九队（1970.1—1971.12）

革委会主任：赵　江（1970.1—1972.5）

核心领导小组组长：梅古文（1970.7—1972.5）

山东省地质局第七地质队（1971.12—1983.10）

队长：张　诚（1972.5—1978.4）

队长：范锡林 (1978.4—1984.11)

书记：赵江（1972.5—1985.6）

山东省地质矿产局第七地质队（1983.10—1996.11）

队长：郭云海（1984.11—1987.5）

队长：戴昭明（1987.5—1997.8）

书记：石同福（1985.6—1991.11）

书记：吕务德（1991.11—1998.6）

地矿部山东省地勘局第七地质大队（山东省第七地质矿产勘查院）（1996.11—2000.1）

院长：刘纯荣（1997.8—2005.8）（2002.4—2005.1 兼党委工作）

书记：袁光烈（1998.6—2002.4）

山东省地质矿产勘查开发局第七地质大队（山东省第七地质矿产勘查院）（2000.1—   ）

院长：于海新（2005.8—2008.4）

书记：李星传（2005.1—2009.3）

院长：韩志森（2008.4—2012.9）

书记：余西顺（2010.2—2014.1）

院长：曹发伟（2012.9—2017.3）

书记：周登诗（2014.1—2019.3）

院长：余西顺（2017.3 任职）（2019.3—2020.5 兼党委工作）

书记：余西顺（2020.5 任职）

序

　　山东地矿七院，是齐鲁大地沂蒙山区一支找矿劲旅的地质队。早在上世纪五十年代，他们从郯城陈埠起步，找到了一批有经济价值的金刚石砂矿床。继而，六十年代初，在地质部正确部署下，学习苏联、非洲找到了金刚石母岩——金伯利岩的经验。在中国老一辈地质学家程裕琪、池际尚、张炳熹、李璞等带领下，科研、院校、地质队三结合，还有奋战在找矿一线的有名的和一大批无名的探索者的艰苦卓绝的努力。先后，在贵州镇远马坪，山东蒙阴常马庄发现了含金刚石的母岩。当时的发现者地质找矿人命名为"贵州东风岩"，山东为"红旗号"。地质战线找矿发现捷报频传，那真是红火激情的年代。

　　人们期待，特别是在湖南沅水流域，中国成立最早的找金刚石的四一三队，多么企求希望在湖南发现"飘扬号"啊！但惊人的发现，恰是辽宁区域地质队，在辽南群众报矿点上石灰窑，怀疑是否是金伯利岩？于是送样到山东检查，再次确认是含金刚石之金伯利岩，辽宁地质人可谓一步登天，而后迎来金伯利原生矿的开采，与山东"胜利Ⅰ号"，开创了中国金刚石原生矿床勘探开发的先河。

　　回顾中国金刚石矿找矿的历程，地质工作者的科学信念，科学功底，敬业奋斗的精神，还有群众报矿的群策群力等等，都应总结和记取的。

　　进入中国特色社会主义新时代，在中国共产党的百年华诞之际，习近平总书记提出学习中国共产党人奋斗百年史。七院地质人认真学习贯彻。《征途》问世，则是最好的例证。

我祝愿七院全体员工，在以习近平同志为核心的党中央的领导下，再接再厉发扬沂蒙红旗精神，按着地球科学规律，为资源能源保障，为生态环境优美净化，为人类生命安全幸福，作出不懈的努力。

　　我更期待希望：在杨经绥院士带领下，中国金刚石梦之队在中华大地上谱写新的篇章。

老地质人宋瑞祥

2021 年 12 月 31 日

于三亚湾

序

山东地矿七院，是齐鲁大地济

宁山区一支地矿劲旅的地管队。

早在上世纪五十年代，他们以郓城、

陵辛起步，找到了一批有理深价值

初金刚石矿矿石来。继而，六十年代初，

一

花地笙部正碟新署下，吕智英脿、

非洲载所拿刷了世岛—金伯利

岩石经路。在中国老一辈地质学

家程裕祺、池际尚、张炳熹、

李璞等领导下，钏碎、隐珠、地堑

队三结合，还有高级在抚矿一浅阳

二

有各的和一大批无名的探索者的娘

苦卓绝的努力。先后,在贵州镇远

三坪、山东蒙阴常马光发现含笔

石的母岩。奉时的发现者此贤找

矿人命名为:贵州查页岩者、

山车为:红禧等、地堂找诸找矿

三.

发现继承期待。那真是红火滋情

70年代。

人流期待，特别是在湖南沅水流

域，中国世最早的代言剧盘的四三么Ｐ，

多么期企求希望在湖南发现瓢

吗呈二啊！理错儿的发现，临追

遂于阳城民望店，在达南骅丘
指所正上，石女宽，将证是否回宝二
伯到者？于是遂择到此车赴夏，
再次研讨是否宝刷石之金伯到夏。
达宇地丝何谓一步处天，而运来
金伯到广生所均开垩，与山君陽

王.

创一幕、再创了中国画所不厚先生行

开勘经闻发矿生河。

回报中国地质所找矿的方针，

地质工作者和刘子信念，料生功深了

勘生带生精神，还有醉众诚实有

醉美醉力、笔二、都在东结如记识的。

六

进入中国特色社会主义新时代，在中
国共产党百年华诞之际，习近平
总书记提出学习中国共产党人奋斗
百年史。七院地贺人认真学习
学术。《征途》问世，则是最好
的例证。

敦说镇七院全体员工，在习近平

为核心党中央的领导下，再接再励发

扬沂蒙红嫂精神，披着晨光利用

地滩，为兰考施源保障，为生态

环境优美净化，为新生命安全

幸福，作出不懈的努力。

八、

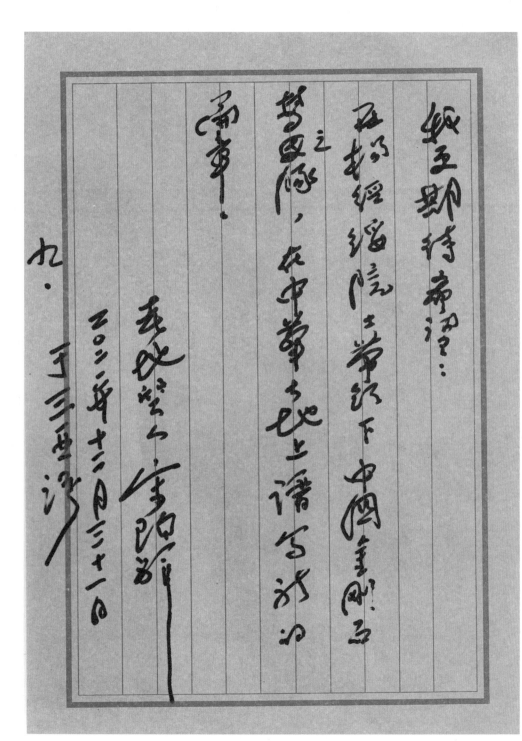

敬王郎待席前：

在物经缩院支撑纸下 中国美丽马
之
梦团队，在中华大地上谱写诗力

蒲事！

委托等人 金沙珍

二〇二一年十二月三十一日

九. 千三五无济

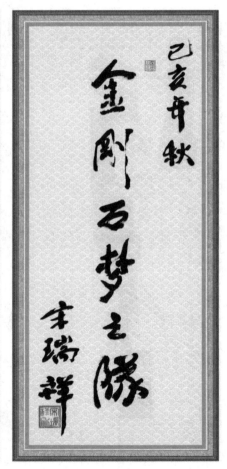

▲ 原地质矿产部部长宋瑞祥为七院题词

前言

全书以时间为节点，根据不同时期山东省第七地质矿产勘查院（以下简称"七院"）从事地质工作所担负的不同使命，概括了所取得的部分成果、干部职工的历练成长、单位的不断发展壮大。全书共分为《初心》《征途》《精神》《蓝图》《使命》五个部分。

第一章《初心》，主要是通过采访七院数位退休老专家、查阅相关历史资料，真实记录了七院人自 1957 年建院以来的金刚石、蓝宝石找矿历程。

第二章《征途》，记录了七院 13 年的西部工作经历和国外勘查经历。展现了七院人积极响应"走出去"的号召，在西部高原崇山峻岭中、在异国他乡开展地质工作的情景。

第三章《精神》，记述了近年来七院充分发挥公益职能，积极参与临沂市新旧动能转换、城市地质、农业地质、乡村振兴、新能源利用、抗旱打井、事故救援等工作，用实际行动书写地质"三光荣""四特别"精神、新时代沂蒙精神和"地质报国、无私奉献、艰苦奋斗、协同合作、求实创新、勇于登攀"红旗精神的点点滴滴。

第四章《蓝图》，记录了七院聚焦新时代地质任务，参与大地质、大资源、大生态工作取得的成绩，展现出七院围绕新时代地质工作的社会定位，展望未来发展蓝图。

第五章《使命》，辑录了七院与《临沂日报》合作开设的"沂蒙地矿"专版文章，讲述 2019 年以来七院充分发挥地质工作先行性、基础性、公益性、战略性作用，以地质报国为使命，为沂蒙经济建设提供精准优良地质服务的工作事例。

目录

第一章
初心

文／王红梅

征 途

　　在广袤的天地间，在时间的长河里，有多少灿若星河的美好记忆？记忆中璀璨夺目的那一颗颗别样的石头，凝结了谁的心血？

　　石头是有记忆的，记忆需要挖掘，如同珍宝需要寻找。

　　那段辉煌，那段历史，经过时间的涤荡淘洗变得更加夺目，如同阳光下的钻石，闪耀着绚烂的光芒。光芒中的那些人物，昭示着我们去探寻和了解。让我们跟随寻宝人一起逆着时光，去时间的深处探秘，去看看那时年轻的他们跋涉的身影、汹涌的激情和饱满的情怀。

璀璨闪耀 60 年

性情稳定隐藏深，品质优良引探究

欣赏一颗钻石时，你看到的是久远的历史。

世界各地都有关于钻石的美丽传说。古希腊人相信钻石是陨落在地球的星星的碎片，甚至相信钻石是天神滴落的眼泪。人们也一度相信钻石是天水或天露。直到今日，现代科学的发展才告知人们，钻石并非从天而来；相反，是从地下破土而出的。

钻石是经过人为加工雕琢的金刚石，就躲藏在广袤的与金刚石相伴的矿物中。

金刚石俗称金刚钻，在古希腊语中是 Adamant，意思是坚硬不可侵犯的物质。金刚石硬度很大，是目前已知自然界最坚硬的矿物，绝对硬度是石英的 1000 倍、刚玉的 150 倍，怕重击，重击后会破碎。它的化学性质很稳定，在常温下不易溶于酸和碱，酸碱不会对其产生反应。因此，在工农业生产、航空航天领域中的应用不可替代。

"金刚石"一词由印度传入我国，它的名称来源于印度佛教的"经书"。公元 260 年的晋朝时期，我国从印度传进来一种非常坚硬的石头，这种石头能够切开玉石，当时被人们称为"居于万物之首的硬物"。人们想，这么坚硬的石头在本土应该给它起个什么名字最合适呢？印度佛教创始人释迦牟尼的弟子，用梵语写下了许多供信徒们背诵的经书，经书中把最坚硬的兵器、最坚硬有力的人称为"博曰罗"。后来翻译成汉语即为"金刚石"，意思是金子中最刚硬的。因此人们就把印度传进来的这种石头，称为"金刚石"。还有人把它叫作"金刚钻"，因为明朝的李时珍在研究金刚石时，又发现它不仅能切割坚硬的物体，而且还可以在玉器、瓷器上打洞，于是李时珍便将金刚石称作"金刚钻"了。他在《本草注》中这样说："（金刚石）其沙可钻

征 途

玉补瓷，谓之钻。"另外，由于有一些金刚石经过白天的阳光照射，等到晚间便会放射出大监色的光耀，因此，人们还称它为"夜光石""天宝石""夜光璧"等。

无论传说还是历史记载，都表明了金刚石的稀有和珍贵。

金刚石的形成需要一个漫长的历史过程。经研究表明：地表以下150多千米处富含碳元素的岩浆，在 $45\sim60kPa$ 的压力和 $1100℃\sim1400℃$ 高温的环境下形成金刚石。绝大多数金刚石的形成年代都在20亿到30亿年前，人类文明虽然有几千年的历史，但是人们发现和初步认识金刚石却只有几百年，而真正揭开金刚石内部奥秘的时间则更短。有关金刚石的那些美丽的传说和猜测，就是人们对金刚石的感性认识阶段。纵观历史，人们对金刚石的认识大致经历了四个阶段。

（1）约3000年前，金刚石首见于印度。古印度人认为金刚石是上帝赐给印度佛教徒的礼物，来自天国。

（2）15世纪以来南非人一直在奥兰治河开采砂矿，开采了300年，他们认为金刚石来自河沙。

（3）1871年，南非人在奥兰治河上游的金伯利地区开采砂矿，逐步追寻到原生矿，从而确定金伯利岩为金刚石母岩。

（4）1976年，澳大利亚发现富含金刚石的橄榄金云火山岩（又称钾镁煌斑岩），认为这是又一种金刚石的原生矿类型。

20世纪80年代以前，金刚石地质工作者普遍认为，金刚石是伴随金伯利岩的其他矿物一道从岩浆中结晶出的。近30年来，随着金刚石同位素研究的深入，发现金刚石年龄较寄主岩石金伯利岩或金云火山岩要早很多，从金伯利岩或金云火山岩中幔源捕虏体常含有金刚石、金刚石中也有幔源矿物的包体等事实中，逐步认为金刚石是由橄榄岩或榴辉岩等幔源捕虏体解体供源，并进一步认为金伯利岩或金云火山岩等本不产金刚石，它仅作为载体携带金刚石侵位。

山东有了地质队，快速上马找矿忙

在我国历史记载中，山东郯城是第一个金刚石出产地。据《沂州府志》及《郯城县志》记载，早在明朝末年熹宗年间（1621—1628年），山东郯城马陵山就出土过金刚石。在清朝道光年间，生活在郯城北部的人经常能捡到钻石，用于日常修理瓷器、补锅补盆等。郯城出产钻石的消息还吸引了外国人，有位叫朱德尔的德国人1907年曾经到郯城北部收购80颗钻石。他想获得更大利益，就到于泉进行实地考察，在此开采了三年，但收获不大，最后不了了之。抗战之前，贪婪的日本人闻讯而来，1931—1937年间他们在此进行了疯狂的掠夺式开采，掠走了重达281.25克拉的著名的"金鸡钻石"。抗战胜利后，国民党统治时期，有不少地质专家来此调查，数十年间，在于泉、神泉院一带，每年都有一二十颗金刚石出土。

1952年7月，地质部派遣申庆荣、张有正、章人骏等地质专家来山东进行调查。他们在郯城李庄，临沂金雀山和窦家岭，蒙阴东汶河和胶南七宝山、胶县、莱西南墅等地约1500平方千米范围内考察了四个多月，证明郯城县李庄、临沂窦家岭地区有金刚石踪影。1953年地质部派章人骏等专家来做进一步调查和确认，他们对沂河流域3644平方千米进行深入了解后，确认沂沭河中下游金刚石出土点有十多处，且大部分在沂河以东、马陵山以西地区。

1955年，地质专家在以上工作基础上继续深入调查发现，在郯城李庄一带，那几年每年都会有十多颗金刚石被人捡到，小的如黄豆般大小，大的如杏核，且多为无色透明的晶体。顺着这条线索，地质专家对柳沟、小埠岭、陈埠、于泉等地取样并粗略选矿，大都有收获，且所选金刚石质量好、颗粒较大，分布范围南北长10千米左右，宽3千米左右，资源潜力较大。

随着我国经济持续快速发展，冶金、机械、光学仪器、地质钻探等领域，对金刚石的需求越来越大。另外，金刚石也是国家发展新能源、新材料、信息技术、空间技术等新兴产业的重要战略资源。而当时那个年代，我国尚不能从国际市场上购买到军工和航天方面需要的金刚石。各种需求日益

征 途

增大，如何解决？

从世界范围看，金刚石的供源主要是金刚石原生矿。故寻找金刚石原生矿，成为当务之急。当时地质部把金刚石定位为急缺矿种，并列为保密矿种。时间紧、任务重，同时也没有可以参照参考的数据和标本，但这些困难没有让一心为国争光的地质队员们退却，他们相信只要坚持不懈，不断实践和总结经验，就一定能找到金刚石。

带着满怀的报国热情，山东省地质队员们艰难的金刚石找矿历程，就这样踌躇满志地起步了。

1957年3月，根据地质部山东办事处的指示，地质部山东办事处沂沭地质队（第七地质队前身）成立，专门从事该地区金刚石砂矿的普查及评价工作。委任马松寿为队长，地质工程师刘智武为技术负责人。全队配备一辆马车，33名成员带着简单的行李和简陋的地质工具，就这样在初春料峭的寒风中，走进了齐鲁大地，开始了山东金刚石找矿历程。

首先开展普查工作。地质队员分成几组在郯城李庄地区进行地质踏勘。经过几个月艰苦细致的工作，大致弄清了金刚石的出土区地貌、第四纪地层特征。

7月12日，山东第一个金刚石砂矿选矿实验厂在郯城县柳沟村建成投产。

1958年2月，选矿厂扩建为三个普查选矿检查组，分别在柳沟、小埠岭、陈家埠、岭红埠等地进行选矿工作。3月26日，山东办事处处务会决定，任命李学林为沂沭地质队队长，然后将队部搬迁到沂南县张庄。4月21日，地质部山东办事处沂沭地质队改名为山东省地质局沂沭地质队。

1960年12月10日，在湖南省召开的金刚石会议上提出砂矿和原生矿普查同时并举的方针。1960年12月份，在东汶河上游蒙阴河段邵家沟大样选矿中首次发现两颗金刚石，重量分别是83.2毫克和8毫克。又在大姜庄大样选矿中发现金刚石一颗，重量为17.2毫克。同年，探明 C_2 级金刚石储量5420.8克，超国家计划35%；探明远景储量25078克，超国家计划57%。

1961年2月，地质队在郯城县李庄乡队部建了40间房子，终于结束了长期租房的生活，有了属于自己的根据地。当时地质队的工作人员大多是单身汉，他们在食堂每天吃两顿饭，每天早上早饭后，根据工作需要，他们就分成几组，带上一点儿干粮、咸菜和水，带着工具，推着小车到各自的区域开始寻矿。无论春秋冬夏，地质队员们的午饭基本都是在工地上简单对付的。

1961 年 3 月 10 日，山东省地质局沂沭地质队改名为山东省地质厅八〇九队。

1963 年 5 月 20 日，山东省地质厅八〇九队，又更名为地质部山东省地质局八〇九队。

条件艰苦无标本，乐观面对勇探索

八〇九地质队的队员们每日早出晚归，无论是酷暑还是严寒，他们始终奔走在金刚石可能出现的地方，期待着眼前一亮的时刻。

1960 年 9 月，北京地质学院的池际尚教授来队指导工作，建议成立综合研究队，进行火山岩地质、物化探、构造等研究工作，便于尽快找到金刚石原生矿。

1961 年 10 月下旬，地质部地矿司田林司长，赵心斋副总工程师，严崎、蒋溶工程师及北京地质学院师生一行 10 人，到郯城等地进行实地考察，他们指示八〇九地质队要把工作重点由砂矿勘探逐步转到原生矿找矿上来。同时，他们调来地质部综合地质大队部分人员，协同八〇九地质队开展金刚石地质找矿研究。这一举措大大加强了原生矿找矿的技术力量。这群年轻的地质队员思想活跃，且精力充沛，都有着为祖国找矿事业奋斗终生的决心。这火热的激情在那个时代显得尤为感人和可贵。

在当时那个年代，国内没有人见过金刚石原生矿，也没有人见过金伯利岩标本。他们不知道突破一个金刚石原生矿新区最有效的找矿方法，手上仅有一些文字资料的描述。因此，金刚石原生矿找寻之路的艰难，可想而知。

1962 年 7 月，根据地质部指示，八〇九地质队与地质部综合地质大队

征 途

联合成立山东省地质厅八〇九队专题研究队，共同开展金刚石原生矿专题研究，进行金刚石原生矿找矿和综合研究工作。根据非洲多数金刚石原生矿形成于中生代的特点和郯城—临沂—沂南金刚石呈线状分布趋势，把专题研究重点放在了沂南县以西的蒙阴白垩纪火山岩上。首先，专题研究队对蒙阴盆地中生代火山岩进行深入的地层学和岩石学研究，将蒙阴盆地火山岩划归为中生代青山组，分三个岩性段；火山作用划分成二大旋回，十三个韵律，二十八次喷发。发现蒙阴火山岩主要为安山岩和粗安岩，仅在第二旋回早期见有少量的玄武岩。而后调查区逐步扩大，并结合区域航磁和重力资料，对本区周围的大地构造环境和地质历史等进行了深入研究。

1963 年，专题研究队对蒙阴盆地的玄武岩和第三纪官庄群砾岩进行多点基岩选矿工作，在邵家北沟官庄群下部选获七十余颗金刚石和几十颗镁铝榴石。从蒙阴地处东汶河的上游推断，这里有可能成为东汶河中下游地区和郯城金刚石供源地。专题研究队认为本地区的成矿前景良好，从而极大地振奋了对金刚石原生矿的找矿热情。1964 年 2 月 10 日，八〇九地质队队党委召开扩大会议，决定学上海、赶上海；学大庆、赶世界先进水平。

1964 年 2 月，刘景一等编写提交了《郯城金刚石砂矿陈埠矿区地质探矿简报》。3 月，郭云海、衣德学等编写提交了《郯城于泉矿区 1963 年年度地质勘探报告》，王钟衍等编写提交了《沂河中游河阳—沂水地区 1∶50000 地貌及第四纪地质测量报告》，完成测量面积 558 平方千米。在此期间，八〇九地质队专题研究队和二分队合并，称八〇九地质队二分队，分队部设在蒙阴西洼。

1964 年 4 月 22 日，在八〇九地质队地质工作会议上，队党委提出了"高速度、高水平，争取三年内找到原生矿，夺取全国冠军"的战斗口号，极大地鼓舞了全队的找矿热情。

用坚定的脚步丈量，用敏锐的目光搜寻，用崇高的信念支持，战天斗地，风餐露宿，顶风冒雨，不懈探索，坚持追索，地质队员终于成就惊天动地的伟业。

"一号会议"吹号角，惊喜发现原生矿

地质部对于蒙阴金刚石原生矿找矿工作非常重视。在山东金刚石砂矿勘探工作即将结束，将要转入原生矿普查时，1964 年 11 月 10 日，地质部在临沂召开全国第一号金刚石专业会议，会议由地质部地质司田林司长主持。这是建部以来规模最大的一次会议。参加会议的人员是来自湖南、贵州、广西、湖北、河南、江苏、山东、安徽、江西等金刚石专业队的代表，都是各队专业知识扎实又有着丰富找矿经验的业界精英。八〇九地质队共有 10 人参加，50 多人列席。

会上，首先介绍了不久前地质部赴非洲坦桑尼亚考察的情况，详细通报了岩筒周围区域地质情况，岩筒地质结构，金伯利岩岩石类型、矿石品位和金刚石品级、金刚石指示矿物镁铝榴石、铬透辉石等特征，展示了带回的金伯利岩标本和金刚石指示矿物标本，介绍了金伯利岩产出的地质背景及找矿方法。

金伯利岩是一种偏碱性的超基性岩，是具有斑状结构和角砾状构造的云母橄榄岩，因为 1871 年发现于非洲金伯利而得名。它旧称角砾云母橄榄岩，多呈黑、暗绿、灰等色，是产金刚石的最主要火成岩之一，常成群成带地出现。金伯利岩是由火山引爆产出的，和周围的其他岩石混杂，不好确认，而且我国一直也没有自己的金伯利岩矿石标本。当时对金伯利岩野外的唯一鉴定方法是取样，通过观察矿物的光泽、颜色和质地，人工肉眼确认。

鉴于此，会上地质专家特别详细地介绍了利用水系重砂测量寻找金刚石原生矿的方法。从水系重砂样品的位置、取样、样品处理程序及指示矿物、伴生矿物鉴定等工作，到如何根据矿物表面特征、数量的变化，判断运移的距离，分析原生矿可能产出的方向等，做了深入的讲解。为了更好地将理论和实践密切结合，让地质队员们的理性认识和感性认识统一到位，地质专家带领大家到实地现场就水动力条件、重砂富集的原理等进行了讲解，并示范样品处理程序。

当时已经快入冬了，野外的寒风吹着衣着单薄的地质队员。他们边认真

征 途

听讲边仔细做笔记，生怕漏掉一个细节，有些实践过程都抢着动手体验，想尽快把新学到的经验变成自己的技能，充满了学习的热情和力量。

会议期间，代表们都非常活跃，各队交流了工作成果、工作进度和找矿经验，一起深入细致研究了湖南、山东、河南等省金刚石原生矿普查选区、总体部署、工作方法、手段等问题，都感觉收获非常大。会议结束时，田林司长信心满满地鼓励大家要多学习、多实践、多交流，多种方法综合起来为我所用，早日开创中国金刚石找矿新局面，多立新功。代表们一致认为，山东金刚石找矿线索丰富，找矿选区准备充足，找到原生矿的可能性很大。八〇九地质队代表们满怀信心，向大会表示，要"以地质观察法为基础，以重砂法为主要手段"，"高速度、高水平，争取三年内找到金刚石原生矿，夺取全国冠军"。

这次会议从 11 月 10 日开到 16 日，既有讲座，又有野外考察、实习，还有典型发言和交流讨论，几天的安排井然有序又内容丰富。会议气氛紧张热烈，深入细致，可操作性强，为下一步金刚石原生矿找矿制定了切实可行的方案。

我国金刚石地质勘查时间短，且找矿方式都是大规模的采样，耗费人力、物力太多太大，破坏农耕用地也多，地质工作者手里的工具很原始。为了节约成本，那些重体力活都是自己来做，效率很低。换了小体积重砂方法后，可以多点采集，几种矿物质一起寻找，几个人一组，集思广益，机动采集，找矿的速度加快了，劳动量也相对减少了很多。

"一号会议"吹响了进军金刚石原生矿的号角，这是金刚石原生矿找矿动员大会，也是誓师大会。

一年之计在于春。1965 年春节后，回家过年的地质队员们早早告别了亲人，从各地赶回单位，大家都知道要开一个重要的会议。

1965 年 3 月 9 日，八〇九地质队召开了全队地质工作会议，传达了"一号会议"精神，全面总结了山东多年来金刚石找矿工作成果，分析郯城砂矿的供源方向。根据鲁南地区金刚石出土点分布特征和多年来专题研究成果，确定东汶河、祊河的上游地区为金刚石原生矿找矿重点，要以地质观察法为基础，以重砂法为主要手段，集中全队主要力量进行扫面工作。田林司长和赴非洲考察团的部分人员全程参加会议。

会后，八〇九地质队党委决定集中全队地质队员和工人在李庄沂河岸边，练习取样、淘洗、过筛、跳汰、手选等操作方法，认识伴生矿物。根据实际情况，制定了一系列的工序操作规程，确定责任人，明确质量要求。根据工作开展实际情况，自己动手制作取样工具，调整生产组织模式，为下一步将要开展的野外金刚石原生矿找矿工作做好了一切准备。

1965 年 3 月底，当春风吹醒了沉睡的一切，金刚石原生矿普查工作正式在东汶河、祊河和莒南等约 5000 平方千米范围内热火朝天地展开了。八〇九地质队派出 4 个分队，17 个普查组，共 400 余人。各组成员带着行李分住在农村的茅草屋，有的甚至住在牛棚里。初春的夜晚还是很冷的，从各个缝隙钻进屋子里的寒风，不时把灯火吹得歪向一边。他们的日常工作是：每天早晨七八点出发，奔波于崇山峻岭，边进行地质观察，边取样，下午三四点回来，晚上则在小煤油灯下整理资料。没有节假日，没有周末。午饭都是在工地上啃凉馒头、吃咸菜、喝凉水。

各组的同志们干劲很大，互相比赛，工作进展很快，发现镁铝榴石和铬铁矿的消息不断传来，这大大激励了广大地质队员的找矿信心。

承担东汶河上游蒙阴县南半部金刚石原生矿普查任务的是 201 组，全组共有 11 人，组长梁友义，政治工作员綦锡庆、孟兆洲，地质员尹承科、毛寿广，另有 6 名地质工人。1965 年 3 月底，201 组的队员来到垛庄。在这里，他们每天早出晚归，跋山涉水，艰苦细致地勘查分析。全组同志齐心协力，不到两个月就完成了双堠、垛庄等地约 200 平方千米的工作，于 6 月初搬到联城，开始在蒙阴、联城和盘车沟等地工作。随着经验越来越丰富，工作越干越熟练，效率也越来越高。7 月 5 日，他们结束该区的工作后，紧接着搬到了常路。

在联城工作后期，为了检查队员的手选质量，201 组在重砂原样中加进了两颗标准的镁铝榴石。不想这个设计好的环节却出乎意料，样品处理完时只选到一颗，另一颗不知为何不见影踪了。

征途

6月25日，在常马庄附近低缓丘陵的冲沟中，他们选取了一个30升的重砂样，当时为了争取时间多做工作，201组将重砂于选矿物经分队转送实验室，不等鉴定报告出来就搬到新区工作了。实验室工作人员在常马庄取样点121号样中选到了一颗镁铝榴石，仔细比对发现，这个矿物与坦桑尼亚姆瓦堆岩管中的镁铝榴石一样，均来自金伯利岩，但当时大家以为这是之前检测手选质量时没找到的那一颗，就未引起重视。后来在大队召开的月度地质例会上再次提到这个问题，这一颗镁铝榴石究竟是不是以前丢的那颗，一时判断不清。为了稳妥起见，建议再一次取样检查。于是7月12日这天，已经搬到常路的201组组员毛寿广、孟兆洲、陈林本等人，又带着简单的行李和生产工具冒雨返回常马庄，在原点位加大取样200升，分作上下两个样处理。

这一次的检测，都格外认真，在处理样品过程中各工序都会反复仔细检查。在上层样中未见镁铝榴石。在下层样处理的后期，出现两颗红色矿物、一颗白色矿物，大家在手持放大镜下观察多次，认为可能是镁铝榴石和金刚石。这个发现让大家很兴奋。为尽早确认这三颗矿物的真实面目，决定立即送往蒙阴实验室。当时没有代步工具，待毛寿广他们几人步行三十多里到达蒙阴时，已是日落时分。实验室的工作人员立即拿出显微镜进行观察和物性测试。经过两个小时的认真分析鉴定，最后确定两颗红色矿物为镁铝榴石，是典型的金刚石伴生矿物，那颗白色矿物是金刚石，而且晶型完整。镁铝榴石和金刚石同时出现在一条长约200米的冲沟内，依据经验，大家一致认为，距离找到金刚石原生矿真的不远了。

这一消息如一声春雷轰动了全队，人们欢欣鼓舞，奔走相告。第二天一大早，分队和实验室所有在家的地质队员相约一起步行前往常马庄。在郯城的大队人员听到这一消息也异常兴奋，立即乘公共汽车赶来，一同参加原生矿的追索工作。几队人马会合后，大家有说有笑地一起来到野外，迅速分工到各个可疑地带，认真观察和寻找。重砂组的同志继续沿着冲沟向上游取样，其他人员在周围踏勘观察。7月的正午已经有些炎热了，可是没有一个人喊热，他们弓着腰身，顶着烈日，汗流浃背，神情专注……饿了，就掏出随身带的干粮；渴了，就把背在身上的水壶拿下来，仰着脖子喝几口，顺便直一直腰身。夕阳神色温柔，晚霞映照西天，山风变得凉爽，不知不觉天色已晚。迎着余晖走在返回驻地的路上，大家边走边聊，总结一天的收获，计划明天的行动。第二天，大家又早早起床，依旧热情地继续追索，往返观察。

两天未果之后，大家心里充满疑惑和急躁。到底是怎么回事，为什么地质队员们见到的只是大面积裸露的花岗片麻岩，没有国外金伯利岩常见的"黄土""蓝土"，也没有负地形，仅见一条破碎带呢？难道是这里的矿体太小，被浮土掩盖了？地质队员们一方面向省局作了详细的汇报，另一方面继续讨论起来。

根据实际情况，队里及时调整行动方案：一方面在基岩裸露处加密路线，细致观察，同时加大对局部覆盖区的揭露，继续利用近距离、小体积自然重砂样追索。样品间距由 50 米、20 米，最后到 10 米、5 米，一步一步地沿着冲沟向沟顶方向推进。这时闻讯而来的山东省地质局、地质部地质科学院、成都地质学院实习的师生及地质部综合队等单位的同志也一起加入追索的队伍。山上山下几十人往返奔走，边追索边讨论，仔细审视每一岩石的露头。经过十几天的细致工作，一个奇异的现象凸显出来：在一条北东向破碎带以东的坡下方向，镁铝榴石普遍而富集，而越过破碎带，则一颗也没有。

别处发现的金伯利岩总是伴着"岩管状、负地形、黄土、蓝土"这些标志性的特点，而现在面临的实际情况，和之前大家学习到的那些国外找矿经验出入很大。为了尽快取得突破，8 月初，分队在现场召开地质例会，共同商讨下一步的工作方案。有人说，是不是岩管被剥蚀光了，仅剩下少量的金刚石和镁铝榴石了？有人提出这几颗金刚石会不会是陨石撞击产生的？更多人认为大量的镁铝榴石和金刚石的出土，表明一定有岩体出露，幔源侵入岩不可能全部被剥蚀光。

为何一条破碎带竟然成了镁铝榴石的分界线？破碎带能供给镁铝榴石吗？8 月 23 日下午，在破碎带东侧几米处取样编号 218 样品中，发现二十余颗镁铝榴石，于是疑点进一步集中在破碎带上。

24 日，晴空万里。上午，分队长主持召开了由各组组长参加的地质例

征 途

会，地科院和成都地院的部分成员也应邀参加，共同研究进一步工作，确定下午对破碎带进行取样，采取淘洗、跳汰、手选、鉴定的方法，同时在山上取样。

中午，在简单地啃了两个馒头后，毛寿广、陈林本、孟兆洲、万清隆和余义生五个人重返原地补取样品。他们取了一桶破碎带表土淘起来，在样品处理过程中，一颗紫红色镁铝榴石醒目地显露出来了，这立即引起大家对破碎带的注意。大家七手八脚地挖起破碎带来。想不到的是，十几厘米厚的黄色表土之下便是比较松软的深绿色斑状岩石。在放大镜下，1 颗、2 颗……共选到伴生矿物 46 颗、金刚石 1 颗。当时他们没有带鉴定仪器，实验工程师朱源就把矿物放到身上的烟纸上包好，一路没敢换手，急速来到蒙阴驻地的实验室。放在双目显微镜下，经过反复仔细鉴定，确定是金刚石。他们激动地跑回现场，告诉大家矿物被确认是金刚石的好消息。大家当时激动地跳了起来！原来这种松软的土状破碎带，就是含有镁铝榴石、金刚石的岩石，这就是金伯利岩！这就是金刚石原生矿呀！真是众里寻他千百度，蓦然回首，金刚石原生矿却在破碎地带处。

金刚石原生矿终于找到了！大家欢呼雀跃，奔走相告，热泪盈眶，相互拥抱……紧张寻觅了那么久的地质队员们不由自主地大声欢呼着、跳跃着，尽情抒发着心中的喜悦，共同庆贺这一划时代的伟大发现。

八〇九地质队曾提出争取三年时间内找到金刚石原生矿，没想到不到一年半就找到了。

那几天真的是比过节还热闹，每个人的脸上都挂着笑容，交谈的话题都是围绕着金刚石。喜悦过后回想起来，由于我们之前对金伯利岩没有感性认识，只是套用非洲的找矿经验，误把含围岩角砾的金伯利岩风化表土当成土状破碎带。从发现第一颗镁铝榴石到找到矿体，几十个人在方圆数百米的地面内往返奔波两个月，才实现了这一认识的跨越。经追索，这条金伯利岩脉长度 1450 米，宽度 0.3 ~ 0.4 米，经选矿证实是一个高品位的金刚石原生矿体。

1965 年 8 月 24 日，这是一个值得中国所有地质人、特别是金刚石界人铭记的具有划时代意义的好日子。从此，中国第一个具有工业价值的金刚石原生矿问世了。它打破了过去外国专家此处没有金刚石的断言。它像一面迎风招展的红旗，鼓舞和指引着金刚石地质工作者去争取更大的胜利，也因此，这第一个金伯利岩脉被命名为"红旗1号"。

8月27日，找到金刚石原生矿的好消息在蒙阴县成为特大新闻，蒙阴县各界代表自发地带着锦旗和时令水果来工地慰问，人来人往，好不热闹。

8月28日，阴有阵雨。山东地质局党委的领导来了，他们攀岩登山，在"红旗1号"岩体所在地召开了现场会议，201组组长梁有义介绍了找到"红旗1号"的经验。丛振东代表局党委对八〇九地质队突破金刚石原生矿表示祝贺，并分发带来的月饼，和大家一起提前过中秋节。虽然此时下起了小雨，但是丝毫没有影响到大家的好心情，都有说有笑地骑在岩体上吃着月饼。那种心满意足的幸福感，直到今天提起来，还会从心底油然而生，记忆犹新。

9月初，山东地质局党委对201组进行了大张旗鼓的表彰，给201组记大功一次，奖金2000元，并奖励全组17人每人一套《毛泽东选集》。同时表彰了一批参与突破"红旗1号"金伯利岩的其他16名同志。

值得一提的是，当时奖励给201组的2000元钱，他们集体商量后，一致决定捐给民政局，要让这些钱再为国家作贡献。

士气大涨干劲足，捷报频传喜连连

为了尽快扩大战果，八〇九地质队立即组织全队地质队员分批来常马庄参观学习，共同总结金伯利岩的地质特征和分布特点，增加对金伯利岩的感性认识。大家一致认为，加快找矿步伐是当务之急，在重砂普查的同时，应加强路线地质观察，注意寻找露头矿体。他们准备乘胜追击，提出了"猛攻第三系，狠抓九女河，围攻方山以北地区，找到更多的金刚石原生矿"的战斗口号。1965年9月14日，成立了矿区指挥部，指挥部由8人组成，徐世忠任总指挥。指挥部决定将在莒南工作的四分队调回开始对红旗1号进行普

征 途

查评价和勘探工作。

21日，地质部在山东蒙阴县招待所召开金刚石矿现场会议，有14个省和6个直属局及科研单位参加。会议期间，大家参观了"红旗1号"岩脉，各地代表们学到找矿经验并带回了我国特有的金伯利岩标本。

1965年9月下旬，《人民日报》在第一版刊登了在山东蒙阴找到金伯利岩的好消息，"红旗1号"为推动全国各地金刚石矿业的发展起到了极大的促进作用，不但鼓舞了所有地质队员的士气，也给各行各业的人们以极大的鼓舞和促进。

辽宁省地质队的技术员参观学习并带回标本后，按照山东八〇九地质队的找矿方法，在辽宁各地陆续开展调查工作，并于1971年在普兰县的碳酸岩铅锌矿下面发现类似金伯利岩的岩体。送到山东实验室，经专家张思才鉴定为金伯利岩。后来取样选矿结果肯定了这是有工业价值的金刚石原生矿。

"红旗1号"是八〇九地质队的队员借鉴国外找矿经验，采用水系重砂法找到的，这启示我们在下一步的工作中，可以借鉴国外金伯利岩地质规律和找矿方法，结合我国当地的地质结构特点运用到具体的找矿实践中来。

在蒙阴北部工作的203组地质队员们，从常马庄回来，带来了金伯利岩标本。大家看着标本，探讨着如何开展本区的找矿工作。他们针对工作区基岩出露良好、冲沟发育的特点，在进行水系重砂采样的同时，加强了地质观察，加密了路线间距。采用三个路线组，保持100米左右的间距平行前进的方法，边观察边及时交流情况。遇有特殊情况集中研究，遇到有利的找矿线索，及时互相通报。

1965年10月14日，203组在蒙阴小黄山山头村附近进行重砂普查工作时，王新东、王重光、李琴三人在路线地质踏勘中发现了一个偏基性的岩体。当天下午，小组取人工重砂样，发现镁铝榴石，经鉴定认为是金伯利岩。随后，又取人工重砂样100升进行处理，发现两颗金刚石。两次取样充分证明此岩体是含矿的金伯利岩，并定为"红旗2号"岩脉，为蒙阴第二个金伯利岩带的发现拉开了帷幕。山东地质局给他们发来贺电，并给203组全体成员记一次大功和奖励，奖励办法同找到"红旗1号"的201组相同。

工作在洪沟的 205 组，看到邻近的普查组相继找到矿体，心里很不平静，全组共同讨论："为什么地质条件相似，我们就没有找到呢？"动力都来自内心的沸腾，年轻的地质队员们心有不甘，他们深信付出就有回报。不需要谁来提醒和督促，他们铆着一股劲，自觉地早出晚归，每天工作 10 小时以上，路线观察四十余里，重砂取样五六个，抓住一切可疑线索，深钻细研。功夫不负有心人，他们艰苦细致的劳动，终于有了回报：10 月下旬，他们用地质观察法先后找到"红旗 3 号、4 号"岩脉。

11 月 14 日，202 组在蒙阴薛家峪找到"红旗 9 号"。

11 月 15 日，地质部决定，由八〇九地质队、北京地质学院、地质科学院、部综合大队、成都地质学院等单位，抽调人员组成山东省金刚石原生矿地质研究队，驻蒙阴西洼。由部综合大队的李国彬任研究队队长，地科院的高秀文任研究队党支部书记，北京地质学院的池际尚教授为研究队技术负责人。这个大队的成立，对金刚石的勘查提供了技术、行政等方面的指导和支持。202 和 203 组的队员乘胜追击，当天就在蒙阴东高都找到了"红旗 10 号"。12 月 4 日，202 组在东高都找到"红旗 11 号"，22 日又在蒙阴东薛家峪找到"红旗 12 号"。23 日，205 组在蒙阴东高都找到"红旗 13 号"，204 组在蒙阴小红喜庄找到"红旗 14 号"。27 日，203 组在蒙阴东高都找到"红旗 15 号"。

此时，沂蒙山一片丰收景象，农民们忙着把收获的庄稼运回家，天地间显得比平时悠远辽阔。地质队也是进入收获的旺季，八〇九地质队的各个小组捷报频传，地质局贺电连发：

11 月 17 日，给 205 组记大功一次；

12 月 20 日，表彰 202 组连续找到三条金伯利岩脉，记大功一次；

12 月 23 日，表彰 204 组找到"红旗 14 号"，集体记大功一次。

到年底，全队共找到含矿金伯利岩体 15 个，其中岩管 4 个，岩脉 11 条。

通过实地考察绘图得出，四个金伯利岩体大多呈北北东向排列。结合理论知识，八〇九地质队认识到北北东向断裂对金伯利岩的控制作用，于是他们在布置地质路线时，沿金伯利岩体展布方向较多地注意了北北东向构造断裂的观察。同时，通过对金伯利岩物质成分的分析和重砂实验，他们发现

征途

"红旗2号"以后的金伯利岩体镁铝榴石甚少，单用重砂找矿难以保证普查质量。因此，在工作中要集中力量用于基岩露头的观察找矿方面，尤其是北北东向小断层节理带的追踪观察。这一工作重点的转变对以后普查效率的提高起到很大作用。

岁月深处有温暖，果敢队长记心间

在八〇九地质队的历史上，有许多可歌可泣的事迹，有许多熠熠生辉的名字，其中徐世忠队长让人难以忘怀。时至今日，七院的很多人在说起往事时，总会不由自主地提到他。1964年4月22日，是他带领着八〇九地质队的全体成员，在队地质会议上喊出了"高速度、高水平，争取三年内找到金刚石原生矿，夺取全国冠军"的战斗口号。

徐世忠是一名转业军人，有着军人特有的果敢和坚毅，勇于承担责任，总是吃苦在前，享受在后，得到了全队人的爱戴和尊重。当时地质队员的工作和生活条件十分艰苦，他们每天奔波在旷野中，一门心思为国家找矿。时任八〇九地质队队长的他看在眼里，疼在心里。他觉得这些地质队员们就像士兵一样在前线打仗，他要积极为他们创造条件提供便利，让他们放下包袱，轻装上阵，多打胜仗。地质队成员大都不是本地人，一年里只有春节时才能回家一次，又多是单身汉，一年到头吃食堂，真的是以单位为家。徐队长就想方设法为同事们在工作生活上提供各种便利条件，把后勤服务保障工作抓得有声有色，尽量让同事们吃饱住好，保持最佳工作状态。

因为地质工作流动性大，根据工作需要两三个月就要搬一次家。兵马未动，粮草先行，每次搬家前，徐队长都会亲自去租的房子里，这里转转那里看看，不放过一个细节问题，尽可能地把队员和地质工人们安顿好。他常说："干活的驴子还要搭棚，何况是人呢？他们天天跑野外，风吹雨打日头晒，不保护好身体，怎么为国家找矿？"

他经常到一线慰问队员，鼓舞士气，给大家带来实用的活动桌、小马扎和时令水果，让大家心里暖暖的。直到现在，老地质队员们提起徐队长，还是会由衷地赞叹道:"真是一位好队长呀!"

徐队长爱兵,更惜才。

有一次,地质队在蒙阴采样时,淘了上千方也没有找到有价值的矿物,负责的总工程师非常自责。当徐队长听说组织上要问责这位总工程师时,他勇敢地站出来说:"要处分就处分我,我是队长,应该由我来承担这个责任。国家培养一个总工程师多不容易呀,干活难免出错。虽然找矿失败了,但我们可以总结工作,得出教训。"

之后,徐队长组织大家开会讨论。大家一致认为,像前期那样去火山岩里找矿是不可行的,应该去山上找。这为以后的找矿方向明确了思路。

徐世忠队长是行伍出身,对地质学了解甚少,但他常说:"不要把我当土坷垃,我要学习!"他利用业余时间自学地质知识,经常虚心向地质队员请教。胡诗林是当时下放到八〇九地质队的一位总工程师,此人学识渊博,曾留学苏联,讲起专业知识来头头是道。徐队长经常向他请教一些专业知识,因此两个人的交情不错。胡诗林说,别看徐队长平时随和好说话,关键时刻重要问题那是很坚持原则的。有一次,队里的一个砂矿报告要向上级报告,周五下午有人拿着材料来找徐队长签名盖章,说要下周一送走。徐队长看着一沓厚厚的报告说:"我签名盖章是要负责任的呀!这么多的材料,我要有时间看,还要仔仔细细地看才行呀!工作不能走过场,我会尽快地看,但两三天时间估计不够,等我看完了通知你再来取走吧。"送材料的人后来跟胡总聊起来这件事,竖起大拇指说:"徐队长工作中是粗中有细、轻重分明,孰重孰轻处理得当,真是位有责任心的好队长呀!"

功夫不负有心人,群众报矿来相助

蒙阴县位于泰沂山脉腹地、蒙山之阴,是纯山区。山地丘陵占总面积的94%,坐落着较大的山峰520余座,其中海拔1000米以上的有12座。这里有中国第五大岩石造型地貌——岱崮地貌。岱崮地貌是指那种山峰顶部平展开阔如平原,峰巅周围峭壁如刀削,峭壁以下是逐渐平缓山坡的地貌景

征 途

观，在地貌学上属于地貌形态中的桌状山或平顶山，因而也被称为"方山地貌"。地质队员们在这种环境中找矿，遇到的困难和挑战是巨大的。为了安全起见，他们一般是至少三个人一组出行，身上除了找矿工具，还要带上绳索、刀斧、棍子等辅助他们上下陡坡和开采巨石的工具。有时走在巨大的崮上，很容易忘记它和周边的落差，而人在崮上往下行时，根本看不清下面的状况，就需要旁边有人提醒。这些艰难困苦，都被急切的找矿心情或者找到矿体后的喜悦忽略和掩盖了，时间久了，他们也慢慢适应了这里的环境。

胸中装满工作激情的年轻地质队员们，每日勤勤恳恳地出行找矿，在预测的范围内测量、研究和找寻。苍天不负有心人，西峪岩管群是 205 组继"红旗 4 号"之后，于 1965 年 11 月的一个晚上找到的。这一发现在我国金刚石地质历史上有着极其重要的意义。

11 月 10 日这天下午，劳累了一天的王聿进迎着太阳的余晖，走在回驻地的路上，职业习惯让他不自觉地对周围的地质现象多了一份敏感和关注，总是不由自主地探寻路过的周边。突然，他看到路边有一块绿色的岩石，表面特征很像金伯利岩。他蹲下身拿着这块石头和带在身上的金伯利岩标本仔细比对研究起来，左看右看，上看下看，不由得眼神闪烁、嘴角上翘。若此石真的是金伯利岩，那么，这附近绝对不仅仅只有此块石头独立存在。

这天正值高都镇赶集，此时路上有许多赶集回家的人。王聿进知道只有常年生活在这里的村民对周围的一切是最熟悉的，他就拿着金伯利岩标本走上前去询问。村民们七嘴八舌地说，这样的石头附近常见。其中有个西峪村叫张义录的村民仔细端详着金伯利岩标本，脱口而出道："这样的石头呀，我们那里有的是！"王聿进惊喜地问："真的吗？在哪里？""就在西峪！""走，看看去！"张义录看看天色已晚，说明天再看吧。王聿进此时急切探寻的心哪里能等到明天呢，也早把一天的劳累和饥渴抛到九霄云外。他向张义录简单介绍了一下自己的工作，强调找金刚石的重要性，并告诉张义录村民报矿是对国家建设作贡献，国家也会奖励报矿有功的人。热肠古道的张义录听了很受鼓舞，就答应给王聿进引路，两人边聊边走，很快来到山上。王聿进一看大喜过望，果然是金伯利岩，而且出露面积很大！此时王聿进感觉浑身像被注入了一种能量，浑身轻松，两腿有力。两个人不知疲倦地从西峪村走到村北，又转到村南，转了一大圈，不知不觉已经夜幕降临。王聿进兴奋地辞别了张义录，带着沉甸甸的十几块金伯利岩标本深夜10点钟才走回驻地。

在王聿进哼着小曲心满意足地走在返回驻地的路上时，他的两位同事正在路上内心焦灼地苦苦寻找他呢。

为了安全起见，八○九地质队要求各小组队员们每天要在天黑前赶回驻地。11月10日傍晚时分，205组的踏勘队员都陆续回到了宿营地，晚上8点多了，还不见王聿进回来。队友们担心他的安全，就派了两个人一起外出寻找。找到当天的工作区里，不见王聿进的踪影，四处呼喊也没有回音，两位队友非常着急。一直到晚上10点多，两个人才在路上找到走得热气腾腾头上冒汗的王聿进。一见到队友，王聿进就兴奋地告诉了他们这天下午的发现。

沂蒙山区11月的夜晚已经有些寒冷了，大多数同事早已钻进暖和的被窝。快到夜半时分，王聿进他们三个人才回到宿舍，有的同事已经进入梦乡。三个兴奋的人忍不住把发现大面积金伯利岩的好消息告诉了大家。听到找到金伯利岩的消息，大家都兴奋地一骨碌从暖暖的被窝里爬起来，拿起石头在灯下仔细观察。凉凉的石头在全组人的手里传过来递过去，最后都变得暖暖的。经过全组人员的仔细鉴定，确认是金伯利岩，根据王聿进的描述，判断可能是个大岩体。大家群情激昂地讨论着，兴奋地难以入眠，恨不能马上就跑去现场看看，竟然觉得长夜难挨。

第二天清晨，天还蒙蒙亮，205组全体队员就迫不及待地一起来到西峪。在蒙蒙的薄雾中，他们在旷野中来回奔波勘查和鉴定，圈定共有"红旗"5号、6号、7号、8号四个金伯利岩体。他们按捺不住心中的喜悦，十分肯定这次找到了一个"大家伙"。这儿的金伯利岩出露面积大，岩石类型多，而且岩管、岩脉都有。后经勘探揭露，在不足1平方千米范围内有岩管10个，岩脉一组，矿石品位比较丰富，是世界上罕见的岩管群，是一个大型金刚石原生矿区。

西峪矿区的发现，得益于地矿队员们的孜孜以求，也得益于人民群众的力量。在总结这次工作时，205组得出一个结论：地质工作不能只是专业人

征 途

员在做，也应该发动广大人民群众一道来做。发动群众找矿报矿，能多快好省地推进地质工作的开展。此后，地质队员们每次上山都带着矿石标本，边工作边宣传，遇到在田间地头劳动的群众，他们就拿着矿石标本去询问。遇到村民开会、赶集、演戏、看电影及学校开会等场合，他们经常派人到现场做宣传。为了扩大影响，他们还编排演出了若干与地质找矿有关的文艺节目，组成"毛泽东思想宣传队"到周围村镇演出。宣传走访成了205组正常地质工作的一个有机组成部分。宣传很快见效，不久之后，以群众报矿为线索而发现的金伯利岩达8处之多，既扩大了地质成果，又减轻了地质队员的劳动强度。部分县市群众自发成立找矿、报矿办公室，开发矿业。一时间，地质矿产深入人心，遍地开花，形成群众办矿热潮，有力地推进了山东省地质事业的发展。

205组与邻区的202组、203组一道在洪沟、高都地区工作近两个月，一个完整的西峪金伯利岩带被清晰地勾绘出来了，在北北东长12千米、宽1千米的地带内共找到岩脉、岩管16个。

连续作战斗志高，不懈苦干成果丰

惊喜不断、收获颇多的1965年在紧张忙碌中悄悄过去了。1966年新春伊始，205组的成员们无暇进行休整和总结，又背上行囊向新的区域——野店进发了。

1月9日的沂蒙山区正是寒风刺骨，瑞雪纷飞，当地百姓沉浸在冬闲的放松状态里，都猫在家里暖和，冰冷的野外少见人影。205组的成员上午到达野店后，安顿好，略作整理，下午就上山了。面对巍峨陡峭的群山，环顾以后要面临的工作环境，他们意识到在这里开展工作将会更困难、更艰苦。但前面的几个胜利给了他们信心和勇气。在地质资料少、未知问题多的情况下，大家不骄不躁，放下之前的荣誉和成绩，从各项基本工作做起。

第一天上山虽然是踏勘，但是仍然力求认真细致。全组人员散布在宽几十米的地带内，攀山越谷，敲打辨认，边看边议论着。出乎意料，新春伊始就出现开门红，第一个金伯利岩在一个半覆盖的冲沟中被找到了，从而为新区找矿打开了突破口。

胜利的喜讯给旷野中寻矿的人以莫大的鼓舞。第二天对岩体露头进行追索观察，发现岩体展布特征与西峪金伯利岩带基本特征相似，是否可以借鉴西峪的规律指导找矿？在寒风劲吹的深冬中，地质队员们坚持天天上山找矿，同时依据岩体走向边访问群众边追索找矿。

虽然河水结冰了，可是地质队员们正热血沸腾。重砂组的队员们破冰取样，在刺骨的河水里淘洗。脚冻成了木头，手肿成了红萝卜，寒风针一样地往脸上扎，他们身上仿佛失去了敏感神经，却不叫一声苦，不喊一声痛。有时结冰的河里无法找到足够的水就就地处理样品，他们轮流着背回去，步行很远到驻地烧水淘洗检测。一日日的奋战，一天天的坚持，就这样经过四个月持续不懈的苦战，一条更加壮观——长18千米、宽1千米的金伯利岩带出现了，其间共发现岩脉25条。这条岩带被命名为坡里岩带。

3月，山东省地质局批准八〇九地质队对"红旗1号"和"红旗"5号、6号、7号、8号的勘探设计。这是我国首次对金刚石原生矿进行勘探。

勘探进入新时代，物探上阵效率高

1966年以来，物探工作一直伴随蒙阴地区金刚石原生矿普查勘探工作的开展，进行了大量的工作，特别是运用地面磁测，在已知矿区找到了许多矿体，在西峪矿区普查勘探初期，通过1:2000磁法测量，配合人力钻，相继发现红旗18号、22号、28号、33号等岩管。1967年4月，找到"红旗30号"岩脉、1968年在常马岩带运用磁测法找到"胜利Ⅰ号"岩管。1969年5月发现了"胜利Ⅱ号、Ⅲ号"金伯利岩脉和"胜利Ⅰ号"小岩管。7月，在西峪矿区勘探中发现"红旗33号"岩管。8月，五分队在西峪矿区外围进行地质详查过程中，在蒙阴城关公社黄土山村，发现了胜利Ⅳ号、Ⅴ号金伯利岩脉。

山东蒙阴金伯利岩的特点是个体不大，风化状况不一，不少岩体特别是

征 途

岩管大多出露不好，被掩埋。在覆盖、半覆盖区找矿，地质观察往往效果不好，浪费了大量的人力资源和时间。物探工作在这方面具有独特的优势，叮以利用金伯利岩与围岩不同的磁性、电性等物理特征来找矿，成为覆盖区找矿的有效手段。

金伯利岩磁性因岩石类型的不同变化很大。比较单纯的斑状金伯利岩磁性比较强，在磁力等值线图上表现了明显的正磁场，常形成高达 500～1000nt，局部达 1300nt 异常。若金伯利岩中掺杂大量的围岩角砾，或受较强的硅化、碳酸盐化等蚀变，其磁性会降低，磁场发生紊乱，甚至完全没有磁性反映，红旗 18 号、32 号、33 号和 6 号南段，因其含有大量的花岗岩角砾，其磁场特征与围岩一致，没有磁性反应。

另外，金伯利岩易被风化充水，电阻率较围岩偏低，在基本掌握岩带岩体特征的情况下，可以采用直流电联合剖面法在岩带局部覆盖区找矿，尤其是岩脉和磁性较弱的岩管，可获得良好效果。在常马岩带北段，被泥土大面积覆盖的区域中找到"红旗 30 号"岩脉，在西峪岩带找到"红旗" 32 号、33 号岩管，在坡里岩带岱崮河床下找到 K5 等岩脉，这些岩体在联合剖面上表现出清晰的谷状曲线和正交点。

在蒙阴金刚石原生矿普查中，物探的最大功劳是"胜利 I 号"岩管的发现。它的意义不仅是找到了当今中国品位最高、资源储量最大的金伯利岩体，而且改变了建材七〇一矿的命运，使之由难以为继的小矿山转变为我国最大的现代化矿山。

当初"红旗 1 号"发现后，鉴于国家对金刚石的急需，建材七〇一矿匆忙上马，进行金刚石开采。经过四年的勘探查明，"红旗 1 号"资源储量仅 13.9 万克拉。"胜利 I 号"的发现，资源储量大大增加，矿石品位也大大提高，为重新调整生产结构和选矿厂的更新创造了条件。1971 年，在王村西山重建选矿厂，改进选矿工艺，调整生产组织，年产量增至 10 万克拉，从而使建材七〇一矿朝气蓬勃，蒸蒸日上，迅速成为我国大型现代化矿山和金刚石贡献率最大的矿山。

旧貌新颜再开拓，与时俱进立新功

毛泽东说："不要吃老本，要立新功。"八〇九地质队开始拓宽思路，继续在鲁南大地上探矿。20 世纪 70 年代初期，地质队员们在东汶河下游孙祖地区金刚石原生矿普查中，发现镁铝榴石三颗；在水磨头、南京庄水系中，分别发现金刚石各一颗。

1971 年 12 月 9 日，山东省地质局八〇九地质队更名为山东省地质局第七地质队。

1972 年，省局给第七地质队下达的任务是开展寻找以金刚石原生矿为主的综合找矿和原生矿勘探，力求突破一个新区，努力扩大一两个矿区的远景。5 月 3 日，203 组在燕甘断裂以西平邑县老虎窝发现了燧石砾岩，并选到了金刚石 21 颗，后经研究确定为新近纪含金刚石砾岩。

后来，地质队员在淄博、枣庄、临朐等地开展普查工作，都发现了金刚石的踪影。

1978 年党的十一届三中全会召开后，全党工作的重心转移到现代化建设上来，全国人民焕发出了极大的热情，在"以献身地质事业为荣、以找矿立功为荣、以艰苦奋斗为荣"三光荣精神感召鼓舞下，地质行业掀起了普查找矿的高潮。山东地质局第七地质队在鲁南地区的泗水、平邑、费县、邹县、宁阳、肥城、蒙阴、五莲、沂南、莒南、临沭、沂水等 12 个县开展过金刚石找矿工作，主要包括地质填图、重砂测量、化探测量及探矿工程等多项工作内容，通过这些工作获得了丰富的地质找矿资料。

每到一个工作站，地质队员们都居住在当地村民家空闲的房子里，十几人或二十几人的普查组开一个简单的大伙房。大多数队员都是二三十岁的年轻人，正是为国家地质事业建设出力的好年华。他们每天早出晚归、翻山越岭、蹚河跨沟，在野外工作 10 个小时左右，每天的工作指标都在刷新。虽说身体是劳累的，但心情是愉快的。

1979 年，改革开放后的第一个春天，艾计泉所在的二分队普查组接受了"费县三里沟—朱田地区金刚石原生矿普查"任务。全组共有技术干部 7

征 途

人，技术工人 13 人，分散居住在三里沟村的七八户村民家中。大队下达的工作任务很重，一年内要在工作面积 233 平方千米范围完成地质填图、重砂采样、工程揭露、异常检查等多项工作。经过全组人员的共同努力，在工作区内发现了 6 颗金刚石、6 颗镁铝榴石、8 颗铬铁矿及 17 处含金刚石砾岩，初步揭开了大井头可疑岩体。这个岩体是多年来不断开展研究并进行多种勘查的重点岩体，逐步汇总了各种有关岩石、矿物、地球化学、地球物理、岩体产状、形态及延深、金刚石含矿性等方面的资料。1979 年，在费县三里沟朱田普查时，用重砂法发现三颗金刚石。

大家当时面临的问题是，60 年代发现的那些矿体，经过多年的开采，深度越来越大，难度相应的也越来越大，而产出并没有增大，急需寻找新的金刚石矿区。第七地质队的地质队员还在不断坚持着，他们不放过一个可疑地区，对一些重点地区进行更加深入的勘查和鉴定。

1979 年，二分队在平邑县地方镇大井头南约三平方千米范围的土壤层中找到了四颗金刚石，最大的一颗有 2 毫米，重 9.9 毫克，还发现了一颗铬铁矿，显示出这片区域很有可能存在金刚石原生矿体。

勘查发现金刚石指示矿物的上游部位有一个火山岩岩体，发现的矿物是不是由它供源？经过一番仔细勘查感觉不像，因为它与蒙阴的金伯利岩外貌特征没有相似之处。为了做进一步的研究，决定对这个岩体开展钻探。

钻探施工的后期，已进入冬季中最寒冷的季节，天寒地冻，施工相当艰难，钻探施工的储水池经常结冰很厚，只能破冰取水。施工地点处于荒山野岭，西北风吹来是毫无遮挡，凛冽的寒风吹到脸上像刀割一样的疼痛。但这些都不能阻止地质队员去施工工地进行地质编录，观察岩心，记录岩性及其变化，采取分析鉴定样品，地质队员们依然每天坚持上山工作。

经过对岩心样品的细致分析，在 2 号钻孔中发现了一颗镁铝榴石，呈紫红颜色，折光率 1.758；在 3 号钻孔中发现了一颗铬铁矿。经电子探针测试均确认是金刚石指示矿物，这是第一次在这个岩体中发现这么好的指示矿物，看到这样的成果，大家都非常振奋，感觉离找到金刚石原生矿不远了。

在对岩体的钻探中，多数钻孔好像都发生了偏斜，在钻到 200 米深度左右即穿过岩体进入围岩。难道一个管状岩体只能延伸200米吗?这不太符合金刚石原生矿产状和形态分布规律呀!这个问题让他们寝食难安。大家一起讨论,并积极查找蒙阴和辽宁金刚石矿体的有关资料进行详细的分析。

费县朱田地区金刚石普查项目负责人王玉峰和退休返聘的高级工程师艾计泉一起对比了蒙阴"胜利Ⅰ号"管和辽宁省瓦房店50号岩管的产状:这两个著名岩管都不是直立的,而是向南西倾斜与铅垂线交角9°左右,很可能大井头岩管也是这样倾斜的。要想了解岩管深部情况,必须离开地表的岩体,在它倾向延伸方向上布置钻孔堵截。但是这要冒很大的风险,因为如若推断有误,深达七八百米的钻孔就会落空,造成极大的人力物力浪费。于是,经过进一步的细致测算,认为虽然有风险,但成功的把握还是比较大的。于是在岩管倾斜的方向上,离开地表岩体边界128米布置了钻孔,设计孔深800米。

2016年10月13日是个值得纪念的日子,先前的推断终于得到了明确认证。在垂深571~582米段钻孔穿过岩体,发现这个深度的岩石斑点状构造和红褐色代表高钾质成分的外貌特征,以及同时发现的含钠镁—铁铝榴石、含钾绿辉石及具有毛玻璃化蚀像的一颗金刚石,初步确定这是一个含金刚石的第二种岩性—钾镁煌斑岩体。大家多日的辛劳和担忧,统统消融在欣慰的笑容里了。

费县朱田地区金刚石工作展示了其找矿意义,得到了上级领导的肯定,具备进一步探求的前景。回顾大井头岩体从1972年被发现,在不断地探索、求证和不断地怀疑再求证,至今已四十多年了。这个过程再一次证明了金刚石原生矿找矿难度大、周期长的特点。大井头地区的找矿取得新认识,实现新突破,当年参与这项工作的年轻人现在都已经成长为一代优秀的金刚石原生矿找矿技术骨干,在工作中他们善于思考,勇于探索,既分析研究前人积累的找矿资料,又不固守前人的结论,在找矿思路上不断有新的突破和创新。在研究和借鉴蒙阴三个金刚石原生矿带找矿经验基础上,经进一步详细探索,很有可能成功发现第四个金刚石原生矿带,为国家找矿再立新功。

1979—2010年,第七地质队在金刚石勘探方面取得大量找矿线索和突破性认识，为今后的金刚石找矿指明了方向：新发现寒武纪李官组底砾岩、石炭纪本溪组砾岩、侏罗纪三台组砾岩、古近纪固城组砾岩、新近纪白彦组砾岩等 6 个层位含有金刚石。其间共发现金刚石出土点 220 处，选获金刚石 5593 颗，重 31858 毫克。发现含铬镁铝榴石出土点 489 处，共选获镁铝榴石 10477 颗。共发现铬铁矿 696 颗，铬透辉石 16 颗，利马矿 62 颗。对鲁西地区的地层、构造和岩浆活动规律也有了进一步的认识。

中外合作谱新篇，广开思路促发展

中英合作

我国金刚石原生矿的突破是在 1965 年 8 月 24 日，当时在全国掀起了一轮金刚石原生矿找矿高潮。在 1975 年发现埠洼岩体之后，鲁南金刚石原生矿普查工作进入低谷，虽然地质队员们一如既往地认真工作细致普查，在各个工作区的选矿和重砂中不断有金刚石出土，但是一直未能有新的金刚石原生矿或金伯利岩出现，这给第七地质队造成很大压力。而前寒武纪等不同特征金刚石大量涌现和费县、平邑、枣庄等地高频度含金刚石"白彦砾岩"的大面积分布，表明鲁南地区可能会有新的甚至更大的原生矿存在。如何才能实现找矿新突破？

金刚石矿在改革开放前作为国家战略物资被列为保密矿种，是不能对外开放的，因此和国外交流较少。20 世纪 70 年代，金刚石找矿研究工作处于半停顿状态，致使我国金刚石找矿理论与技术大大落后于世界先进水平。金刚石原生矿找矿要想有新的突破，必须对外开放，学习国际上先进的找矿理论与技术。80 年代末期，随着我国改革开放政策的实施，山东省地质矿产勘查开发局率先抓住机遇，与英国奇切斯特金刚石服务公司合作在费县、郯城地区开展金刚石普查找矿工作。这个合作项目是中国固体矿产的第一个对外合作项目，也是金刚石勘查的第一个对外合作项目。

1984 年初，当时的对外贸易经济合作部牵头介绍了该项目，经地质矿产部同意并报国家科学技术委员会批准后，地质矿产部地矿处推荐由山东地矿局第七地质队在山东省与外方合作找矿。在地质矿产部及山东省地矿局的大力支持下，经双方考察谈判后，于1985年2月正式签订了协议。根据实际工作需要，第七地质队负责组建了中英合作队，做了大量的准备工作。合作项目为期三年，于1986年1月1日开始执行。合作期间，地质矿产部给中英合作项目规定了三项任务：（1）在合作地区找出矿来；（2）培养人才；（3）学习英方先进的经验。

英国在20世纪70年代以前的近百年间，不仅垄断世界金刚石市场，还掌握着世界大多数金刚石矿资料，具有先进的岩矿测试技术和丰富的找矿经验，与英国合作找矿是理想的事情。辽阔的华夏疆土发现金刚石也使英国想涉足中国金刚石勘查工作，所以一经接洽就达成共识。

协议中的外方奇切斯特公司是戴比尔斯公司为与中国合作找矿而专门新成立的子公司，这次合作实际上是第七地质队与戴比尔斯公司的合作找矿。整个合作过程中，从合作前的考察和谈判到协议的签订，以及合作期间每年的工作规划都是由当时戴比尔斯公司的总地质师霍桑亲自带队主持外方工作。合作期间，霍桑每年要来山东一两次坚持找矿工作，经他同意在合作期间派了许多戴比尔斯公司专家到山东中英合作队来讲课，并与合作队地质专家一起讨论有关找矿工作。

从中英合作队成立开始，每个成员都立志通过找矿一定要把戴比尔斯公司的金刚石找矿理论、技术和经验学到手，为中国金刚石原生矿找矿的新突破作贡献。这是当时形势的要求，也是每一位中英合作队中方人员的雄心壮志。中英合作队大部分的中方成员是毕业不久的大学生，他们年轻有朝气、好学肯钻研、执着有责任感，加上中英合作队对他们的严格要求和创造的条件，当时在中英合作队掀起了一股学英语、学电脑、学找矿技术的热潮。全队充满了你追我赶不甘落后的气氛，利用一切机会和"老外"交流、讨论，还通过英方邀请了金刚石专家、金刚石指示矿物专家、金刚石找矿专家等来中英合作队讲课。这些专家的授课让我们了解了国外与金刚石相关学科的研究进展和水平，开阔了眼界。

征 途

　　按照英国专家的思路，对费县西部1213平方千米和郯城北部910平方千米开展金刚石原生矿普查工作。采取以重砂法为主要手段，配合第四纪松散物和基岩选矿，并联系蒙阴矿带和东汶河中段等地资料，建立中国金刚石指示矿物组合和搬运模式，进而追寻原生矿。三年的合作，取得了丰硕的成果，使第七地质队在找矿技术方法上、成矿理论上有了很大的提高。合作期间，经过综合资料分析最终确定将宋家庄地区的铬铁矿列为异常，作为进一步的金刚石原生矿找矿的突破口。

　　合作期间共采取水系重砂3044件（共184649.3升），第四系选矿大样95件（共2238.3立方米），不同时代金刚石储积层和可疑岩体选矿大样54件（共710.8立方米），对郯城北部和毗邻的苍山洞府地区开展1∶5000地面磁测120平方千米，对费县西部及毗邻的平邑东部地区开展1∶25000航磁测量120平方千米；对所发现的182处异常进行查证，共施工钻探3235.1米，浅井272.3米，探槽646.5立方米。伴随以上工作还进行了大量的基础地质调研，编绘了工作区及周围邻区1∶50000地质构造图，对显生代重要的沉积间断和不整合沉积，采集残坡积重砂519件（15570升），进行细致的矿物组合研究，获得了大量的地质信息和测试资料。

　　合作期间，加深了金刚石指示矿物和金伯利岩的分析研究，认为指示矿物不仅可用于找矿，其成分、结构特征还可反映金伯利岩的成因环境。三年间，共发现镁铝榴石3209颗、铬铁矿1589颗、铬透辉石2305颗、利马矿35颗，进行单矿物电子探针分析28508件。以此为基础建立了山东金刚石指示矿物数据库，基本理清了不同特征镁铝榴石的特质及其找矿作用，并对大量黑色矿物，尤其是铬铁矿也进行深入研究，认为高铬铬铁矿是金刚石重要的共生矿物之一，也是金刚石重要的指示矿物。

　　三年的合作勘查，加深了对鲁南地区基础地质的认识，进一步丰富找矿线索。1989年9月提交了《中英合作队最终报告》。报告中提出三处有进一步工作意义的重砂异常：第一处是费县宋家庄—良田庄一带在以往发现金刚石和镁铝榴石的基础上，此次又新发现利马矿和高铬铬铁矿。根据蒙阴原生矿镁铝榴石搬运模式，预计在周围23平方千米范围内会有原生矿存在；第二处是在郯城小埠岭、岭南头等地小埠岭组（Q1）地层内选获镁铝榴石1787颗，大多带有蚀变壳，并在其西北青竹、褚墩等地沂河组、山前组（Q4）等地层中也见有类似特征镁铝榴石，表明青竹地区成矿条件良好；第三处是东汶河中游依汶—明生地区，于25个大样中选到石榴石71颗、铬铁矿923颗和一些铬透辉石，其表面磨损轻微，认为东汶河河北地区值得进一步勘查研究。

中英合作队合作三年，虽然没有在合作区找到新的金刚石原生矿，但培养了人才，学到了戴比尔斯公司先进的金刚石找矿理论、技术和管理经验，为第七地质队在金刚石原生矿找矿理论和技术方面打下了坚实的基础，这些都在之后的金刚石找矿工作中起了很大的作用。与此同时，地质矿产部认为中英合作队学到的技术和经验具有普遍指导意义，值得推广，为此制定了金刚石特别找矿计划。每年召开一次全国金刚石找矿工作会议，专门介绍中英合作队学到的经验，并在全国金刚石找矿中加以推广，使金刚石原生矿找矿水平大大提高，同时在我国掀起了金刚石原生矿找矿工作的又一轮高潮。

中英合作得到的主要收获有五个。

一是学到了新理论。

中英合作期间学到的新的理论有三个：

（1）金刚石的古老地幔成因学说。天然金刚石形成年龄老于9.9亿年，形成在地下150～250千米之间的岩石圈上地幔，金伯利岩和钾镁煌斑岩只是把金刚石从地下深处带到地表的运载工具，金刚石是上述的捕虏晶而不是其中的斑晶，金刚石和运载它的岩石之间没有直接成因联系。

（2）指示矿物的捕虏晶成因说。金伯利岩和钾镁煌斑岩中的指示矿物主要是捕掳晶而不是其他的斑晶，进而把指示矿物分为金刚石指示矿物和主岩岩性指示矿物，故大大提高了金刚石找矿效率。

（3）金伯利岩的成因模式即霍桑模式。

这些新的理论十分重要，彻底颠覆了我们以前对金刚石和指示矿物的认识。以前认为金刚石和指示矿物都是在金伯利岩中结晶出来的斑晶，所以希望通过研究金伯利岩的化学成分，找出什么样的金伯利岩化学成分是金刚石的，什么样的金伯利岩化学成分是不含金刚石的。这些新理论改变了研究方向，也改变了找矿思路。

二是建立了山东省金刚石找矿指示矿物数据库。

数据库由山东省已知的 22 个金伯利岩的 38 个样品，山东省可疑岩体的 43 个样品，山东省中间储集层的 9 个样品组成，共选到指示矿物 14421 颗，都做了电子探针分析，把数据输入了电脑。

三是建立了山东省已知金伯利岩指示矿物搬运模式。

指示矿物搬运模式是研究指示矿物脱离母岩后，在水流搬运过程中其表面结构和磨损程度的变化规律。用这种模式可以判断普查样品中发现的指示矿物被搬运的距离，指导找矿。表面结构有 ROK（残留蚀变壳）、SKS（蚀变壳脱落后其底部在矿物表面留下的痕迹）、SS（刻蚀表面受结晶控制，由隆丘和蚀坑组成），磨损程度分为六级。经研究发现：

（1）石榴子石表面结构与搬运距离的关系。

①具有 ROK 的石榴子石只在一千米之内出现。

②具有 SKS 的石榴子石在刚离开金伯利岩时其含量可达 70%，随着搬运距离的增加，含量越来越少，在 60 千米之外就消失。

③具有 SS 的石榴子石刚离开金伯利岩时含量较少，仅占 15% 左右，随着搬运距离的增加，其含量逐渐增加，到 23 千米处其含量可达 70%。

④搬运距离在 23 千米之内，SKS 的含量大于 SS；在 23 千米之外，SKS 的含量小于 SS。

（2）石榴子石磨损级别与搬运距离的关系。

石榴子石磨损级别可分为六级：

一级磨损：具原始表面特征的无磨损。

二级磨损：具原始表面特征的轻微至中等磨损。

三级磨损：具原始表面特征的严重磨损。

四级磨损：不具原始表面特征的无磨损。

五级磨损：不具原始表面特征的轻微至中等磨损。

六级磨损：不具原始表面特征的严重磨损。

一级磨损的石榴子石只出现在 6 千米之内。

二级磨损的石榴子石可搬运得较远，在一千米之内含量小于一级磨损的石榴子石。在 6 千米之外其含量超过一级磨损的石榴子石。

三级磨损的石榴子石在搬运了 68 千米之后才出现，到 79 千米处又消失了，它存在的距离比较短。

四级磨损的石榴子石在搬运一千米处出现，到 11.6 千米处消失。

五级磨损的石榴子石在搬运一千米处出现，在 18 千米处消失。

六级磨损的石榴子石在搬运 90 千米后才出现。

（3）铬尖晶石搬运距离的判断。

由于难以区分铬尖晶石的原生溶蚀和次生溶蚀，故不能用其表面结构去建立搬运模式。但经取样作图发现铬尖晶石的化学成分随搬运距离发生有规律的变化，即含铬高的和含钛高的铬尖晶石在河流搬运过程中随搬运距离的增加消失得很快，距坡里岩体 30 米处变化不大，但到 6 千米处可见 $Cr_2O_3>60\%$ 的颗粒大量减少，$TiO_2>3\%$ 的颗粒也减少很多。从"红旗 1 号"和"胜利 I 号"的下游取样结果同样是这样，在保德店子样中（距离"红旗 1 号" 23 千米处）及更远的样品中就没有见到 $Cr_2O_3>60\%$、$TiO_2>3\%$ 的铬尖晶石，这说明高铬、高钛的铬尖晶石搬运距离超过 23 千米就消失了。反过来，如在样品中发现了高铬、高钛的尖晶石，说明离原岩在 23 千米之内。

建立指示矿物搬运模式可以帮助判断指示矿物的搬运距离，加速找矿进程。

四是改进了重砂法找矿技术。

重砂法的核心是：采集指示矿物、指示矿物属性的判断及指示矿物搬运距离的确定。为此做了下列改进：

在正式采样之前做水系重砂取样试验，确定各种最佳参数，如重矿物富集的最佳部位、最佳层位、最佳取样深度、哪种级别中选取的指示矿物最多、取多少重量样品才不会漏掉指示矿物等。这是在开始找矿之前必须做的工作，可以提高找矿质量与速度。

室内处理样品方面的改进。在挑选指示矿物之前要把野外取回的"重矿

征 途

物"或"精矿"用草酸和重液处理。草酸处理的目的是除去矿物表面的铁锰物质，使矿物表面干净与清晰，便于指示矿物的辨认、提高挑选指示矿物的速度与质量。重液处理就是用溴仿（相对密度为 2.887～2.892）再次精选，用重液处理过的精矿，把相对密度小于 2.88 的轻矿物去掉，可进一步提高精选指示矿物的速度和质量。另一项改进是挑选指示矿物用双目镜。这三项改进大大提高了室内挑选指示矿物的速度和质量。

增加了对 -0.5+0.2 毫克砂样的回收和鉴定，大大提高了指示矿物的回收率。

指示矿物的鉴定与探针分析。以前指示矿物只选镁铝榴石，用折光率与颜色去判断。现在改为四种矿物：镁铝榴石（包括含钠镁铁铝榴石）、铬尖晶石、铬透辉石（包括绿辉石）、镁钛铁矿，判断它们的来源时用电子探针分析结果，并与指示矿物数据库对比。在送去做电子探针之前要做指示矿物表面结构和磨损程度的鉴定，以确定其搬运距离的远近。用探针分析结果判断其来源，用表面结构和磨损程度判断矿物搬运距离，这极大提高了找矿的效率。

五是培养了人才。

中英合作项目共有中方地质队员 29 人（其中有 9 名外省籍人员）参加，这些地质队员经过三年的合作找矿，较全面地掌握了戴比尔斯公司的金刚石和金伯利岩成因理论与找矿方法，成为我国金刚石找矿的中坚力量。

中英合作一直得到地质矿产部及山东省地矿局的关心与支持，加上中英合作队全体成员虚心好学、刻苦钻研及英方的友好配合，最终合作获得圆满成功。

中加合作

1995—2006 年，由第七地质队与加拿大环亚集团联合成立的"临沂俊明金刚石开发有限公司"，是继中英合作项目后的又一个中外合作项目。工作区涉及平邑、费县、兰陵等地区，面积约 1500 平方千米。

中加合作始于 1993 年 5 月，当时加拿大环亚矿业有限公司有意来中国就金刚石矿开发寻找合作伙伴。总裁傅荪麟通过民盟中央副主席冯子敬先生等人的辗转介绍，与第七地质队结缘。第七地质队总工程师胡世杰等人在蒙阴县参与接待了加拿大代表团，全面介绍了常马庄七〇一矿、西峪岩管群发现史，以及当前鲁南地区有利的找矿形势。加方表现出浓厚的合作兴趣。总裁傅荪麟当众表决愿意投资七〇一矿地下采矿和选矿改造（取名为七〇一项目），同时和蒙阴县合作开发西峪金刚石原生矿（七〇二项目）。此外，特别对鲁南地区金刚石原生矿勘查找矿充满希望，愿意单独和第七地质队合作，开展平邑—费县地区的金刚石勘查，称七〇三项目。这三个项目从开采、开发到勘查一条龙的合作意愿得以实现。

为进一步落实三个项目，加方于 1995 年 1 月 15 日派出专家考察组，由首席代表冯涛先生带队，偕加方特请的南非地质学家 R. BAKER 和 Wnitelock，随行的还有中国地质科学院研究员张安棣及戴振飞等一行 6 人，对七〇一、七〇二、七〇三项目区进行实地考察，由第七地质队人员全程陪同并作详细介绍。

丰硕的地质成果、翔实的资料介绍、认真的实地考证给考察组留下了深刻的印象，并提出了一些意见。

七〇三项目是第七地质队与加拿大环亚公司香港子公司俊明（亚洲）合作的。1994 年 5 月 20 日，成立合作企业"俊明金刚石合作有限公司"，合作范围为山东平邑、费县、苍山等县，面积 1500 平方千米，从事勘探、开采、加工、提取和收购金刚石及伴生矿产，具有专有权。合营公司总投资 1000 万美元。

1996 年 11 月，山东省地质矿产局第七地质队更名为山东省第七地质矿产勘查院（同时挂"地矿部山东地勘局第七地质大队"牌子）。

1996 年年底，勘查证和合作经营合同得到批复，1997 年，正式开始经营合作，合作区块 579 个，总面积 1622.935 平方千米。2000 年，合作靶区缩减至朱田、辛庄和平邑三个小区，面积为 193.08 平方千米。

2003 年，与加方公司新投资人签订了合作公司的合同修订案。2004—2006 年合作期间，工作总面积 260 平方千米，主要在费县朱田地区开展相应

征途

地质、物探、残坡积重砂及钻探验证等工作，共选获了 24 颗金刚石、4626 颗铬铁矿、10 颗镁铝榴石、4 颗铬透辉石和 27 颗利马矿。

中加合作勘查过程大致分为三个阶段：

第一阶段：1996—1997 年，主要进行泗水、平邑、费县中南部地区水系重砂测量，共取样 384 件，填编 1∶50000 地质图 205 平方千米。共发现铬铁矿 322 颗，石榴石 5 颗，圈定了泗水县龙虎庄、泉林和平邑县历山、大井头四个重砂异常区。

第二阶段：1998—2003 年，集中于平邑大井头周围重砂异常的追源工作，共取重砂样 184 件、选获金刚石 8 颗、铬铁矿 1496 颗、铬透辉石 1 颗、利马矿 12 颗、石榴石 9 颗，经对其中的 131 颗铬铁矿进行电子探针分析，确认大部分属金刚石指示矿物。找矿目标逐步集中于以大井头火山岩筒为中心的宋家庄、埠西桥、小泉庄地区。

第三阶段：2004—2006 年，主要围绕大井头火山岩筒开展调查研究，先后进行 1∶5000～1∶2000 高磁测量 9.9 平方千米，高密度、电法测量两片面积分别为 35200 平方米和 2800 平方米，土壤重砂测量 3.2 平方千米（取样 350 件）。共发现金刚石 6 颗、石榴石 6 颗、利马矿 18 颗、铬铁矿 1459 颗，对其中 47 颗铬铁矿做了电子探针分析，有 17 颗属高铬铬铁矿。经地貌、第四纪、基岩综合分析认为，这些矿物大多由岩筒供源。2005 年对岩筒开展地表揭露、钻探和选矿工作，共布置钻孔 5 个，合计工作量 1151.9 米，最大孔深 300.2 米。通过人工重砂和基岩选矿，共选获具有重要含矿指示意义的铬–镁铝石榴石 1 颗、铬铁矿 6 颗。连同此前中英合作期间选获的铬铁矿 1 颗、镁铝榴石 3 颗，证明大井头岩筒为一含有金刚石指示矿物包体的混染型钾质火山喷发岩筒。

中澳合作

与中加合作勘查的同时，1997—2000 年期间，七院与澳大利亚光塔资源有限公司联合成立"山东华澳金刚石合作有限公司"，继续鲁南地区金刚石勘查工作。双方协定，利用中方提供的以往地质工作成果和澳方提供的勘查资金，运用高效率现代化的技术手段，在合作区域内进行金刚石风险地质勘查。经合作公司探明的金刚石矿产，双方合作公司将享有优先开采权，并进行矿山的可行性研究和矿山建设等一系列矿产开发经营活动。

合作区域位于山东郯城—枣庄地区，共有 1.2 万平方千米的金刚石远景区，后期扩展到沂南县东汶河流域。

三年的合作进程中，澳方有两名专家长期参与工作，另外根据工作需要派来物探专家、岩矿鉴定专家和实验工程专家等不定期来指导工作。此外，澳方为勘查工作引进了不少国际先进的勘查设备和仪器，如当时国际先进的质子磁力仪和室内数据处理软件，为地质技术人员配备了 GPS 定位仪。室内配备了大型绘图设备和操作软件，为办公室配备了无线通信设备和批量计算机软件、传真机和扫描仪等，大大提高了地质工作的质量和速度。

前两年主要在郯城—沂水约 2000 平方千米范围，开展 1∶25000 航磁测量及异常查证，而后相继开展小埠岭周围地区第四纪松散矿物选矿。在沂南—苍山、莒南—临沭和枣庄地区约 2800 平方千米范围内开展水系重砂普查，采集自然重砂样 1208 件（30200 升），在莒南赵村发现金刚石一颗，并伴有铬铁矿出现；在板泉崖南部青云山赵窝找到一颗高铬铬铁矿。后一年主要开展蒙山中段、常马矿带南段和枣庄地区重砂测量。在陶庄大计河见一颗金刚石，在井子峪橄榄金云煌斑岩体的人工重砂中找到铬铁矿 354 颗、铬透辉石 28 颗，其岩石成分与金伯利岩接近，在蒙山明光寺地区也见到石榴石和铬铁矿。以上工作进一步丰富了鲁西地区东南部找矿线索，同时表明胶南隆起区元古代地区，也基本具备形成金刚石原生矿的地质条件。由于晚元古代和中生代出现大面积的岩浆活动，表明本区岩石圈还不够稳定，将会影响金伯利岩的发育和金刚石的保存。

对郯城县以西 2000 平方千米成矿有利区进行了航空磁测，对鲁南以往数百个航磁异常进行了筛选，并对异常进行地面磁测验证和工程揭露，对合作区重砂的精矿全面送澳大利亚实验室进行数据化测试和电子色谱分析。

合作后期，在工作区内圈出了若干个有利的成矿地段，正待进一步追踪时，因澳方资金中断，合作终止。这也是促成澳大利亚专家组组长梅耶尔

征 途

2000 年后自筹资金组建新公司，再度与七院合作的缘由。

中澳再续良缘

"临沂鲁澳金刚石开发有限公司"是山东第四个金刚石中外合作项目，由七院与澳大利亚瑞道克斯山东有限公司合作成立。2003 年 12 月 18 日，七院与澳大利亚瑞道克斯山东有限公司达成协议，双方决定开展蒙山地区、苍山地区金刚石原生矿的地质勘查开发工作。合作公司于 2005 年 6 月 6 日经商务部批准，总投资 500 万美元，其中一期投资 143 万美元，注册资本 143 万美元。

普查工作自 2005 年 8 月开始，首先对蒙阴三个矿带进行 1∶10000 航空磁测 630 平方千米，而后对航磁南段西峪矿带附近的榆树山、玉皇山和常马矿带的大城子等地进行异常查证，实施 1∶2000 地面磁测 0.5 平方千米，进行水系重砂取样 104 件，圈定 5 处重砂异常。2006 年进行枣庄市北部的榆树腰、响泉等地 1∶25000 航磁测 125 平方千米，并对 35 处异常进行检查，实施 1∶2000 地面磁测 0.6 平方千米，采取水系重砂样 112 件。2007 年对枣庄—苍山—临沭地区进行 1∶25000 航磁测约 3000 平方千米，共圈定异常 185 处，并对其部分异常进行地面查证。因受国际金融危机的影响，澳方单方终止合同，2008 年初项目终止。

中外合作勘查二十余年间，对一直作为金刚石找矿主要手段的重砂取样进行重大改进，将以往的大密度（4 ~ 5 个 / 千米^2）小体积取样（约 30 升）、野外分级淘汰、手选可疑金刚石伴生矿物的方法，改变为在水系取样同时兼顾土壤取样，主要采取 -1+0.2 毫米细砂、由实验专业人员精淘、镜下直接选取金刚石指示矿物的做法。强调样品取在基岩表面，努力提高"见基率"，适当放稀取样密度（1 个 / 千米^2 左右）。取回 -2+0.2 毫米样品重量 40 千克以上。事实证明 +2 毫米级砂砾矿物在 -1+0.2 毫米级都有，而且数量更多，因此用较大精力处理 +2 毫米的砂砾，远不如集中精力关注小级别细砂。这样不仅降低劳动强度，也提高了找矿效率，加快了找矿进度。

中外合作找矿是山东金刚石勘查工作的一项具有战略意义的举措。二十多年来，对鲁南地区使用多种手段，投入了大量的工作，进行了深入细致的调查研究。虽然未找到新的金刚石原生矿体，但是发现了数以万计的金刚石及其指示矿物，加深了对该区基础地质认识，同时使我们基本掌握了当时国外找矿的方法和测试手段，锻炼了队伍，增强了信心，为今后在本地区普查找矿奠定了良好的基础。

众里寻他千百度，深部找矿获突破

由于金刚石原生矿稀有，七院在继续寻找新的原生矿的同时，继续对已发现的金刚石原生矿进行深部找矿。

深部找矿工作难度大，金刚石深部找矿难度更大。七院针对深部找矿的具体情况，提前筹划，运用新理论、新方法，加强新技术、新方法的对比研究和有效性试验，引进和利用先进有效的深部探测技术和仪器设备，采取"产、学、研"相结合的机制，强化定位预测和金刚石潜力评价研究，缩短了找矿周期，提高了深部找矿效果，实现了金刚石深部找矿的突破。

2011年10月—2013年3月，七院相继开展了山东省蒙阴县常马庄矿区金刚石原生矿深部普查及续作项目。首先对矿区开展了大比例尺1∶1000地质修测，大致查明了工作区成矿地质背景，同时在七〇一矿露采区的南侧进行了8条可控源音频大地电磁剖面测深，圈出了不同深度的低阻异常体一处。在已有钻探资料基础上和该区金伯利岩浆型金刚石矿床模型参照下，2011年11月—2012年4月，布设施工了11ZK01、12ZK01钻孔，对"胜利I号"岩管进行了控制。11ZK01在600米处见四层金伯利岩，厚度达8.43米，控制了–340米标高以浅岩管西北部边界。12ZK01在–440米标高处见金伯利岩三层，厚度16.6米，为新发现的隐伏岩管，编号为"胜利I–1号"。在–540米标高处见"胜利I号"金伯利岩五层，厚度20.5米。为了进一步解译异常真伪，对钻孔12ZK01进行了数字测井工作，进一步了解"胜利I号"岩管深部及"胜利I–1号"岩管金伯利岩的电磁性特征。

2012年11月—2013年3月，为验证低阻异常和深部控制，分别施工

征 途

了 ZK001、ZK501、ZK-601 钻孔。钻孔 ZK001 作为验证孔，在 -360 米标高处见金伯利岩，厚度 1.05 米，证实低阻异带为金伯利岩引起。钻孔 ZK501、ZK-601 分别在垂深 800 米、600 米两个断面对"胜利 I -1 号"岩管进行控制。ZK501 在 -500 米标高处见"胜利 I -1 号"岩管金伯利岩一层，厚度 41.3 米。ZK-601 在 -340 米标高处见"胜利 I -1 号"金伯利岩三层，厚度 13.05 米。

矿体深部特征：深部勘查范围（-340 米～-740 米），赋存金伯利岩管两个，为"胜利 I 号"岩管和新发现的"胜利 I -1 号"隐伏岩管，岩管深部岩性为斑状镁铝榴石金伯利岩。

经分析研究表明，"胜利 I 号"岩管已延深至 -740 米标高以下，岩管断面有变小的趋势，但岩管在 -540 米中段断面面积仍有 1000 平方米。因此，岩管在标高 -540 米～-740 米处仍有相当可观的资源量。新发现的隐伏岩管"胜利 I -1 号"岩管，目前该岩管仅有单工程控制，纵向延伸不明。在七〇一露采坑的南部发现低阻异常带一处未验证。综合认为，有进一步发现金伯利岩管或岩脉较大资源的潜力。

2013 年 8 月—2014 年 12 月，七院开展了山东省蒙阴县西峪地区金刚石原生矿深部及外围普查项目。在 2012 年 9 月和 10 月期间，首先开展了大比例尺 1：1000 地质修测及矿区 1：2000 地质测量。同时在西峪岩管群周围布置了四条可控源音频大地电磁测深剖面，结合原勘探资料，了解岩管群的三维形态，确定各个深度的规模、产状，以指导钻探工程的布置。对"红旗33 号"异常带、"红旗33-15 号"异常带、XY61、XY62 磁异常带分别布设一条可控源音频大地电磁测深剖面，在了解磁异常带可控源音频大地电磁测深工作的基础上，按照 80 米工作间距布置了四个钻孔：ZK0101、ZK0102、ZK0301、ZK0302，了解岩管群深部形态的变化。2013 年 10 月—2014 年 7 月，在综合研究以往钻探资料、矿床模型及变化的基础上，实施钻孔 ZK0101、ZK0102 控制了岩管群 -495 米水平断面，钻孔 ZK0301、ZK0302 控制了岩群 -655 米水平断面。同时布置了钻孔 ZK9901，了解 33 号岩管深部变化。在ZY62 磁异常处布置了钻孔 ZK0701 进行异常查证。为了解西峪岩管群深部金伯利岩的电磁性特征，对钻孔 ZK0301、ZK0302 进行了测井工作，对完成的各个钻孔及时地采取样品进行分析鉴定。

深部矿体特征：深部勘查范围内（-355 ~ -730 米标高）赋存金伯利岩管一个，该岩管即为矿体。

经勘探和对实际工作的研究表明，西峪岩管群已延深至标高 -655 米，合并后岩管断面略微变小，但岩管在标高 -655 米断面面积仍有 19287.75 平方米。综合认为岩管群深部 2000 米以下仍有相当可观的资源潜力。

自 2006 年中外合作找矿结束以后的 10 年间，七院在此基础上认真总结和研究这些年来所积累的丰富地质资料，特别是指示矿物资料，进一步拓宽了金刚石原生矿勘查视野，开展了较合作期间更加细致和创新的勘查工作，对关键性的找矿线索紧追不放。运用金刚石成矿和找矿的新理论和有效的新方法，始终把握正确的方向。经槽探、钻探和各项采样及测试、基岩选矿实验，在大井头岩体中选获 12 颗金刚石和大量指示矿物。终于在 2016 年 10 月对大井头岩体有了正确和全面的认识，初步确认大井头岩体是一个含金刚石的钾镁煌斑岩管。实现了七院在发现蒙阴金伯利岩型金刚石原生矿 51 年后的又一次新的突破，并为在鲁南地区金刚石原生矿找矿提供了新的案例和成功经验，打开了新的思路，揭开了鲁南地区金刚石原生矿找矿新的序幕。

金刚石因其具有极高的硬度和许多宝贵的物理化学性质，而成为现代工业技术上的一种重要材料，它在新兴的各种先进科学研究中，具有不可替代的优良品质。

随着我国工业生产和科学技术的飞速发展，以及对金刚石性能研究的不断深入，金刚石的用途正在不断扩大，耗用量也与日俱增，平均以每年 8% 的速度增长。1975 年金刚石的世界消耗量为 7700 万克拉，1980 年已逾 1 亿克拉，到 2012 年世界金刚石销售量已超过 100 亿克拉，并以每年 5% ~ 10% 的速度增长。到 2018 年，国内金刚石消费量已达到 146 亿克拉。尽管世界金刚石资源短缺和替代用品大量出现，但今后金刚石的耗用量增长速度仍然会居高不下。

一个国家对金刚石的需求量，往往可以标志着这个国家的经济发展水平。工业技术越发达，对金刚石的需求量就越大。西欧、北美各国往往以

征 途

钢产量与金刚石消耗量的比值，作为工业水准的象征。

工业生产对金刚石需求量的急剧增长和金刚石资源保证程度低了盾，只依靠天然金刚石已经很难满足需要。后来人们研究生产出性能不错的人造金刚石，产量远超天然金刚石。但是大颗粒和高质量的金刚石仍需依赖天然金刚石。

金刚石在国民经济中的作用越来越重要，已经成为国防尖端、精密仪表和超硬材料加工不可缺少的重要材料，因为天然金刚石的某些优良性能，至今还难以找到合适的替代品。

我国这些年的快速发展令世界瞩目，对天然金刚石的需求自然也越来越大。七院曾经在我国金刚石找矿历史上书写浓墨重彩的一页。在经历了无数艰辛追索的日日月月，收获几多欢呼喜悦和舒心自豪之后，一代代地矿七院人以为国寻宝为己任，与时俱进，脚踏实地，披星戴月，跋山涉水，胸怀祖国和人民，坚定地走在追梦的路上。

昌乐蓝宝石发现纪实

此地有宝美名扬，不期而遇俯仰间

相传在三千多年前，我国周朝的开国元勋姜太公吕尚，曾在昌乐营丘治国修政达五十多年。他在离开昌乐时曾意味深长地说："此地有宝，可福及子孙万代也。"

他说的"宝"到底是个啥？人们一直在找寻答案。

终于，在 20 世纪 80 年代末，这个"宝"被山东省地矿局第七地质大队的勘探队员们找到了。

昌乐境内最高的山叫方山，登上山顶极目远眺，周围是连绵不断的山峰或丘陵。这些起伏都是 1800 万年前火山活动时形成的火山山头。正是在那场汹涌澎湃的火山喷发活动中，炽热的岩浆在接触地球表面的一刹那，部分熔岩和氧气在高温和高压的条件下发生了化学反应，形成了三氧化二铝，也就是今天我们所看到的蓝宝石。频繁的火山活动为昌乐形成了以蓝宝石为主，包括石灰石、玄武岩、钾长石、重晶石、木鱼石、矿泉水、金、银、铜、煤、黏土等在内的近 20 种丰富的矿产资源，这就是姜太公所谓的"此地有宝"。

在昌乐，很多人都能绘声绘色地讲出蓝宝石被发现的故事。

在方山脚下，有一个叫辛旺的小山村，村里一些来此牧羊的老人经常会在雨后的山岭上，拣到一种棱角分明、坚硬无比、深蓝色的石头。他们发现这种石头很明亮，很好看，又很坚硬，能在火镰上打着火，可以用来点烟和引火，因此给这种石头起名为"蓝火石"。当地农家妇女下地干活时，常常会被这些在阳光下闪闪发光的蓝色石块所吸引，会弯腰捡拾一些形状好看的带回家给孩子当玩具。也许因为身边这种石头很多，大家习以为常，当地人没有去探究过它的内在价值。直到 1987 年的秋天，山东省地矿局第七地质大队来到这里，在与当地老人聊天时，意外地发现他们拴在烟荷包上的蓝火石

征 途

竟然很像蓝宝石，赶紧进行了科学鉴定。这一鉴定，爆出了惊人的消息——这些用来打火、取乐的蓝火石居然是珍贵无比的蓝宝石！而且，这是中国迄今为止发现的质量最好的蓝宝石！

尽管蓝火石与蓝宝石只是一字之差，然而它们的经济价值与社会价值却有天壤之别。蓝宝石色美、透明，具有玻璃光泽，有明显的生长纹和色带，硬度为摩氏9级，是仅次于钻石和红宝石的高档宝石。

据山东省地矿局的人说，蓝宝石的真实发现过程是这样的：最早发现昌乐地区蓝宝石找矿线索的人是一位汽车司机。1976年的一天，这位司机驾车在昌乐县境内行驶，走到五图这个地方时，汽车抛锚了，他只好下车检查修车。司机下车后被一块闪着美丽光泽的蓝色石头吸引住了，他好奇地捡起来左看右看细细端详着。常年走南闯北见多识广的他虽然一时判断不出这是什么石头，但是感觉到这绝对不一般，就细心地收起来。后来，他找时间带着这块蓝色的石头来到山东省地矿局，想让专家给鉴定一下。当时接待他的是后来成为山东省地矿局副局长、总工程师的艾宪森。艾宪森仔细观察，经过一番鉴定确认这是一块蓝宝石。

有着职业敏感的艾宪森仔细询问了拣到蓝宝石的地点，并恳请司机把这块蓝宝石卖给地矿局作为标本。但捡到宝物的这位司机舍不得卖，就婉言谢绝了。

蓝宝石是一种刚玉矿物。刚玉矿物中凡达到宝石要求的，除红色刚玉即红宝石外，通称蓝宝石。蓝宝石与钻石、红宝石、祖母绿，并称世界四大名贵宝石。刚玉属三方晶系，比重3.95～4.10，硬度为摩氏9度，在自然界中仅次于金刚石而居第二位。蓝宝石的成分为三氧化二铝，有时含微量铁、钛或铬等。透明且含有微量铬呈红色的刚玉，称为红宝石。透明且含铬呈蓝色的刚玉，称为蓝宝石。因刚玉属三方晶系，在红蓝宝石的某一个结晶面上，常有6条放射状丝绢光泽的针状包裹体，经琢磨会呈现星状闪光。这样的红蓝宝石称为星光红蓝宝石。

世界红蓝宝石产地不多，主要有缅甸、斯里兰卡、泰国、澳大利亚、中国等。

司机在昌乐境内捡到蓝宝石这件事，引起了山东省地矿局的高度关注。当时山东蓝宝石地质工作尚属空白，但第四地质队有一个宝玉石组，驻地离昌乐不远，因此省地矿局领导就把蓝宝石普查的任务交给了第四地质队。工作区域选在蓬莱—昌乐—临朐—沂水这片较大的范围内。

这期间，第七地质队在该地区进行金刚石原生矿普查时，也发现蓝刚玉34颗，多为−4+2mm，最大者为6mm，呈深蓝色、蓝色或蓝绿色，有的是破碎晶体的一部分。

1986年，山东省地矿局决定让第四地质队在工作过的地区选出认为成矿有利地段，立一个蓝宝石项目，在年底进行招标。

第七地质队是我国第一个金刚石原生矿的发现者，有成套的选矿设备、熟练的选矿工人和雄厚的技术力量，还有丰富的选矿经验。由这个队进行蓝宝石地质工作，无须再配选矿设备和人员培训即可开展工作，可以省去一大笔费用和很多宝贵的时间。最后，第七地质队以11.84万元的标的中标。

在为国家奉献了数座金刚石矿床之后，人们期待着第七地质队再创辉煌。

专业人做专业事，在水一方觅富矿

蓝宝石项目是一个新的课题，第七地质队决定由207组承担这个任务勘查任务，组长是当时年仅25岁的张培强。

年轻的地质组长面对新矿种、新项目，知难而进，顽强拼搏。1986年11月，第七地质队地质分队编写设计好了"昌乐—临朐—益都（今青州）地区宝石普查项目"。准备在所确定的110平方千米的工作范围内，开展面上地质普查，寻找宝石砂矿成矿的有利地段，进一步了解宝石砂矿富集规律、赋存部位、含矿性及规模大小，并提出远景评价及进一步工作建议。

北岩蓝宝石普查面积是一个以大约10千米为边长的正方形区域。按常规，小组驻地多选择在工区的中心部位，然而张培强并没有这样做，他把驻地定在了工作区域北部边缘的北岩乡政府所在地。张培强认为，乡政府所在

征途

地无论生活条件还是交通等方面都很便利。更主要的是，他们觉得北部更有利于成矿，应作为工作重点。

工作区地势南高北低，属于丘陵地形，海拔470～110米，水系发育，第四系覆盖较厚，位于鲁西台背斜泰沂隆断之昌乐凹陷中，东侧与著名的沂沭断裂带近邻。这儿曾是山东境内火山活动较频繁、集中的地区之一，有火山口数座，其中有像乔官团山子这样出露完整、景象壮观、可作为旅游考察景点的火山口。该区新生代火山岩中火山结构发育，新第三纪（距今约1800万年）偏碱性的玄武岩、橄榄玄武岩及二辉玄武岩遍布全区。这些玄武岩中含较多捕房晶和深源包体，在人工重砂和自然重砂中，发现含有一定量的刚玉类蓝宝石。自新第三纪以来，本区沉积作用和风化剥蚀作用都较强烈，有利于冲积砂矿的形成和宝石矿物的富集。

出队后，207组首先开展了蓝宝石普查工作。他们对工区内所有水系都认真取样，既取重砂样也取松散物选矿大样。面上工作主要是对全新统冲积层进行控制性采样，以便发现蓝宝石赋存地段。因为之前在寻找金刚石的工作中积累了丰富的找矿经验，他们继续发扬不怕苦、不怕累的精神，每日早出晚归地在工作区内细致寻"宝"，全区共施工浅井15个，取样57.35立方米，施工探槽10个，取样80.80立方米。另外，为了评价洪冲积层的含矿性，在自然剖面上挖掘刻槽取样13个。

松散物选矿样采样也是在浅井或探槽中进行的，他们采用全巷法或分层采样法采取，一部分是在剖面上刻槽取样。每次都把取样情况做好详尽记录。经过一段时间的采样，207组的地质队员们得出初步结论：DTY水系是蓝宝石相对较富集的水系，是可供进一步工作的成矿的有利地段。

1987年下半年，在前期工作的基础上，第七地质队207组明确了下一步的工作方向，开始缩小包围圈开展详查工作——山东蓝宝石发现史上一个重要的时期从此拉开帷幕。

他们根据面上工作的情况，选择0.7平方千米的理想地段，做更加详细的普查工作。这个地段，当然首推DTY水系—BY至DJZ之间。

所圈定的9个矿体集中分布在DTY小河BY-DJZ段的河床及阶地上。主矿体 I 号矿体和 II 号矿体赋存在平直的河道中，其两侧为 VII 号、VIII 号阶地矿体。而 III、V、VI 号矿体处在河流转弯处。按照重矿物富集规律，队员们预测在 DTV 小河的南段（上游）和中游的河流转弯处应形成较好的主矿体，而在中下游 BY 平直地段不易富集。可是，地质队员们在一段时间的具体勘查中发现，实际情况和预计的恰恰相反：在 DTV 小河中下游 BY 平直地段发现矿体富集，而小河的上游和中游的河流转弯处却鲜有主矿体踪影。大家就地坐下来一起七嘴八舌地认真讨论起来。最后一致认为，这个情况证明该矿来源并不主要来自上游，估计它应该有侧源，或有河道底部矿源层（体）供给。

在这些矿体中，I 号矿体最厚，平均厚度 1.23 米；III 号矿体平均品位最高，每立方米 5.647 克拉；矿层剖面下部蓝宝石品位高于上部。

队员们边勘查边讨论，遇到新问题一起解决，工作效率特别高。1987 年年底，207 组圆满地完成了北岩蓝宝石砂矿普查和详查工作，1988 年 6 月提交《山东省昌乐—临朐—益都地区宝石详查地质报告》。

付出总有回报。1990 年，北岩蓝宝石砂矿荣获地矿部找矿成果三等奖。山东第一个蓝宝石矿就这样诞生了，从进驻北岩到提交第一份蓝宝石详查报告，207 组用了不足一年的时间，为国家贡献了一个价值上千万元的蓝宝石砂矿。

移师五图再战斗，废寝忘食度春节

1988 年 4 月，207 组改名为昌乐蓝宝石详查组，组员扩充到 17 人，一个新的找矿队伍快速集结，他们的任务是进行第二个蓝宝石找矿项目。

在接到新任务后，队伍意气风发地开往新的工作区。

昌乐蓝宝石详查组的第一项工作是野外踏勘。

在地质踏勘过程中，当他们经过五图北边的 XL 水系时，面对玄武岩广为分布的连绵山峰，胸中是尽快找到蓝宝石矿藏身之处的渴望。心中蓄满激情的地质队员们边找矿边讨论着，激情澎湃之时，有人提议取几个重砂样看看。说干就干，按照找金刚石的经验，他们选择水系中有利重砂矿物富集的部位，取样装袋，轮流背回驻地。回到驻地，大家顾不上一天的疲劳，马上

征途

淘洗起来。一番忙碌之后，还真有细粒级的蓝刚玉展现在眼前。看着这些蓝莹莹的宝贝，大家笑逐颜开，进一步增强了找矿的信心。

五图的蓝宝石找矿工作也分两个阶段：一是336平方千米的调查，二是110平方千米的普查，调查范围是北岩的外围地区。为了提高效率，小组兵分三路，一路在南郝，一路在五图，还有一路在乔官，每组四个人。除五图在驻地，另两路机动作业经常性地搬家，为了方便工作，都是吃住在旅馆。虽然调查任务重、范围面积大、每天跑路多、吃住条件差，但为了尽早完成调查任务，必须早出晚归。没有一个人叫苦叫累，大家都想少跑路多干活，用他们朴实的话说："我们想早点找到宝。反正就这些活儿，别人不会替你干，就得自己抓紧，自己督促。"

在大家的共同努力下，用了不到两个月的时间，上半年就完成了调查工作。根据调查情况，对区内地质情况进行综合分析，确定下半年的工作任务是在五图—昌乐—方山110平方千米范围内进行普查。这一地区位于336平方千米范围内的东北角。普查工作主要沿水系取样，取样较调查时加密。

昌乐蓝宝石详查组17位成员在稍做休息之后，就开始了普查取样工作。

刚开始取样时，发现的蓝宝石很少，当取到XW水系时，蓝宝石就多了起来，并且发现一些样品的品位比北岩蓝宝石砂矿的品位还要高。经过大家的仔细取样研究，大致圈出了矿体的分布区。同时，NC水系、XL水系也都发现含矿丰富的情况。综合起来，基本确定了五图地区分布有品位更富的蓝宝石砂矿。

继在北岩发现山东第一个蓝宝石矿之后，昌乐蓝宝石详查组17人又移师东进，他们乘胜前进，在五图地段提交了五倍于设计要求的蓝宝石储量。如此丰富的蓝宝石资源，使国内外珠宝界为之震动。1990年，澳大利亚专家到五图考察，当了解到该矿被定为残坡积砂矿时，赞赏张培强："这是你的独创。"（目前世界蓝宝石砂矿尚无此种成因类型）

同他的前辈地质工作者一样，张培强从投身地质事业那天起，就把吃苦当成奋斗与成功中不可回避的因素。在野外干上两三年，他就患上了地质队员的职业病——胃病。但这没有影响和动摇视找矿为天职的地质队员。1991

年春节，因为有很多报告要完成，张培强没有像往年那样带着妻子回家与家人一起欢度佳节，小两口是在蒙阴过的春节。驻地的人都回家了，只有他们俩。平日里有食堂解决吃饭问题，这时他们俩只能笨拙地自己解决伙食问题了。这真是一个难忘的春节呀！

这个春节，张培强是用夜以继日的工作辞旧迎新的。从北岩到五图，一共提交了四份蓝宝石报告，其中三份详查报告均由张培强主笔。虽然工作是辛苦的，但是面对全队人做出的成绩，他又倍感欣慰，心中充满自豪。

昌乐宝石矿藏丰，品高色佳名天下

1988 年 8 月的一天，地质分队主任工程师刘文美来到五图蓝宝石详查组。有群众来报矿，说方山有蓝宝石原生矿。到底是真是假，必须一探究竟。当天，刘文美便与张培强、程晓萍等人上方山察看情况，并取样、打标本。

上了方山，山上已有一些农民在挖矿。一位姓邵的采矿者听说刘文美他们是地质队的，感觉终于遇到懂行的专家了，就很热情地邀请刘文美他们几个人到自己家里。他 40 多岁，家住方山西南邵家庄，因病离职在家休养。当他得知地质队在五图找的蓝宝石就是当地人说的"乌金火石"时，他记起小时候放羊时捡到过这种石头，于是赶到了方山，果然在方山顶上的岩石里又找到了"乌金火石"。1988 年 7 月，作为方山的第一个挖矿者，他每天和妻子一起挖山，收获了很多蓝宝石。他边说着边把自己开采的蓝宝石拿出来给他们看，并讲述了他们在方山挖矿的经过。

村里的人看到有人用蓝宝石换来了钱，也学着他们上山挖起矿来。

刘文美一行从方山下来后，张培强马上与同事一起带着工具上山取人工重砂样，做进一步的分析。第二天，刘文美火速赶回蒙阴大队部，向大队长戴昭明等队领导汇报了发现蓝宝石原生矿的好消息。

1989 年 5 月，新华社播发了山东发现蓝宝石矿的消息，向全世界宣告了山东蓝宝石有着 450 平方千米的矿床和数十亿克拉的储量。自此，昌乐如同世界著名宝石产地缅甸的抹谷（MOGOK）、柬埔寨的马德望、拜林以及泰国

征 途

的占他武里等地，被列为世界罕见的蓝宝石巨大矿床之一。山东蓝宝石引起国内地质和宝石界的注意，民间采矿活动顺势而起，山东蓝宝石开始进入国内市场。1989 年，山东蓝宝石开发被国际有色宝石协会 (ICA) 列为世界有色宝石的五大发现之一。

蓝宝石最大的特点是颜色不均，可见平行六方柱面排列的，深浅不同的平直色带和生长纹。聚片双晶发育，常见百叶窗式双晶纹。裂理多沿双晶面裂开。二色性强，世界不同产地的蓝宝石除上述共同的特点之外，亦因产地不同各具特色。

我国北岩蓝宝石常见的晶形为板面与六方双锥的聚形，外形一般似桶状。但蓝宝石完整的晶形很少见，常见沿平行板面裂理断开的晶体，最多的是保存晶体部分晶面的碎块，或未保留任何晶面的碎块。

这儿出产的蓝宝石颜色多以蓝、深蓝、浅蓝色为主，占比 54.4%；其次为具有蓝色调的多种颜色，如灰蓝、蓝绿、褐蓝色等，约占 25%；另外还有绿色、黄绿、黄色、黑色等颜色。

这些蓝宝石多出现颜色深浅相间的环带构造，有蓝色、天蓝色相间的蓝色环带，有褐色、浅褐色相间的褐色环带。有褐色内的褐色环带外套蓝色环带。有褐色内心的蓝色夹层外套蓝绿色环带，有时在垂直 C 轴的六边形断面上，不仅有环带构造，同时还可看到以结晶中心指向各边的六条放射性条带，条带的颜色常为褐色、乳青色。从 C 轴方向看，条带内存在大量细小的云雾状包裹体，使条带呈半透明，显珍珠光泽。若加工琢磨适度，此类宝石即成为六射星光蓝宝石。

北京宝石研究所的专家在鉴定完这里的蓝宝石后说，此处的蓝宝石结晶粗大，质量较好，宝石成品率较高。"从整体上看，较海南岛、福建、江苏的蓝宝石颜色更好，透明度也较佳，包体较少。"李兆聪的《宝石鉴定法》中也说："中国蓝宝石……以山东蓝宝石质量最佳，属优质蓝宝石。"

山东蓝宝石之所以质量较佳，专家一致认为，这可能是由于该区蓝宝石含矿母岩（玄武岩）更偏于超基性，岩石中铁、铬、镍、钴、钡含量较高，尤以铁、镍、铬含量高，致使蓝宝石的颜色较纯正而鲜艳。

1990 年，山东蓝宝石已是名扬天下。与此同时，以山东蓝宝石为原料的宝石加工厂，如雨后春笋，在山东蓝宝石产区及其附近地区建立起来。山东蓝宝石的深加工及改色工作也取得了较大进展。闻名遐迩的"中国宝石城"坐落于昌乐县北部的经济开发区，是中国唯——座经国家工商总局批准以"中国"命名的国内规模最大、功能最完备的宝玉石及金银饰品、工艺品批发市场。

山东蓝宝石矿的发现，是山东找矿史上的一次重大事件，是山东地质找矿事业的重大突破，其经济和社会效益是巨大的。由山东蓝宝石所带动的宝石加工镶嵌业和宝石销售，在山东迅速兴起。宝石业作为山东经济的一个新型产业，为美化人民生活和发展山东经济，作出了突出贡献。

昌乐的蓝宝石矿藏分为两种，一种是原生矿，一种是砂矿。原生矿就是包藏有宝石矿体的石头，这种矿藏很少。当年留存下来的火山之一——方山，是现存世界上唯一的一座蓝宝石原生矿，这里出产的蓝宝石蕴藏富、层面厚、品位高。

昌乐蓝宝石详查组在山东蓝宝石勘探工作结束后，提交了昌乐地区两份蓝宝石砂矿详查报告，其中之一是我国第一个大型蓝宝石砂矿详查报告，也是自昌乐蓝宝石发现五年来首次关于探明蓝宝石储量的报告，这为山东蓝宝石的勘探工作画上了一个圆满的句号。

然而，以为祖国寻宝为己任的地质工作者，总是在探明了一个矿床，又奔向一个新的未知的领地。他们不停地探索着，寻觅着，永远生机勃勃，永远充满活力。当把一个梦想实现后，他们又会开始另一个梦的追寻，他们是永远的追梦人！

征途

▲ 1978 年《我国金刚石原生矿床的发现及其控矿构造》荣获全国科学大会奖

▲ 1980 年荣获地质部嘉奖令

▲ 庆祝拿出第一颗金刚石宣传车

▲ 1965 年 8 月，七院在蒙阴县常马庄发现了我国第一个具有工业价值的金刚石原生矿

征途

▲1965年8月，发现"红旗1号"金伯利岩的原201组部分人员

▲1965年，八〇九队找到"红旗1号"金伯利岩后，第二年春在李庄基地礼堂召开地质
计划会议，布置1966年的工作。会上，干部职工纷纷上台表示决心

▲1983 年，原地质部田林司长（中）回蒙阴八〇九队看望当年的"金刚石"战友

▲我国著名的岩石学家、地质学家池际尚（前排右一）和七院工作人员在一起

征途

▲原地质部副部长、地质专家程裕淇（中）
来临沂实地指导野外地质调查工作

▲火山岩研究专家王曰伦等来七院进行野
外地质考察

▲ 技术人员野外找矿

▲ 1963 年 2 月，八〇九队参加山东地质系统群英会的代表留影

征途

▲1982年，在王楼工作区进行十米钻施工

▲1966年3月，物探组在西峪矿区进行磁法测量

▲群众报矿镜头

▲1987年7月，中国地科院研究员、沉积矿床地质专家郭云鳞（左二）在郯城青石塘村观察地质剖面

征 途

▲ 1977 年，在临沭发现的全国现存最大的常林钻石，重 158.786 克拉

▲ 1986 年，与英国奇切斯特公司合作成立中英合作队，进行金刚石原生矿勘查

▲ 英国专家组与七院技术人员在常马矿区"胜利 I 号"岩管合影

▲ 与外国学家探讨金伯利岩中深源捕虏体、岩石学等有关问题

征 途

▲1997 年，与澳大利亚光塔公司合作成立鲁澳金刚石勘探公司

▲2011 年 3 月，金刚石找矿第一深钻孔开钻仪式

▲1988年发现了山东省第一个蓝宝石矿，填补了全国没有蓝宝石矿床的空白（昌乐火山口蓝宝石）

▲昌乐火山口蓝宝石

第二章

征途

文／车少远

征途

以献身地质事业为荣，以找矿立功为荣，以艰苦奋斗为荣，这就是我们地质人的精神。老婆不能见面，孩子不能见面，在地质队里干活，不断地追求，不断地探索。

——原地质矿产部部长、党组书记宋瑞祥

2020 年 4 月 23 日，临沂，沂河畔

开启西部地质强国征途

21 世纪初，国家的西部大开发拉开了中国地质工作者在西部开展地质工作的序幕。

与此同时，为了适应经济全球化发展的新趋势，更好地利用国际国内两个市场、两种资源，加快经济结构战略性调整，提高对外开放水平，促进山东省经济全面协调持续发展，2005 年 10 月 28 日，山东省人民政府印发了《山东省人民政府关于加快实施"走出去"战略的意见》。

随后，为了深入贯彻落实省委省政府战略决策，充分利用"两个市场、两种资源"，加快经济结构调整，山东省地质矿产勘查开发局印发了《山东省地矿局关于加快"走出去"战略的意见》，将地勘经济发展置于国际大市场框架之内，拓展新的发展空间，促进地勘经济可持续发展。

为了顺应省地矿局"走出去"的战略号召，2006 年 11 月 1 日，七院成立了"走出去"领导小组。其实，早在国家西部大开发和山东"走出去"战略之前，七院就已经站在了时代的前沿，主动作为，勇担使命：2005 年，七院内蒙古项目组成立；2006 年，七院青海项目组、新疆项目组相继成立。

在没有西部工作经验，缺少地质找矿技术支撑的情况下，七院党委高站位部署，派出了一批又一批地质工作者，上内蒙古，下青海，赴新疆，战西

藏，行走在悬崖峭壁，穿梭于苍茫草原，在人迹罕至、鸟兽聚居的西部地区风餐露宿、日夜兼程、砥砺前行，开启了七院在西部地区战天斗地推进地质科技进步的强国征途。

在西部工作的队员们，都是铁打的汉子。他们忍受着高原山野的孤独与寂寞，化探采样、地质填图……他们与山川、河流、草原、戈壁、野兽为伴，与土壤、岩石为友，苦中干，苦中寻找乐子。

【望江南】多少叹，造物胜人雄！遮天蔽日三千里，黄沙翻滚气如虹，帐外狂风中。

【相见欢】三人相对呆坐，泪滂沱，狂沙飞扬未止，三天过。心无言，口中渴，席沙卧，青山绿水难舍，梦中乐。

——在西部工作的队员们

这两首词，反映了他们在西部地区工作和生活的真实场景。

队员们，走，去青海

"去青海吧？"

大家互相打着招呼，那语气里多是惊羡。"嗯，青海，青青的青海，到底会给我们怎样的震撼呢？"

青海，去过的人多数都说很美：一望无际的草原，蜿蜒的公路伸向远方，路两旁还有大片大片金黄的油菜花。车开到一个望不到边际的湖边停下来，湖水清澈幽深，碧波荡漾。蓝蓝的天空中，成群的鸟儿自由自在地飞翔，偶尔飘动的朵朵白云与成群的羊儿交相辉映……

青海风光旖旎，是一个令人神往的好地方。

可是，七院地质队员们在青海工作的环境可没有这般如诗如画，工区平均海拔 4000 米以上，最高的地方海拔 5100 米。放眼望去，工区里要么是陡峭的高山，要么是茫茫的戈壁滩和沙漠，数百千米内不见人烟，通信不畅，

征途

天气瞬息万变。

这些地方，没有去过的人根本无法想象在严峻的环境中开展地质工作需要经历怎样的考验。

2006年3月，青海省投资集团有限公司全资子公司青海金星矿业有限公司在西部有十七幅区域化探扫面工作亟待开展。

面对机遇，以于海新为院长的领导班子主动作为。2006年的4月份，时任七院矿发公司副经理李兆营会同时任省地矿局地质矿产处处长的孟庆宝为七院成功拿下西部地区的第一个项目，即青海金星矿业有限公司哈图及鄂拉山地区十幅水系化探项目。

到西部地区开展水系化探任务，问题和机遇并存。七院的地质队员们在此之前并没有在海拔4000米以上的区域开展地质工作的经历，无经验可循。大家对于青海省的地质工作环境和艰苦程度也只是有所耳闻罢了，更重要的，是大家都没有化探扫面工作的经历和技术基础。

一个时代有一个时代的问题，一代人有一代人的使命。在问题面前，是知难而退，还是勇往直前？显然，在逐梦的道路上，不能放弃！

通过研究地形图和卫星图片，大家发现青海省哈图及鄂拉山地区地形切割剧烈，海拔绝大多部分都在4000米以上。那么，是否有人愿意去西部完成这十幅水系化探任务？

结果出乎意料，大家踊跃报名，五十多人主动申请去西部，人数大大超出了出队实际需要的人数。

对于去西部开展地质工作，大家之所以热情高涨，事后经了解，大家的出发点和原因很简单：年龄偏大的同事都为自己至今没有找到大型矿床感到遗憾，想借这次机会去西部闯出一片新天地；年轻的同事则是初生牛犊不怕虎，丝毫没有把可以预见的困难放在眼里。

其实，大家都是被青海那片神奇的土地所吸引，心向往之。脑海中每当浮现出西部地区蓝天白云、绿草羊群的风景，心起涟漪，怦然心动。

经过严格的体检和技能综合评估，七院最终确定24名同志作为此项目的外派队员，前往西部。

"我怀着激动的心情来到会场，听完领导的工作安排，得知自己被分到青海工作，心里无比兴奋，但也非常忐忑。青海对我来说，只知道是高原区。还好家人们对我的工作比较支持，给了我一颗安心奔赴高原的定心丸。"作为队伍中的驾驶员，盖洪波此时的心情既兴奋又忐忑。

在没有经验、没有资料的基础上，2006年4月，队伍整装出发，由李兆营带队踏上了开往青海的列车。当火车开动的那一刻，所有人心里对于家乡都有些不舍，对即将发生的一切又充满了期待。

一路上的美景从车窗前飞快地掠过，一行人在不知不觉中顺利抵达青海省西宁市。队员们刚出车站，澄碧的蓝天，棉花般的云朵，清爽舒适的微风，让人一下子神清气爽起来。负责接站的同事早早在车站外等候大家的到来。

一行人先是在西宁休整了11天，西宁的海拔相对较低，也是给大家一段时间的适应过程。在这期间，队员们也没有闲着，大家分批采购了野外帐篷、炊具、药品、生活用品等一批物资，租赁了一辆皮卡汽车和一辆战旗汽车。

时间过得很快，大家对于当地环境适应得也很快。工区在青海省的西面，都兰县一带，距离西宁市大约有600千米的路程，在当时的路况条件下，需要用时一天。队员们吃过早饭后将所需的物品和装备装满了汽车，李兆营把车钥匙交给了盖洪波，说"这车是你的了"。

盖洪波打量着眼前的"小白"，它是一辆战旗越野车，以后就是它相伴左右了，心中一阵激动。

随着李兆营的一声令下，车辆轰鸣，马达声不绝于耳。车队缓缓驶过市区，像一条巨龙奔赴工区。车轮转动，映入眼帘的全是美景，山像刀划过，天蓝得像无边的大海，大家被眼前的风景深深地震撼了，都不禁感叹：祖国啊，你是如此的美丽和宏大，大自然是如此的巧夺天工！

途经日月山时，有了解此地情况的同志说，日月山在古代具有重要的历史意义，它不仅划分了农耕文明和游牧文明，而且自古就是唐蕃古道和丝绸南路的重要通道。这里曾经还是会盟、和亲、征战以及茶盐、茶马互市的见

征途

证。听了同事的介绍，大家对日月山有了更深入的了解。

穿越橡皮山，海拔到了3800多米，起伏的山脉线条柔美，翠绿欲流的草坡上，星星点点的牦牛、羊群、马匹在悠闲地觅食。一条迂回的小河犹如波光闪闪的玉带，缠绕在谷底。那飘扬的经幡、零星的毡房，分布在半山腰上的帐篷……眼前这一幕幕景色在金色阳光的照耀下，犹如一幅炫目的油画，令人心旷神怡。

在橡皮山附近，大家见到了心目中的神湖——青海湖。

青海湖是中国最大的内陆湖和咸水湖。青海湖的美，天然纯洁，不带半点尘埃，是蓝天、白云、碧水、草原、雪山融合在一起的天然之美，是一种宁静祥和之美。

青海湖距离都兰县还有不少路程，要经过茶卡盐湖、夏日哈镇。工区在沙柳河和香日德一带。

5月1日，大家正式进入工区，这里没有像样的路了，模糊的路也是进山的牧民和牛羊踩踏出来的临时通道，车跑在上面尘土飞扬。越往里走，路越难走，车队就像排成一队的蚂蚁，蹒跚试探着前行。

再往前，路没有了，大家驾着汽车探路而行。再往前，车难以前行，大家便用双脚踏出前行的路来。俗话说："读万卷书，行万里路。"作为地质队员，跋山涉水去探索自然，为祖国找出更多的宝藏，这就是从事地质工作的价值所在。

十幅图的水系化探任务有三幅图在以青海省都兰县香日德镇为中心的区域开展，整个测区地处柴达木盆地东南缘山地，这里属于典型的青藏高山草原亚带景观，海拔3000～4600米。

抵达目的地，卸车、搭帐篷，大家忙着"安家"。等吃上晚饭，已经到晚上9点多了，然而此时太阳依然高挂，这是高海拔地区特有的景象。

在当时特殊的条件下，大家只能一边学一边干。首站工区位于香日德镇西南方向哈图地区，这一带海拔相对较低，且相对高差小，但是即便如此，大家刚开始工作时身体也都有些吃不消。大家在东部地区工作，爬山如履平地，在这里走路则上气不接下气。

第一天的工作就在大家的"哎哟"声中结束了。

高原上的天气就像孩子们的脸，刚才还晴空万里，突然飘来一片云就下起了雨或雪，寒风凛冽。然而，云彩飘过，天空立刻放晴，艳阳高照。为此，一天下来队员们身上的衣服往往干了又湿，湿了又干。另外，这里的昼夜温差非常大，队员们白天穿着短袖工作，到了晚上就得裹上棉袄和大衣。就是在这样恶劣的环境中，大家从刚开始一天能取几个样品都高兴得合不拢嘴，到后来一天取几十个样品是常态，休息之余，所有人谈论得最多的话题就是"你今天取了多少样品"。

这是怎样的精神？

这不正是七院地质队员们骨子里的"三光荣"（以地质事业为荣，以艰苦奋斗为荣，以找矿立功为荣）、"四特别"（特别能吃苦，特别能忍耐，特别能战斗，特别能奉献）的精神嘛！

每一名地质队员逐步适应了西部工区的恶劣环境，继续开拓和拼搏着……

车进不去地方，都是难啃的"硬骨头"。大家一起想了个办法：把队伍分成几个小组"搬家"进去，干完活再搬出来。这个办法大大提高了工作效率，也成功啃下了许多难啃的"硬骨头"。

有一次，队员们正在推进香日德的三幅图，第三个小组"搬家"到一个叫科尔沟的地方，预计工期一星期左右。小组刚进去没几天，天公不作美，下起雨来，没想到这一下就是十多天。很快，山上发起大水，外面的人进不去，进去的人出不来，通信也断了。这可怎么是好？

带队的李兆营焦急万分，大家也跟着急。

"不能再等了，就是一步一步走也要把给养送进去！"李兆营坚定地说。

最后，李兆营带队，盖洪波开车，还有几名队员一起涉险进去。"高原上的路可不是那么好走的"，雨中的高原地面滑如冰面，汽车冒雨前行，不是"摇头"就是"摆尾"。汽车蹒跚前行，盖洪波的心也提到了嗓子眼儿，车头不听使唤往深沟下滑，盖洪波作为一名老驾驶员也被惊出了一身冷汗。随行的同事见状，赶紧下车，又是扛车，又是铲土的，硬是一点一点把车子

征途

挪了过去。

一路涉险跋涉，好不容易与里面的人碰面，大家不禁暗自庆幸，外面的人冒险进来是完全正确的，因为里面被困的同事们已经断粮了，山上的大水也把他们的帐篷冲坏了。

既然选择了来青海，大家就都有一个坚定的信念："必须把困难全撇到一边，在规定的时间内完成任务，努力创造业绩！"

为了选择最佳的工作路线和营地位置，确保接下来的工作科学有序推进，李兆营带领王真亮、周军、李宁驾驶着皮卡车进山了，前往共和县方向探路。"这一路全是石头疙瘩，我们心想，西天取经也不过如此！"是的，由于道路坑洼不平，最难行的地方汽车每开出十多米的距离路面就要处理，填平坑道后再出发。就这样一路颠簸走了一整天。

下山后，眼前的一处湖泊挡住了前行的道路。这处湖泊就是宁静漂亮的冬给措纳湖，完全的纯天然高原湖泊，青翠的湖水美得让人不由感叹大自然的鬼斧神工！

此时四人已经离开营地太远，随身携带的干粮基本消耗殆尽，显然不能返回，那么只能与大自然赌一把，沿着湖边开出一条路，到共和县休整并补充补给。

说是湖边，其实就是湖水稍浅的河滩。李兆营一手紧握着方向盘，一手抓着车门，开车蹚水前行，水花激起一片。大家一致决定，"只要汽车往下陷就跳车。"有几次，湖水将汽车没过了三分之二，车头在水里飘动。庆幸的是大家"赌"赢了，终于冲过了这美丽又让人胆战心惊的冬给措纳湖！

当天，四人在共和县休息了一宿，第二天继续前往哇玉农场探路，不料又遭遇了新的挫折：汽车又陷进一条沟道滩地里动弹不得。大家找来拖拉机施救，结果拖拉机在拽车时不慎也陷进滩地里。无奈，这天晚上，李兆营和王真亮、周军、李宁四人在车里将就睡了一晚。第三天一早，同事黄江南驾车来寻，又叫来一辆拖拉机这才将被陷的汽车拽出来。

此行探路，历时三天，大家一路上几经波折，在困难和未知的探索过程中，很好地体现了七院地质工作者们筑梦西部、不忘初心、行路千里、守望相助、向下扎根的韧劲和精气神。大家用火焰般的热情和执着战胜了路途中的疲惫、寒冷和风险，熟悉了工区内的地理环境，为下一步有效开展地质工作打下了坚实基础。

随着地质工作向纵深推进，新驻扎的营地距离物资补给处约有 400 千米的路程，购买日常物资来回需要两天时间。有时情况稍有变化，整个队伍的物资难以及时供应，大家只能定量分配食物，等待给养；饮用水需要到 30 千米以外的地方去运输。为了保存这些来之不易的饮用水，队员们就地挖坑，铺上水袋，存上水，就是大家的"生命之源"了。再稍微偏远的工区，运一次水需要整整一天时间，拉回的水每方成本高达 2000 元。

在这里，滴水贵如油。

住帐篷，对于旅行的人而言，偶尔住那么一次还真有些浪漫色彩，但是对于地质队员们而言，这便是实实在在的生活了。哈图及鄂拉山地区十幅水系化探项目推进过程中，工作在海拔四五千米的高山上，一天中的温差变化巨大：白天工作时太阳就在头顶，人直接处在暴晒的环境中，晚上则冷得要穿棉大衣，"需要盖三层被子，才能睡个安稳觉"。七八月份，队员们在收音机里听到哪里哪里又高温了，又翻起热浪了，彼此就开玩笑说："咱这儿可真是个消夏的好地方啊！"

工区推进到柴达木盆地的边沿，这里几乎天天刮大风。只要起风，沙漠里的扬尘遮天蔽日。在这种环境下，帐篷显然难以完全阻挡住风沙的侵袭，经常被吹满厚厚的黄沙，于是大家又开玩笑说："我们多补了微量元素和矿物质，可以少用一些盐喽！"

在一些山坡地形，队员们带着帐篷在山上扎营。山坡稍缓的地方，车子可以上去，取样任务完成得相对顺利。没有路的区域，大家便找当地牧民带路骑马上山，一些乱石丛生的山坡河道，马没法过去，队员们只能徒步弓身往上爬。上去的时候只带着工具还省些力气；下来时，大家背着重达十几斤的砂样"呼哧呼哧"地喘粗气，"缺氧""精疲力竭"个中滋味，只有经历的人才懂。但只要回到基地，大家就都"健忘"了，积极筹划下一步工作。因为，在西部，克服困难，随时随地克服困难，是日常工作的一部分。

征途

任务艰巨，时间紧迫，每组每天必须完成十个砂样的采集。上山下山每天需要走十几个小时，如果当天的任务完不成，第二天还要重新再走一趟，又是十几个小时下去了，体力消耗暂且不说，浪费时间可赔不起。

为了节约时间，队员们背起行装，攀上层层山地，满怀无限的希望，为祖国寻找出丰富的矿藏。凭借这股子劲头，大家上午就能赶到指定区域，中午急匆匆吃上几口冷饭，喝口凉水，其他时间一刻不停地干活。即便如此，有时大家带着砂样回到营地时已是凌晨四五点钟。

李兆营说："最初的三幅图，相对简单容易，但即使大家再怎么努力去干，还是干不动。但是，推进前三幅图的过程不仅是队员们适应西部环境的一个必不可少的宝贵经历，也是队员们学习并掌握化探工作的一个重要过程。"

2006年5月1日至7月15日，队员们圆满完成了三幅水系化探任务。

有了前三幅图的工作经验，队员们斗志昂扬，一鼓作气，剩下的七幅图继续开工。

2006年9月的一天，雪期即将来临。队员们取回砂样开车返程，路上乱石如锥，车辆颠簸起伏，过河时，四辆汽车有两辆爆了胎，另一辆陷进水里抬不上来。车上的备用胎已经用完了，只好用唯一没坏的那辆车拉着轮胎往返几十米补胎。

可是，直到凌晨这辆车仍然没有回来。不能傻等着，路晓平和其他四名留守的同事徒步往回返。高原气候昼夜温差大，高原气候昼夜温差大，白天最高气温35℃，夜晚最低气温 -6℃，他们走一段路就要捡些柴草烤烤火取暖。走着走着，遇到一条小河，大家绾起裤腿赤脚过去，冰冷的河水冻得腿脚发木。过了河好不容易碰到一个蒙古包，大家想进去暖和一下，顺便找点吃的。谁曾想刚接近蒙古包，便有一条牧羊犬猛地蹿了出来。大家只得忍着寒冷饥饿，继续往前赶路，回到营地时已经是早晨6点了。

这期间还有一次，廖光举和王真亮、赵学冲、路晓平早早出发取样，开车走了四五个小时，下车后他们又走了两个多小时才抵达目的地。一天的工作结束时天色已黑，下起了小雨，路不好走，大家徒步前行，鞋子早早就湿透了，晚上冻得四人直打哆嗦，等他们都集合到车旁时已经是晚上10点多了，开车回到营地已是凌晨3点。此刻，李兆营一直在营地帐篷外翘首等待着大家回来。

对于青海省哈图及鄂拉山地区水系化探项目的经历，李兆营在日记中写道——

2006年7月28日："上午送周军小搬家，十几公里的路走了两个半小时，那简直不是路，颠簸难行，回来的路上感动于队员们的苦干精神，几近流泪。下午送王真亮小搬家，见到颇多令人神往的小白帐篷，但无心留恋，因担心杜伟一人在营地害怕，不得不驱车赶回。夜黑得浑然一体，汽车的前灯刺穿了黑幕，使一石一木更显鬼魅。广袤天地，只有我一人独行，静得令人心悸，偶尔忍不住地咳嗽，都令我心跳加速。"

2006年8月4日："独自一人在都兰，空虚、寂寞，回想前一段的工作，弟兄们真的干得不错。经常的焦虑可使人变老，现实又不得不使人焦虑，所以只能说环境催人老，今天我感觉到老了10岁。"

2006年8月24日："青海的秋雨，如丝丝愁绪，绵绵不绝。自进驻青根河，每天阴晴不定。今天又云锁山头，分不清是水自天来，还是地面之水蒸腾。取样的人员早已出发。不知道测区怎样？"

当时的地质队，地质找矿技术落后，设备低端，物资匮乏，大量的工作需要依靠双手，依靠地质队员们风餐露宿、跋山涉水、一笔一画地去积累和重复。七院地质队员们以对祖国的忠诚，对事业的执着，以坚定的毅力，顽强的斗志，勇于探索，大胆实践。2006年5月1日至9月15日，这支白手起家的队伍圆满地完成了青海省哈图及鄂拉山地区十幅图的水系化探任务，沉睡在青海大地下的宝藏被一一唤醒。同时，此行也为七院积累了丰富的化探扫面技术经验，实现了七院在我国西部地区地质找矿零的突破。

征 途

又是一年春来到，该出发了

春种夏耘，秋收冬藏，四季轮回，又是一年春来到，预示着七院的队员们又该踏上去西部探矿的征途！

2007 年 4 月，青海省金星矿业有限公司出资的基础性地质勘查项目"青海省格尔木市尕林格地区七幅 1∶50000 地面高精度磁法测量"启动，项目由青海省地调院和七院共同实施。

项目位于青海省西部，格尔木市乌图美仁乡。工区地处东昆仑西段祁漫塔格山中东部那陵格勒沙丘区，整体属高寒山区，地势总体呈现出西高东低之势。平均海拔 3100 米，最高海拔 3661 米，最低海拔 2900 米，最大高差761 米。属高原大陆性气候，具有高寒、多风、少雨，蒸发强烈，气候干燥的特点，昼夜温差悬殊，年均气温 0℃以下。

李兆营、焦永鑫担任项目负责人，刘同、袁丽伟负责技术。

2007 年 5 月 26 日，早起看天，响晴，应该是搬家的好天气。

大家按部就班起床吃饭，在当地雇佣的工人去找来马，套马鞍，大伙撤了帐篷，打包行李装到马身上上路。马驼的物资太沉了，背上有七个编织袋，六个是面粉，还有些大米和大头菜之类的生活物资。

刚出营地北 20 米是一处小坡，羊肠小道就在坡上，离坡底有一米半高的时候，马没走稳，突然后蹄滑了下去，踉跄之下眼看着要翻到沟里去。刘同猛然拽紧马缰，马也借着他的劲努力保持平衡，虽然马儿最终还是滑到了沟里，但是没有翻倒，实属万幸！

接下来的路更加崎岖难走，大家加倍小心，终于走出了长三千米的深沟山路。马儿走着走着便趴下来休息片刻，不一会儿又爬起来继续走。马儿即便是趴着，背上还有重物压身，的确是走也累，停下来休息也累。在离目的营地还有约三千米的地方，马儿趴下后试图两次起身，竟然没能站起来。马累了，队员们拖着一身疲惫的身躯赶紧从马背上卸下行李包，马儿才算站起来。这一次，人背着行李包，牵着马，走走停停，方才到达目的地。

2007 年 5 月 27 日零时，风雪停了，大家终于睡了一个安稳觉。5 月 28

日上午 10 点多，驻地再降大到暴雪，暴雪随着呼呼的北风一阵紧似一阵不停地打在帐篷上。

面对极端恶劣的天气，正当部分队员内心波动时，"冒着风雪，我们喝面条权当早饭啦。"做饭的师傅岔开了话题。

遇到恶劣天气，队员们一天只吃两顿饭，节约煤气和粮食，以便大家尽可能安全度过这不知道要持续多久的恶劣天气。

暴雪"唰唰"地下，大伙心里依然忐忑不安。不一会儿，地上就铺满了一层厚厚积雪，大家要随时清理积雪以免帐篷被积雪压塌。

看着外面迷离的风雪，听着帐篷外"哗哗"作响的风声，感受到人在大自然面前的渺小和无力，大家心里忍不住一阵阵发虚："大雪会把我们埋在里面吗？狂风会掀起我们的帐篷吗？大雪会阻碍我们的给养供应吗？我们会挨饿吗？"

胡思乱想只会恐吓到自己。兵来将挡，水来土掩，车到山前必有路。既然遇到了这样极端的天气，也只能走一步看一步，泰然处之吧！

为了应对暴雪，队员们给帐篷挖深了防水沟，加固了迎风面的支架，帐篷的抗风雪能力大大提高。

5 月 28 日第二顿饭，也是大家的晚饭。师傅用姜、榨菜烧了紫菜汤，还烙了好吃的油饼，唯一的缺陷是饭定量供应，大家只吃了个六成饱。

面对如此恶劣的生存环境和给养物资的不足，队员们从未说过一句退缩的话，他们只有一个信念：战天斗地，一往无前。

庆幸的是，在大家坚守营地的最后时刻，这糟糕的鬼天气终于过去了。

5 月 29 日，大家抵达乌兰达坂北西分水岭北开展磁法测量工作。早晨的天气还不错。因为暴雪，马儿也休息了两天，精神头十足。很难走的路，马儿都能小跑起来，路况稍好一些，马儿便纵跑起来。

大家很快到了分水岭上，往北要下一个很陡的山坡，可是眼前似乎没有更好的路可以选择。

记得去年在和静县一处山顶的隘口，大家可以上、可以下，那么眼前这一个隘口应该可以通过的。一名队员带头往下滑去，还好，不算太滑，沟里

征 途

的积雪尚可让人通行。马儿也必须过这条雪沟。

"呵，马儿也可以滑雪啊！"一匹又一匹马儿小心翼翼地滑下去，最终都下去了。

回头再看看，"唉，该怎么回去呢？"

"先不管那么多，大家都先去干活吧！"

在沟里大家发现了大脚印，当地工人说，这是熊的脚印，在这里就算是遇到熊也不可怕，通常熊会躲着人。听此一言，大家也就不那么害怕了。

为了节省时间，队员们省去了吃中午饭的时间，一鼓作气，到下午4点完成了一天的计划任务。所有人回到拴马的地方，才吃上午饭。结果午饭还没吃两口便发现西北天空的乌云渐渐上来了，大家便匆匆结束午饭赶快返回。所有人都清楚，只有翻上那个无名的隘口才敢真正喘口气，也才能确保无论刮风下雪，大家都能安全回到营地。

还好，把马牵到陡坡底，只用小石子稍赶马儿，它们就很懂事地自己向坡顶攀爬，累了就停下来歇歇，然后再继续往上爬。最终马儿竟也顺利地爬到坡顶。大家也慢慢地上去了。

关于"青海省格尔木市尕林格地区七幅1∶50000地面高精度磁法测量"项目经历，李兆营也在日记中写道——

2007年5月29日："青藏高原，六月飞雪，非奇事，今日先是黄沙飞舞，雷声忽传，随之雪如盐撒，淅沥至深夜矣。"

2007年6月2日："清晨，辗转无眠，已是七点半了，他们还鼾声连连，昨日山高路远，弟兄们太累了，实在不忍心叫醒他们。昨日工作区，山势陡峻且无法直达测区路，需翻两座大山方可到达。山脊多为仞脊，宽约1~1.5米，顺山脊或平走或攀爬，眼睛余光中，皆感山坡草石都随你而动，晕眩悄然而至，不得不时常在稍宽的地方驻足，调整自己的心神。"

2007年6月30日："惨！近日三辆车连续出现问题，皮卡弹簧板，小卡弹簧板、方向机、陆铃刹车时有时无。"

在西部，七院队员们舍小家、顾大家，有的队员妻子生产顾不上，有的队员不能在父母面前尽孝，大家凭借着智慧的头脑、勤劳的双手和"艰苦不怕吃苦，缺氧不缺精神"的韧劲，在离天空最近的地方，寻找离地面最远的资源，完成地质找矿的神圣使命。他们用汗水和青春不断讲述着"幅员辽阔，资源丰富"的中国故事。

"闯"入花豹和大灰狼的领地，两次幸运避险

野外勘探的风险就像一把利剑，始终悬在地质队员们的头上。在西部的很多工区，大家除了饱尝满嘴的风沙，遭遇不知深浅的河流阻碍，还要经常受到豺狼猛兽的威胁。

狼、野猪、豹子、狗熊、牦牛等野兽经常出没，只要有人进入野兽的领地或者干预它们的生活，它们通常会拼命地报复。最初，因没有完善的安全防御保障，为防止遭遇凶猛野兽（豹、狼、熊等）的攻击，队员们在野外作业时都是学着当地百姓的原始做法，带上哨子，万一遇到野兽，就吹哨子。野兽听到哨声就会认为来了很多人，便会主动躲避。

据说狼是怕人的，不饿极了不伤人，饿极了或者它认为你要攻击它时，才会主动伤人。如果三个人遇到一两只狼，狼就会跑到远处观望。要是一个人碰到两三只狼，狼就会起歹意。队员们了解到这一野外生存常识后，出门时两三人结伴同行。即使路遇两三只狼在河边饮水，大家也不至于太惊慌失措。

可是长期在野外工作，总有遇到危险的时候，野外不光有狼，还有其他猛兽。2007年9月的一天，路晓平和当地民工马京寿到一处山沟里取砂样，他们需要先翻过植被茂盛的山坡，在前行的半山腰处发现了一处山洞。

在这个陌生的荒山野岭，发现山洞，总让人心里有种莫名的恐惧感。果不其然，在他们前方约五米的草丛里趴着一只花豹。这只花豹可能是听见了声音，抑或是闻到了人的气味，只见它猛然转过身来，看见路晓平和马京寿俩人手里拿着铁锤和石头，想必误以为要攻击它，便扭动着脖子狂吼一声后，猛然朝路晓平和马京寿扑了过来。

俩人当时心想："完了完了，今天真要葬身豹口了。"吓得赶紧闭上了眼

征途

睛。过了几秒钟却只听到豹子叫，没见豹子来。睁眼一看，原来花豹往前扑的时候，条后腿被夹在树缝里。真是老天保佑！路晓平和马京寿趁机一阵疯跑，这才脱离了危险。

事后有队友问路晓平："假如当时死于豹口，你后不后悔？"路晓平平静地说："地质人有四种死法：渴死、饿死、摔死、被野兽咬死。干地质工作，尤其是来到西部，经常受到死亡的威胁，如果因为工作牺牲了，我绝不后悔！"

转眼间，2008年的春天到了，七院的队员们又要踏上去西部的征途。

2008年5月，青海省金星矿业有限公司出资的基础性地质勘查项目"青海省鄂拉山地区十幅1：50000高精度磁法测量"启动，李兆营、焦永鑫担任项目负责人，刘同、袁丽伟相继负责技术。

项目工区位于青海省中东部，属于兴海县、共和县管辖。工区地形以高山为主，相对高差1500米，平均海拔4000米以上，地形切割强烈，坡度陡、沟谷深，气候多雨雪、冰雹。

香日德南山，海拔4000多米，从山脚到山顶自然景观垂直分带明显：山脚覆盖着稀疏的草本，山腰下半部生长着更为稀疏的耐寒矮松，山腰上半部则发育着成片的灌木丛，近山处则是碎石流层，几乎没有任何植被。就是在这样一座植被分层明显的大山上，灌木丛里藏着狼。

有一次，刘同和队友俩人开展路线地质调查，必须穿越香日德南山。他们想起了去年同事路晓平、马京寿就在这一带大山里遇到了一只花豹，心里还是有些害怕。

"嗯，这次的调查路线要穿越灌木丛，会有狼吗？会有豹吗？"刘同转念一想，"前路即便有豺狼虎豹，也要想办法把工作完成，地质人个个有智慧，敢担当"。

他们进入灌木丛，灌木矮的及腰，高的能没过人头，稀密不一，大致能连成片，视野还算开阔，有足够的安全距离。刘同和队友见此情形这才渐渐放松了一级戒备状态。翻过一道又一道沟沟岭岭，无事。又翻上一条小岭脊，眼前的小沟里又是一片灌木丛，他俩吆喝了一声。突然，一只小动物

"嗖"地窜出灌木丛，箭一般向他们的右后方山坡方向逃去。俩人的注意力迅速锁定，原来是只野兔。

正当俩人长舒一口气时，就在他们前方约 15 米远的地方出现了一只大灰狼，看起来比一般的狼狗体格健硕，整个儿呈黄灰色，大尾巴耷拉在地上，不慌不忙地从灌木丛一侧一边盯着他俩，一边向岭脊蹑行。

刘同马上意识到，它不会攻击人，只是想离人远点。正当他壮起胆拿出相机准备取景记录下这一难得的经历时，嘿！大灰狼早已经窜到了前面小岭脊的那一边，很快就从他们的视线里消失了。

又一次与野兽擦肩而过，很庆幸，这次没有与野兽发生正面冲突。

在一次又一次与野兽狭路相逢的经历中，大家总结出野外地质人员安全防御凶猛野兽的保障措施：工作安排尽量做到逐片逐区有序推进，控制好相邻作业组之间的距离，保持通信畅通，以便遇到紧急情况可以相互照应；尽量避免在野外单独或者小组露营住宿，车辆在工区随时待命，遇到紧急情况可以及时接应；野外作业至少两人以上一组，工作过程中保持警惕。在猛兽出没频繁的区域，适当放慢工作进度，各小组人员适当集中，或者是聘请当地牧民或猎户当向导。

西部，有七院人的智慧和担当。在西部奋斗的队员们为了神圣的使命，开拓拼搏，以身涉险，为七院积累了宝贵的野外地质工作应急保障经验，也为七院安全、科学地开展野外地质工作奠定了扎实基础。

鄂拉山地区，吃、喝成了工程的两大"拦路虎"

"青海省鄂拉山地区七幅 1：50000 高精度磁法测量"项目，有条不紊地进行着，在这里，吃、喝成了大家推进项目最大的"拦路虎"。

吃——

2008 年，队员们在青海的工作片区自东向西，从兴海县、香日德，经格尔木到凯木都、一道沟、尕林格，战线长达 800 千米。从西宁抵达最近的鄂拉山工区，先要开车八九个小时，进入工区的最后 30 千米路程，由于道路坎

征途

坪，需要驾车近三小时。

格尔木附近工区的补给品从格尔木市采购，这是最近的补给地。每次补给，来去路上各一天。靠近格尔木市的这一段路还可以，靠近工区的那一段路属于典型的砂土路，车少，没有维修点，轮胎很容易被扎坏。有一次，有位队员独自驾车采购补给后连夜赶回工区，到了离驻地还有近20千米的地方，车子坏了，又是夜里，怎么办？打电话没信号，如果原地等待救援的话身子骨冻得受不了。他只能硬着头皮徒步往前走，在酷冷的暗夜旷野里，一路急行军，硬是徒步安全抵达了驻地。

有了这次经历，大家及时总结经验，队员们开车上路前都尽可能地带上两个备胎，或者出发前和同事们商量好，超时尚未返回就说明路上遇到了麻烦，应急车辆便会及时出发沿途去寻找。

开展青海省格尔木市分水岭北四幅区调项目时，必须依靠马将设备驮运到工区。但是，当地的马儿活动区域都在海拔2800米以内，海拔再高一些，马儿也会有高原反应。

前路漫漫，地质工作从来就没有"容易"二字可言。

项目干到后期，2015年项目组40个人雇用了38匹马驮着设备一路赶往工区。

海拔3500米的区域，马儿不得不走一段路程便停下来歇息，体力和耐力明显不足。海拔5000米以上，多数马儿撑不住了，精神萎靡，鼻子流血。见此情形，队员们抓紧给马儿注射特效针剂。这针剂也不是对所有马儿都有效果，有的马儿趴在地上不一会儿就死了，队员们怀着悲痛的心情解下马儿身上负重的物资。

在没有路的高海拔山区，队员们和马儿克服种种困难，一路开辟前行的道路。好不容易赶到工区，高海拔地区作业对于人和马都是极大的考验，大家只能尽最大努力往前推进磁法测量工作。

返程的路上，遇到来时马儿的尸体，身上的血肉早已被秃鹫吃光。见此情形，队员们留下了难过的热泪。队员们对于马儿的感情是浓烈的、醇酽的，马是队员们日常工作中最亲密的伙伴。

喝——

工区是干涸的，没有水，所有用水需要到 30 千米外的地方去运。路不好走，单程至少俩小时。因为吃喝全靠这水，大家格外珍惜，于是就在地上挖个坑，铺上塑料布，再将运来的水倒入后包起来储存。

工区吃水困难，好不容易运来的水还有异味：有点咸，有点苦，还有点臭！

"这水里含有什么成分呢？"

"有利还是有害？"

谁也不知道！

于是大家便安慰自己："再坚持坚持，一切都会好的。"

只要精神不滑坡，办法总比困难多。大家最后还是克服了种种困难，胜利完成任务。

很自豪咧！

时光总是不经意间流过，每年的 10 月、11 月，大家的任务按计划一项项完成，开始收队。队员们坐上皮卡车，踏上向东的归途。沿途依旧是群山、戈壁，此刻眼前的每一幕景象在大家看来都不陌生，经过队员们的勘查开发，这方土地又有了新的价值。抬头远眺，广阔的蓝天，还是那样的圣洁、干净，好像队员们那淳朴美丽的心灵一般，映在了大家难忘的记忆和对来年地质工作再创佳绩的无限希望中。

"再会了，大美的西部！再会了，我们心中的蓝天！明年，我们会继续奋斗在这块土地上！"

那年，那人，那样的青春

那些年，地质工作千里之行始于西部。年轻的队员们来到七院，首先要适应西部的工作环境和工作强度。

2007 年 10 月，河南理工大学地质工程专业毕业的梁成加入七院这个大家庭，2008 年他被委派到青海省格尔木市开展"青海省格尔木市一道沟地区

征途

铁多金属矿预查"工作。

梁成来自广西壮族自治区中北部素有"壶城"美誉的柳川市，那里山清水秀，民族风情独具神韵，壮族的歌、瑶族的舞、苗族的节和侗族的楼无不让人称道。

作为土生土长的南方人，梁成初到海拔 4000 多米的西部工区，高山上没有草丛绿树，只有黄土和少许草根，眼前到处都是沙漠戈壁，尤其是格尔木市一道沟地区地广人稀，自然条件十分恶劣，起初这些都让他很不适应。

理想，在岁月中慢慢迁徙。

"第一天上山，由于缺乏工作经验，我没有意识到青海高山天气的多变性，衣服穿得比较少，这让我在一天里彻底感受了一年四季的气候变化，时而烈日炎炎，时而凉风徐徐，时而乌云密布，时而冰雹暴雪。"完成了第一天的工作，梁成的脸颊、耳朵、脖子火辣辣地发烫，洗脸时甚至不敢用手去触碰。地质前辈们讲"高原紫外线强烈，皮肤暴露在太阳下很容易晒伤，等你整个脸还有脖子都掉了一层皮以后，你就完全适应这里的环境了"。

大家能确定的是在这个极度缺水的地区，有泉水的地方附近随处可见动物的粪便。

"习惯了南方丰富多彩的生活方式，在西部戈壁黄沙之地，几个月下来每天面对的人就是几位同事。这是我们在西部的全部社交圈子，同事们该说的话都说完了，工作之余只能听听狼叫，对着深蓝色的天空数数星星，我用了很长一段时间才抚平内心的孤独！"

在青海省格尔木市一道沟地区，李兆营、王新海、梁成、周军、袁丽伟、杨学生、廖光举、张有贵等地质队员们住在戈壁沟的帐篷里，全靠人力脚步丈量测区的每一寸土地。大家克服了身体和心理的双重挑战，坚守在岗位上，严格按照规范科学地开展样品采集和路线填图工作。

作为地质新兵的梁成，在实践中经历风雨，增长才干，专业知识得到了有效实践。他也因此练就了一双"火眼金睛"，通过矿石构造、矿物特征、成矿背景等进行多角度分析，便可以很快识别出矿石的成分。

转眼临近 10 月，到了高原大雪封山的时候，本年度的青海工作也就结束了。第一年的青海地矿工作，让梁成真真正正地感受到了地矿工作前辈们所说的"苦"。这样的生活也培养了他吃苦耐劳的优秀品格，磨砺了他坚强的意志力。

"青海省格尔木市一道沟地区铁多金属矿预查"项目横跨 2008 年至 2010 年，七院杨学生、黄海等人也来到青海，相继加入这个项目，最终形成了《青海省格尔木市一道沟地区铁多金属矿普查报告》。

2009 年，张建太被同事们的西部经历感染了，踊跃报名，也来到了青海项目组。

带着七院领导们殷切的嘱托，张建太和同事坐着火车一路西去。第一站，西宁。2000 多米的高差阻挡不了大家的热情，虽然部分队员在火车上稍微表现出高原反应的初期症状，但是大家的激情不曾减退。沿途的美景让人目不暇接，但是队员们知道，那个缀满白云的蓝天才是他们将要抵达的终点。

于是，队员们收起了贪婪的眼神，美美地睡着了。梦里，他们躺在那辽阔的草原上，望着那美丽的天空。

经过近 30 个小时的车程，大家终于到了西宁驻地，在驻地稍做调整，队员们驱车开赴第一个工地，开展"青海省哈图地区 I47E001007 等三幅 1：50000 区域地质调查"。

第二天一早，张建太和王新彬一组，一人背上约六斤重的磁力仪，另一人扛起探杆就打算开始野外物探工作。曾在这里工作过的前辈们建议他们稍做休息，待身体适应了高海拔环境后再行工作也不迟，俩人却异口同声地说："我们不用休息，这没什么好适应的。"

于是，两人一组赶赴野外预定山地开展区域地质矿产调查，结果由于高原反应加上山路难走，两个小时仅仅爬了一千米山路，"头痛得要炸裂，气短，胸闷！可咱心里就是不服输，王新彬搀扶着我继续工作，直到中午我俩才爬到山顶。下山就更难了，怪石嶙峋，连双脚宽的小道也没有。我们扶着石头走一二十米就要停下来歇息，用了四个小时才下来。"张建太回忆说。

征 途

揭秘地底下宝藏的过程就像是在解读一本"天书"，要靠地质队员们长年累月不断的实践、验证和总结。一份坚守，一份执着，年轻的地质队员们始终坚信"奋斗出来的成功才甘醇甜美"。

细细数来，每一位到西部工作的地质队员，高原上的野外生活让他们经历了困惑，经历了忧伤。最终，他们以团队中的领头人和老同志为榜样，学习热情特别高涨，又特别能吃苦，脚踏实地，用实际行动延续了地质人"三光荣"和"四特别"的精神。经过一段时间的摸爬滚打以后，他们吸取前辈们的工作经验，再结合自己对地质工作的理解和思考，很快都走出了刚毕业时的迷茫，每个人都可以独当一面。当年那青涩的大学毕业生华丽蜕变，真正成为七院在西部地质找矿的生力军。

在西部工作的那段宝贵的经历，让这支队伍将地质人"三光荣"和"四特别"的精神深入骨髓。

万丈高楼平地起。正是基于地质人深入骨髓的精神，进入新时代围绕生态文明建设，西部分院的地质人很快从传统的地质找矿向环境地质、农业地质、旅游地质、城市地质、灾害地质等大地质方向成功转型。他们以科技创新为手段，实现绿色勘查，在城市建设、农业发展、生态环境修复等领域贡献着七院人的担当、智慧和力量。

西部探亲，家里人是咱最坚强的后盾

"迢迢牵牛星，皎皎河汉女。盈盈一水间，脉脉不得语。"在晴朗的夏秋之夜，天上繁星闪耀，和爱人一起耳鬓厮磨、闲庭漫步是一件多么浪漫的一件事。

为解相思之情，2008 年 8 月中旬，七院组织在青海工作的职工家属及子女 16 人前往青海工区探亲。

亲人相见，大家相互问候、相互拥抱，没有一句怨言。一帮被烈日和风沙洗礼的汉子们自豪地笑着，向亲人们诉说着自己取得的工作成绩和西部见闻趣事。几个月没见到父亲的孩子们蹦着跳着……

这一天，当同事们以及家属、子女熟睡后，李兆营却失眠了。因为工作繁忙，他的家属和孩子没能来，他在思念家中的妻儿，只能在心里默默问候："你们还好吗？"

夏瑞阳作为其中一名探亲的小队员，这样描述他的这段探亲经历："我的爸爸夏立献是一名地质队员，他每年都到新疆、青海勘探。今年，我有幸成为一名探亲团员来到青海，到了爸爸的工作区以后，我才知道爸爸的生活是多么艰苦。他们住在一间简陋的民房里，小小的床上放满了各种仪器和书籍，屋里还有很多图纸和爸爸捡回来的矿石标本。这里的天气很冷，夜里就像老家的冬天。我们在这里吃了一顿奢侈又简单的午饭。通过这次探亲之旅，我想长大后也要像爸爸一样到广阔天地里建功立业。"

另一名探亲的小队员臧正强也记录了他的这次探亲经历："终于有机会去青海了，我好激动。我们去爸爸的工作区，一路上很陡，颠簸起伏，把妹妹和阿姨都吓坏了……爸爸的工作区在没有人烟的大山里，四周全是山，我在这里几乎喘不过气来。爸爸和同事们住的帐篷里是一排地铺，早晨我起来的时候，被子外层都是湿的；帐篷里放的最多的是石头和土豆。这里没有电视，手机也没有信号，王伯伯说打电话要到山顶上，我听了以后忍不住掉了眼泪。"

记忆是岁月的岩石，历经风雨沧桑却不曾风化。无论时代怎么进步，社会变革多么强烈，在西部工作的地质人的奋斗和牺牲精神将永载七院史册。他们背井离乡，与亲人聚少离多，将自己最美好的时光都奉献给了我们国家的地质事业。这背后正是深明大义的妻子和家人的默默支持让他们更加坚强、乐观、勤奋、执着，他们将埋藏心底对于家人的爱全部都转化为对事业、对社会的无私大爱。

柔情铁汉，铮铮铁骨！

征 途

2009年3月20日，青海分院成立

"壮志饥餐胡虏肉，笑谈渴饮匈奴血。"

2009年3月20日，七院在青海项目组的基础上成立了山东省第七地质矿产勘查院青海分院，队伍规模为20个人。

2009年3月27日，经七院党委决定，李兆营被任命为青海分院院长。

青海分院成立伊始就传来一个好消息：2006年4月，站在"西部大开发"和"走出去"战略的历史起点上，由李兆营带队负责的青海省哈图及鄂拉山地区十幅图的水系化探项目，最终获得了可喜的佳绩，其中——

2006年4月，七院在青海省启动的第一个项目青海省都兰县哈图地区三幅1：50000水系沉物地球化学测量，于2009年5月提交《青海省都兰县哈图地区三幅1：50000水系沉物地球化学测量报告》。2009年5月26日，报告经青海省国土资源厅组织专家评审通过，为良好级。该项目确定了18处找矿靶区，指出了主攻矿种。

青海分院的成立，更加激发了大家在西部工作的干劲和热情。当然，征途上的一个又一个困难也在等候着他们去征服。

2010年，项目组一共10个人驻扎在鄂拉山河道一旁开展磁测工作。这年的7月份，时下的工作任务完成，项目组拆了帐篷搬家。由于物资、设备太多，先遣五个人开着皮卡车载着一批物资和设备驶过河道，赶赴下一个驻点。突然，天降暴雨，冰冷的雨水拍打在留守的队员们身上，由于没有遮挡物，大家的体温骤降，加之河道水流迅速上涨，先遣队即便返程也无法越过洪水涌动的河道过来接人。见此情形，"我们不能继续留守在营地，不然会被冻死。"组长说。

由于大家在此一带长期作业，熟悉附近的地理和人居环境。河道下游有一处牧民家，张建太带领另外四名队员冒着暴雨赶往牧民家避寒。

经过一路跋涉，牧民家的帐篷终于在他们模糊的视线中若隐若现了。这家牧民主动给队员们端上热茶热菜，一顿餐饱缓解了大家身体的饥饿和疲惫。

这家牧民一家五口人住在拥挤的帐篷里，显然无法再容下其他人遮风挡雨，他们便到牧民家的车里躲避暴雨。夜里12点还是被冻醒了，五个人就这样强忍着寒意熬过了一宿。

第二天一早雨停了，张建太带领大家赶紧赶回驻地，两队平安会合。这次患难与共的经历，让大家的感情更加紧密。

青海省哈茨谱勘查项目的工区平均海拔5000米，该项目牵扯多金属矿休，涉及铅矿、金矿、铜矿、银矿等，主要有填图、物探、坑探、洞探等工作手段，尤其是洞探，根据工作需要，矿在哪里，洞就要打到哪里，还要沿着矿体打平硐。这平硐高2.2米左右，宽2.4米左右，平硐越打越深。前侧用钻打洞，用炮炸开，扒渣机将碎石传送到三轮车上再运出平硐。在这个过程中，钻洞和扒渣机运输碎石都会产生大量的粉尘，刺眼不说，大家耳朵里、鼻孔里、口腔里全都是粉尘，吐出来的都是黑痰。

海拔高，氧气本来就稀薄，队员们戴上口罩显然能起到一定防尘作用，但是呼吸更加困难了，大家在平硐里编录需要彼此交流，戴着口罩并不方便。在平硐里工作对于每一位队员的身心都是极大的考验。

新开辟的平硐岩壁不稳，平硐顶部经常有岩石脱落砸伤人。为此，新打通的平硐全部用钢架支起岩壁，以防不测。

一次，平硐打到1200米深左右，大家发现了一处铅锌矿，恰逢中午，大家出了平硐吃饭。再进平硐时发现里面发生坍塌，队员们都说："如果不是我们出平硐吃午饭，后果不堪设想！"

在项目的实施过程中，项目组营地要驻扎在山腰、山沟水源地旁边，生活条件非常恶劣。尤其是，光秃秃的大山进入枯水期时，日常饮水都要靠到山下都兰县城区去运输。每年的七八月份，山里经常下冰雹、大雪，队员们在驻地帐篷里休息时依然需要盖上厚厚的被子。

日复一日，队员们在平硐里重复着惊险的地质勘查工作。在这随时会遇到危机的平凡日子里，只有经历过的人最能体会那份苦，也只有经历过的人最能体会地质人"三光荣""四特别"精神的伟大。

让大家兴奋的莫过于通过洞探，揭露出地球地质的壮美和富足，那种

征 途

地质横切面视觉冲击力以及地质矿藏的富足，足以让人忘却所有的疲惫和危险。

2017 年 2 月 7 日，青海分院更名为西部分院，刘传朋任分院院长。西部分院的业务涉及青海、新疆、西藏、内蒙古等地。西部分院成立以后，通过一系列高质量项目的实施，本着"出成果、出人才"的目的，培养了一大批技术骨干，取得了一大批丰硕的地矿成果。

神秘的可可西里

说起高原，很多人首先想到的是可可西里无人区。

无人区，顾名思义就是没有人的地方。在浪漫主义者的眼里，这里有着一切浪漫的因素，遥远、神秘、远离纷扰，符合"岁月静好，现世安稳"的标准。在这里，你要的蓝天白云、皑皑白雪以及各种野生动物都有。

可可西里无人区，是世界第三、中国最大的一片无人区，也是最后一块保留着原始状态的自然之地。

周围没屏障，地势高峻，平均海拔在 5000 米以上，这里气候寒冷，常年大风，最冷时温度可达零下 40 摄氏度。由于空气稀薄，气压偏低，氧气稀薄，只有低海拔地区的一半，烧开水的沸点只有 80 摄氏度。

在这里，七院的队员们留下了一个个感人至深的故事，留下了一个个跋山涉水的身影，打破了一个个辉煌的纪录。

2009 年，七院地矿主力队员都到了可可西里地区工作。

大家真真切切地感受到了一次"揭不开锅"的感觉。由于工区距离采购地点较远，山路崎岖难行，车辆连续爆胎，后勤供应整整一周未能跟上。最后两天，库房里只剩下菜籽油和面粉，就连食用盐都已经消耗殆尽，手机没有信号，也就无法与外界取得联系，补给不足催生了他们对于未来几天的担忧。

每一天，大家都会朝着远方天地相接的地方尽力遥望，盼望着保障车辆像天使一样降临。

　　负责做饭的师傅倒是乐天达观，总说要给同志们做"好吃的"。所谓"巧妇难为无米之炊"，光凭菜籽油和面粉到底能做出什么好吃的呢？

　　后来，做饭的师傅把面放在油锅里炸，放在干锅里炒，就是他所谓的"好吃的"。虽然并非什么特色佳肴，却让大家觉得这是吃过的最美味的饭。

　　2010 年 8 月，杨学生、梁成、杜伟、王晓峰、王仁善、赵永强、赵学冲作为青海分院金矿预查项目成员，进入可可西里雪山峰地区开展找矿工作。由于项目确定较晚，项目组进山的时候已经错过了在工作区野外工作的最佳时期。

　　可可西里几百千米内没有人烟，一种莫名的孤独感涌上心头。

　　项目组驻扎在 5000 米以上的地方，由于高原缺氧晚上睡不着觉，白天头脑发涨，队员们克服种种困难，项目才得以顺利开展。

　　正当大家咬紧牙关，工作接近尾声时，意外发生了——

　　这天晚上 8 点左右，梁成、杜伟等四人的工作组从工作区回驻地的路上，天空下着小雪，视线能见度很差。回到驻地还必须要经过一条洪沟，此时恰逢山洪暴发，水流湍急，水面比平时的两倍还宽。

　　见状，司机狠踩油门，打算快速开车过河。正当汽车驶到河中央时，皮卡车前轮陷进河道泥沙中，湍急的洪水顺着汽车排气管灌入，汽车就这样在河中央熄了火。大家有些慌了神，谁都不敢乱动。

　　肆虐的洪水夹杂着砂石奔泻而下，困在河中央的汽车被洪水席卷着往下游漂移了四十多米，随时都有侧翻的危险。此时车门被洪水压着，无法打开。于是，大家决定踹开挡风玻璃逃生。玻璃被踹碎的刹那，冰冷的洪水往驾驶室里猛灌，放肆地扑向大家的身体。此时，坐在副驾驶座上的杜伟身上的安全带却无法解开，车里灌入的洪水已经淹没了他半个身子。见状，其他三位队员不顾个人安危，奋力为杜伟解开安全带，帮助他从车里爬出来。

　　四人手拉着手，抱成一团，顶着洪水慢慢向河岸移动。

　　他们并没能蹚过河，车也陷入洪水中，这就意味着他们无法回到驻地。此时温度已是零下，天空飘着雪花，四人全身都湿透了。正当他们不知所措时，项目组另一辆皮卡车也从邻近的工作区往驻地方向驶来。因为洪水湍

征途

急，无法过河。

在驻地的后勤人员发现项目组人员没有回来后，想到肯定是遇到紧急情况了，带着做好的晚饭，沿着工作区的路，在河对面望见了他们。但一条20多米宽的洪水河，让两边的人束手无策。此时，雪也越下越大，后勤人员赵学冲和老张决定把车开先开到坡上安全的地方，防止雪太厚上不去。然而，在车开到山坡一半的时候，车子打滑，刹车也不起作用，车子开始慢慢地向坡下滑，坡下不远处就是十多米的陡坎，陡坎下是奔涌的洪水河。赵学冲喊道："赶紧下车！"说时迟，那时快，只见坐在副驾驶座上的老张推开车门，跳下车，从坡边抱起一块大石头，追着慢慢向下滑的车子，把大石块扔到了车后轮处，终于把车挡住，车子停了下来。二人望向身后不远处的滔滔洪水，都惊出了一身冷汗，冲着对方傻笑。在把坡上的积雪清理后，终于有惊无险地把车辆开到了安全的地方。

然后，赵学冲喊道："弟兄们，我们给你们送饭来了。"项目组十几个人冲着赵学冲欢呼。

隔河相望，看着奔腾汹涌的河水，怎么把饭送过来呢？是一道难题。大家你一言我一语地讨论着，有人说可以直接扔过来，立马就有人反驳道水面太宽，肯定扔不过来；有人说我们这向河道中浅水区走走，可以缩短距离，立马就又有人说那样的话，饭肯定会掉到水里弄湿的；最后也没个好主意。这时，张友贵说："咱们采用架线的方式的吧，我们先扔一条长绳过去，然后顺着绳子拉过来饭，这样既避免了食物弄湿，也能把绳子直接扔过来。"大家一致觉着这个方法可行。杜伟立马从地质包里把测绳拿了出来，在测绳上绑了一块不大的长条状的石块，绑扎结实后，选了组里力气比较大的人员，站在一个高点的陡坎上，向对面扔了过去。第一次扔到水流中心刚过一点，接着水流就把绳子冲到下游去了，第二次、第三次、第四次，第五次终于把绳子送到了对岸。赵学冲接到绳子后，把绳子拉过去约30米，项目组人员拉着绳子这端。赵学冲把馒头、榨菜等食物用样品袋扎紧口绑在测绳上后，两端拉紧，项目组人员慢慢往回拉绳子，赵学冲他们慢慢往这边松绳子，就这样，饭终于送了过来。第一袋馒头送过来后，大家一片欢呼……接着如法炮制，把食物全部运送过来。终于，项目组人员解决了当前又冷又饿的窘境。

这天夜里，寒风刺骨，他们紧紧地挤在一辆战旗皮卡里，你挨着我，我压着你，呈叠罗汉状态。时不时有人喊轻点，我换个姿势，有人实在受不了了，就打开车门下去"放松"一下。只要有人出去，车里顿时感觉轻松了许多，但是出去的人在车外也就能坚持 10 分钟就又挤回车里，因为穿的实在太单薄了，根本承受不了车外零下十几度的低温。

好不容易挨到第二天，雪停了，洪水也小了许多，他们决定开车过河试试。汽车发出"嗡嗡嗡"的轰鸣声，司机铆足了劲冲进洪水里。眼看着汽车快到河对岸时，汽车熄火了，车头还是被困在了河道里，车上的十几个人赶紧爬出驾驶室，从车头处离岸边最近的地方下河，大家手牵着手慢慢走到了河对岸……

梁成说："这次可可西里的地矿勘查之旅，真可谓大难不死！"事后，我们也顺利完成了预定工作。

在这里，七院地质队员们还要时刻与地斗：爬山。

2013 年，项目组需要在德令哈布依坦项目矿调中做路线调查。路线须翻过一座高山，山体主要是由灰岩构成，具有灰岩山共有的特点——断崖多。路线上多是陡坡，或者也可叫断崖。也有货真价实的断崖：近 90 度直立，这是队员们必须要绕开的。至于 40～70 度间的陡坡，工区内太常见了，要是全绕开，活儿就没法干了，所以只要能攀爬，大家就攀爬过去。

有一次，大家要从北坡脚上到山顶，再向南下到山脚处。从远处观望，北坡较陡，但是也没达到近直立的程度，根据以往的经验，应该能爬得上去。于是大家没有再重新选择路线。从山脚到山顶有 400 多米的相对高差，山坡的下半部分还不算太陡，总有些小沟小坎，可以让人短暂休息和安全攀爬，即使不小心跌倒，也不至于会滑下或滚下坡去。

山腰中上部开始陡峻起来，有的地方只能从陡坡壁上的石缝中爬上去。离山顶不到 100 米了，山势陡峻，继续向上是一段约有 20 米高差的陡坎，陡坎下是陡坡。如果从坎上掉下去应该很难在陡坡上停住，有生命之虞，这又是一个"一失足成千古恨"的地方。

征 途

"该怎么办呢?"

"向两边迂回?"

两边同样是一个又一个的陡坡刃脊,向两边移动迂回的路线同样有滑下去的危险。况且极目所见之处,一样地绕不开那个陡坎。

"回撤吗?"

太遗憾了,已经爬了这么多路程。撤回,今天的路线任务就废了,而且回撤同样也是坎坎坡坡,虽无生命之虞,但是谁也不愿再冒着跌下去受伤的风险做一段无用功的行进。

权衡再三,大家决定继续攀爬。

一个人先上,上去之后,另一个再上。一位队员抢先上,下一位队员在下边瞭望,给对方提供在稍远处看到的信息,供其攀爬中参考选择手位和脚位。先上的队员小心翼翼地攀爬移动,下面的队员一直替他紧张地看着,心都快提到嗓子眼了。

还好,他终于爬了过去,只听他喊:"上边还行,爬过这段陡坎上边缓了不少啊。大家爬的时候一定要小心!"

"上,一定上去!"

攀爬的过程中,大家发现稍远处看似陡险的壁上,总有些许的小凸起、小坎儿可以落手落脚,灰岩壁也不是那么光滑,还有种涩的感觉,能够在壁上挂着或趴得住。

每一位队员攀爬时只看前方,每个移手移脚的动作都先试探,做踏实了,再做下一个动作。

不一会儿,大家一位又一位安然地爬过那段陡坎——鬼门关!

山顶较平坦,正是午后阳光,有种让人有豁然开朗的感觉。大家仰躺在地,望着明亮的蓝天,身下是平缓的山顶,让人感觉十足踏实的大地,多么温暖!多么踏实!

一种自豪感和骄傲感又从心底油然生起,对于队员们而言,从此之后,再无难爬之山!

可可西里的天气喜怒无常。一天,队员们照例在营地休整整理资料,方才还是大晴天，突然乌云蔽日，不一会儿狂风大作，下起了大雨。大家觉察到帐篷开始摇晃并且越来越厉害。最终不堪狂风肆虐，五顶帐篷被掀翻了四顶。大家冒着夹杂着冰雹的大雨开始修补帐篷……

测区海拔 4300 ～ 5600 米，除了寒冷，高原反应是必然的。初来的队员们只是从别人的口中了解高原反应的种种不适，等真正经历了头痛、感冒甚至呕吐后，才能真正切肤体会那种痛苦。

可可西里人迹罕至，道路自然不好走。在这里进行野外勘查，队员们需要经过许许多多湍急的河流和水沟，陷车是最稀松平常的事情。如果不幸遇上暴雪天气，地上铺满厚厚的积雪，无法分辨地形，大家只能依靠记忆以及进山的航迹摸索前进。走走停停，来来回回，原本三四个小时的路程可能要花上足足一整天。

有一次，由于路线中地形的特殊性，队员们需要穿过一条大河，翻过几座高山抵达终点，再原路返回。就在快要抵达线路终点时，一名新队员体力不支，由于担心高海拔给他的身体造成更大的伤害，队伍只能放弃剩下的工作，所有人轮流扶着他往回赶。

天越来越黑，没有手电筒，只能靠手机照路。周围一片黑暗，手机和对讲机的电量越来越少，越来越冷的天气以及野生动物随时可能带来的危险都让大家的心越悬越高。所有人互相鼓励，终于看到了光亮，原来是接他们的汽车。

一切都很好，因为大家都安全地回来了！

到了后期，工作条件异常艰难，住宿成了新的问题。

大家一般半个月左右就有一次小搬家。相对于每天繁重的野外工作，让大家头疼的是小搬家。因为每次搬家需要背上电脑等重要物品，牵着驮行李的马匹，在 5000 米海拔的缺氧环境中步行 15 千米 ～ 20 千米，有时甚至还需要蹚河翻山。

还好，队员们都扛了过去。

工作并生活在可可西里无人区，少不了和野生动物打交道。

有一次，大队人马小搬家离开 1 号营地半个月左右的时间，有几只熊每

征 途

天晚上 10 十点左右都会准时出现在营地帐篷边上吃马料。当时只有两位队友留守在营地，前几天它们吃完就走了，后来吃完马料干脆围着帐篷转圈，接着依偎着帐篷睡着了，这可让两位队友吓得整夜睡不着觉。后来出于安全考虑，他们也暂时离开了营地。等大队人马过了一段时间再回去后发现，好几顶帐篷都被熊给破坏了，帐篷四周全都是洞，现场留下了很多棕熊和黑熊的毛发。

现在每次想起这段经历，大家都觉得后怕，但是能在可可西里与熊狭路相逢也算是一次独特的难忘经历。

据到过大山深处的人们讲，可可西里的野牦牛不怕小汽车，如果有故意激惹它们的行为，野牦牛会用角抵车，甚至掀翻车子。所以遭遇它们时，最好老老实实地不动或者慢慢地离开它们。

2014 年，大家在格尔木市雪山峰一带开展地质工作，见到了大批野牦牛群。

第一次较近距离见野牦牛是在探路途中。汽车转过一个小山嘴，一只黑乎乎的庞然大物就在大家前方的平坡路边，彼此之间的距离只有不足 200 米远。

见状，队员们马上停下脚步，不敢前行。这头野牦牛高大威猛，皮卡车与之相比，有种可以被随意拱翻的感觉。牦牛站在那儿一动不动，一直盯着人。所有人都担心它会奔跑过来拱人。庆幸的是过了两三分钟，这头野牦牛慢慢离开了。

进入工区工作后，牦牛都是成群结队的，少则几头，多则几十头。在进工区的路上，队员们多次遇到牦牛群，有的是在必经之路的旁侧，或近或远，有的在必经之路上，或立或卧，相当悠闲。它们并不会主动躲让汽车。

野牦牛、野驴、野羊群都有共同的特点：在队员们前进的方向上，它们只会想着避开，而且往往一定要从路的一边走在队员们的前方，跑到路的另一边才肯远离。

有一次，队员们牵马向大冲沟下游行进时，在前方发现了三头牛，它们也不躲让，队员们打算从它们的左侧超过，可是不等大家靠太近，它们就向前方快走一阵儿再停下来休息。这样两三个回合下去，牦牛还是在队员们的前方。

"这样不行，要是它们急了眼，会不会回来和人斗呢？"

"前方左侧是冲沟河床，我们悄悄地沿河最低处行进，牛就看不到我们了。"大家走了一阵上到较高处再看那几头牛，终于把它们甩到了后面。

队员们和牛的互动多了，也就渐渐搞清了它们的脾气。牛群是尽可能躲离人的，而站岗放哨的孤牛或者是三两头牛，必须要小心应对。有一次，队员们在必经之路上发现了三头牛，约有三百米远，任凭大家怎么吆喝，它们也不走开。大家只能试着向前进几步，希望它们能害怕而离开，可是人向前走步，牛竟然也向前进几步。嗯，较上劲了。最终，队员们不能冒那险，只能再择新路，从它们看不到的沟里过去。

在野外工作时，队员们偶尔会遇到其他的区调队伍，在茫茫的可可西里无人区，这被珍视为一种缘分。

2015年，新疆第一地质大队和七院同在可可西里无人区开展区调工作，两个工区相邻，营地相距大约20千米。一天，队员们结束了一天的填图工作回到营地不久，新疆一队的两名技术员就来到营地求援。原来他们的三辆皮卡车全部陷入河中，情况非常危险，于是徒步十几千米来寻求帮助。队员们立刻开车随他们前往陷车地点，在冰冷的水流中，大家齐心协力拖出了被困车辆，那种喜悦不言而喻。

高原雪路，大家深深地体会到人多力量大、团结就是力量的优势。同时，大家也深深体会到人类在大自然面前是多么的渺小。

雪域高原，荒凉、神奇、威严、宽阔、广袤、原始、纯净、静穆……2014年到2016年，七院先后有六十多名地质队员来到可可西里从事地质矿产调查，在恶劣的环境中守初心，不放弃，调查区域达1600平方千米。

征途

那年中秋，月儿圆，亲人们在异乡团圆

每逢中秋临近，队员们无论在青海、新疆、内蒙古还是西藏等地开展项目，大家都会尽可能地往一处会合，一起过中秋。如此一来，队员们聚在一起既缓解了思乡的情绪，也多了一份家的温馨。

2012年农历八月十五，队员们决定到青海省都兰县巴隆乡会合，其中有一个项目组正在这里开展银多金属矿项目预查。青海、新疆6个项目组26名同事从不同的工区赶过来。

丰盛的晚宴后，队员们声嘶力竭地纵情放歌，虽然声音听上去并不甜美，甚至有些嘈杂刺耳，但是他们的心都是热的，欢快的氛围包绕着巴隆乡整个驻地。

正当欢快时，袁丽伟的电话响了，"爸爸，节日快乐！你什么时候回来啊，我想你了。"

电话那边，最亲、最稚嫩的声音让这位汉子热泪簌簌，"我最亲爱的女儿说完那些话，我哭了。"袁丽伟回忆说。

袁丽伟呜咽地顿了几秒钟，略带颤音地答道："闺女，爸爸过几天就回家了，在家听妈妈的话，爸爸回去给你买好吃的。"

队员们有了儿女以后，大家对于"牵挂"的理解越来越深刻，"牵挂，就是莫名地为儿女们担心！"

放下电话，袁丽伟抬头仰望，月亮在杂云的荫盖下显得有些模糊，但愿人长久，千里共婵娟，闲闲无一语，亦对景伤情，多么希望这轮明月现在就把他带到女儿身边，给她一个惊喜！

擦干眼泪，回到房间，静静地看着队员们的面庞，他们是在为谁呐喊？不用说，也是为他们各自牵挂的人。大家欢乐的笑声背后流露着感伤和忧思。

第二天一早，大家奔向各自的工区，离别时彼此一个眼神，仿佛在道一声："兄弟们，珍重！"

2013年农历八月十五，队员们决定到青海省德令哈市布依坦乌拉山戈

壁滩一带会合，共庆佳节。这年的中秋，为了增强节日的仪式感，丰富团聚的形式，大家除了聚餐、唱歌以外，还开展了一场别开生面的戈壁滩运动会：篮球赛、三人绑腿跑、象棋大赛。

由于条件简陋，大家将轮胎卡在戈壁土墙上做篮筐。在高原打球，海拔高，气压低，普通人运动起来得不到充足的氧气就会感到头晕，但是对于他们而言，却是"小菜一碟"！

戈壁滩上的篮球比赛如火如荼地进行，双方队员蓄势待发，眼里紧紧盯着裁判手中的篮球。裁判将手中的篮球抛向空中，大家猛地起跳……

中秋的戈壁滩上，一场篮球赛，好生酣畅淋漓！

奖品有腰带、水瓶、双肩包、手套、电话卡，非常实用！

2015 年的农历八月十五，"西藏那曲依拉山 1∶50000 六幅区域地质调查"项目野外工作仍在继续，队员们就住在海拔 4700 米的调查区内，他们将这年的中秋团圆地点选在这里。

新疆、青海等五个项目组 24 名同事齐聚西藏那曲。

这个中秋，大家用奔跑的方式庆祝。200 米赛道，高原奔跑，距离虽然短，可挑战一点都不小，体能运动和高原缺氧的双重负荷，是一项极限挑战！

奔跑吧，中秋！奔跑吧，队员们！

西藏，不但天空素净蔚蓝，而且这里的人们热情好客。放牧的人多是成年女性或是十五六岁的孩童。每当孩童们遇见地质队员们时，总会欢快地奔跑而来，用最简单的掺杂着藏族音质的普通话同他们搭讪。虽然彼此之间在语言沟通上存在一定障碍，当对方不完全理解队员们的意思的时候，总是简单而热情地回答"就是，就是"。背后却透露着当地人对于地质队员们的热情和友善。

那种原生态的淳朴与友爱，让身在异乡的大家备感温暖，中秋，也因此多了一份异乡的温柔。

酒尽话不尽，聊着聊着，夜深了。

征 途

出发，去新疆

作为七院"西部大开发"和"走出去"战略的先遣队，2006 年 4 月底，肖丙建被委任为新疆项目组负责人，由他带队在新疆这片土地上开启了地质找矿的征途。

一行人抵达新疆之前，时任七院矿发公司副经理的夏立献作为项目对接人已先期抵达，对接项目前期工作。

七院新疆项目组在新疆地区开展的首个项目系"新疆和静县额尔宾山东段一带 1：50000 区域地质矿产调查"，主要参加人有肖丙建、夏立献、焦永鑫、刘琨、杨学生、张来成、王庆军、刘同。

大家从临沂驾驶着两辆汽车一路奔驰前往新疆。进入新疆地界，绵延几百千米笔直的高速公路分隔着茫茫戈壁，初到新疆的队员们充满了赞叹，在这个辽阔的世界驾车行驶在高速公路上，你会觉得眼前的白云触手可及。有时，甚至有种在云上行驶的感觉。

肖丙建带领大家在乌鲁木齐休整了五天，逐渐适应了高原环境。五天后，大家从乌鲁木齐出发，驱车四百多千米赶往和静县工区，抵达后一行人在和静县水电大队租赁了一处民房作为营地。

和静县地处天山中段南麓，是连接南北疆的重要交通枢纽，东邻吐鲁番盆地，西接伊犁谷地，北越天山与乌鲁木齐等相连。

和静县额尔宾山东段一带 1：50000 区域地质矿产调查区位于新疆南天山西段额尔宾山东段主脊地带。这一带属于中高山区且以高山区为主，多在海拔 3000 米至 4300 米，最高峰 4576 米，雪线为 3800 米，海拔相对高差 500 米至 2500 米，沟谷多为 V 字形分布，山脊呈锯齿状延伸。除乌库公路由工作区东界外经过，整个工区都无法通行汽车，工程进度与物资运输全都需要依靠马匹。马道仅限于一些水系和稍缓的河谷沟谷，大部分切割强烈的山地和狭窄的沟谷，马儿也无法通行，这些地方只能依靠人力。这里每年 9 月中旬大雪封山，到来年 5 月积雪才开始融化，细算下来，留给队员们的野外作业时间只有四个多月。

队员们晚上住在山里，俩人一顶帐篷，经常听到狼围着帐篷叫，时时经受着生命的威胁。

在新疆开展地质工作和青海有很多相似之处，最艰苦的情况之一也是换营地和小搬家。队员们拉着帐篷往山里去，需要三四天时间，在一个地方驻扎十天半月完成任务往山下撤，又要三四天时间，如此周而复始，推进项目往前作业。在高海拔地区，马的耐力是有限的，累极了就趴在地上不起来。每次搬家，队员们像哄孩子一般牵着马儿走，采集的砂样，大家有时干脆替马儿背一些，分担重量。这里的 V 字形沟谷，地形都是一个模样，极易迷路，一旦从交叉点走错方向，越走离营地就会越远。

在和静县，一次出野外，王庆军骑着一匹小马奔跑过河，人和小马都缺少野外行进经验，结果马儿驮着王庆军奔腾过河时，小马的四个蹄子突然在河水中同时离地，结果，连人带马被冰冷的河水冲走了。

幸亏下游河道转弯处河水较浅，王庆军和马儿才得以踩着河沙上了岸。受此一惊，大家的安全意识逐渐提高了。

相比小马驹，老马过河就显得稳当又娴熟。面对湍急的河水，老马驮着人稳步前行，始终保持三个马蹄着地，一个马蹄往前迈的状态。

慢慢地，队员们和马儿培养了很好的感情和默契。

队员们久离家乡，时间越久，心里那股子思念之情越发难耐。受当地地理环境影响，即便是卫星电话也没有信号，唯一的通话方式也变得不可能了。一天，队员们出工回到水电大队营地，听人讲营地附近那座高山的山顶上有信号。于是，干了一天活已是非常疲惫的焦永鑫和另外三位队友瞬间精神起来，四人相约朝着这座高山一路攀爬。大家爬到山腰时体力有些不支，可山势陡峭，一侧是峭壁悬崖，他们也只能咬紧牙关，硬着头皮继续往上爬。好不容易到达山顶，掏出手机后发现并没有信号，大家心里颇为失落。

这天，焦永鑫一行四人到凌晨才安全下山回到营地。由此可见，思念家乡、思念亲人的这份感情对于地质队员们而言，是如此的隐忍又迫切。

2006 年、2007 年项目组在和静县开展野外工作期间，大多数时间项目组与外界处于隔绝状态，野外作业所需的粮油、米面等生活物资都是在固定

征途

的时间和地点与外界接洽领取。遇到恶劣天气粮油米面送不进来时，大家就要挨饿了。

有一年的 5 月份，山上大雪连续下了三天，厚厚的积雪将队员们困在里面，大家担心到了约定的时间山下配送物资的人不能如期赶过来。为了以防不测，队员们每天的食物都是定时定量配发，所有人省吃俭用。

队员们进山干活、采样、跑路线，全靠人力马驮。每逢狂风暴雨和大雪袭来，大家只能就地找块岩石躲避。从营地到工区，一路跋涉，好不容易赶到预定地点。队员们经常为了赶工期，顶着风雨争分夺秒拼着干。

还有一次，大家忙完了一天的工作将帐篷围成一个圈儿支起来，圈中心这顶帐篷留给了全队唯一一名女队员刘琨。吃过晚饭后，大家各自钻到帐篷里休息，不一会儿，就听到刘琨在喊："救命！"

"怎么了？肯定是出事了！"队员们本能地反应道。

大家拉开帐篷的一刹那，被眼前的世界惊呆了：白雪皑皑！

一会儿的工夫，竟然下了这么大的雪。

原来，一圈的帐篷篷顶上的积雪全都向圈里滑落，刘琨的这顶帐篷直接被白雪压塌了，整个人被厚厚的积雪压在帐篷底下动弹不得，这才喊起"救命"来！

在南天山额尔宾山东段，还发生了一件让他们至今难忘的事。2007 年 9 月 12 日，夏立献带领队员们在巴音布鲁克三区铁矿普查区作业，傍晚时分，四人小组完成了野外勘探任务，在营地等待物探组的人回来。眼望着紫红色的太阳落下山，他们焦急的等待中不免多了些担忧，于是每半个小时给对方联系一次，电话里总是传来"无法接通"的回应。时间一分一秒地过去，队员们就像心里压了块石头，越来越沉重。

直到凌晨，物探组仍然没有音讯。大家决定赶回普查区找寻。在当地牧民的帮助下，夏立献租了一辆 213 吉普车，急匆匆往普查区赶。走到半路，他接到物探组张来成的电话，说是物探员张峰还没有下山。夏立献听完脑子轰然一炸，他明白，在这个地形异常复杂的区域迷路是一件很危险的事情，如果出事，有的连尸体都找不到。夏立献赶到普查区时已是凌晨 2：40

分，此时与张峰一组的张磊、田茂勇已经在山里苦苦找寻了几个小时，依然无果。

张峰到底在哪里？他遇到了什么突发情况？

正当大家在全力寻找张峰时，张峰正在一片漆黑的夜里摸索着寻找回营地的路。走着走着，早已经迷路的他发现前方不远处有六只烛光一般的东西在闪烁，靠近一看，竟然是三只狼的眼睛，这三只狼借黑来饮水。张峰蹑手蹑脚地悄悄从狼的身后溜了过去。可能是狼吃饱喝足了，并没有伤害他。张峰沿着沟谷一直往前跋涉，凌晨三点多，他隐约听到远处几声狗叫，走近一看，竟是一处亮着灯的蒙古包。

这个时候张峰已经连续走了8个小时，15个小时没吃没喝。他跟跄着走进了蒙古包，好心的牧民见状，赶快给他倒了热水，端上了羊肉让他充饥，还挽留他在蒙古包里睡一宿，天亮以后再计划如何返程。

山里的夜晚寒气袭人，寻找张峰的队员们穿的衣服都很单薄，为了寻找失散的队友，大家已经十几个小时没吃没喝了，又累又冷又饿。天上没有月亮，周围一片漆黑，夏立献开着汽车大灯，希望张峰能看到灯光向这边走来。

大家商量了一下，决定兵分两路，一部分人留下来继续寻找，另一部分人回营地联系地方政府协助寻找。

9月13日一早，牧民给张峰指引方向，说他昨晚走反了方向，必须原路返回才能回到营地。张峰根据牧民的指引，启程往回赶。

13日13：20，七院接到夏立献发来的张峰在规定时间未归的消息。院领导立即召开紧急会议，向省局有关领导汇报，同时采取了一系列施救措施：向新疆局一区调队寻求帮助，该队副总工带队带车前去搜救。向当地派出所寻求救助，派出所也专门通知牧民协助寻找。与国家地调局新疆安全工作联系站汇报并寻求救助。

同时，省局主要负责人立即与新疆地矿局相关部门联系，寻求救助。

这边，正在往回赶的张峰，走到半路，一辆吉普车戛然停在了他身边。车上下来一男一女，打量着背着仪器穿着地质工作服的张峰。"你是山东地

征 途

矿的张峰吧？"张峰惊讶地点点头。"可找到你了。你们队里在找，我们乡里也找，牧民们都在到处找你呢！"

此人正是和静县巴音郭楞乡党委副书记何天银，另外一名同志是乡长助理斯琴，俩人正要到三大队开会，在路上发现张峰时，一眼便认出他正是通知上要找的人。何书记立即安排人骑摩托车跑了三十多千米通知正在寻找张峰的派出所李所长和夏立献。

16：00，营地传来张峰被找到的好消息，大家心情振奋。直到夏立献和派出所李所长把张峰平安带回队里，队员们心里的石头终于落了地。大家抱在一起，像见到了久别的亲人，泪水挂满了双眼。

事后，七院制定了一系列安全措施，并多次组织野外施工人员进行集中安全教育，不断提高大家野外工作的安全意识。

和静县额尔宾山东段一带1：50000区域地质矿产调查，艰苦的条件并没有击垮肖丙建、刘成帅、王庆军、夏立献、杨学生、刘同、刘效才、刘琨、张士鹏、王仁善，反倒是越发激发了大家的斗志，"一定要做出点成绩！"成为队员们共同坚守的信念。

功夫不负有心人！

2006年4月至2009年3月，"新疆和静县额尔宾山东段一带1：50000区域地质矿产调查"项目荣获山东地矿局科技进步三等奖，取得了15项主要成果。

在新疆的日子，每一天都让大家铭记于心——

新疆大草湖，树木稀疏，杂草丛生，这里安静得让人窒息，连鸟叫的声音都没有。最难的莫过于饮食条件太差，这一地区地表积存的水碱性太大，口感很不理想，令人难以下咽。

2016年11月至2018年5月，大家在大草湖工区作业时，遇到的最大难题是水质又脏又差，其碱性特别大。每次烧水大家都会在水壶里放上大把的冰糖和茶叶，以此改善水的味道。即便如此，每当烧开的水冒出水汽时，远远地还能闻到一股刺鼻的味道。

每天早上8点开工，晚上9点下工，一整天顶着烈日，温度最高时超过

40度。高海拔地区高温环境下工作，对于人的身体综合素质提出了极大的考验，如果不能及时补充水分，很容易造成脱水而晕厥。所以，再难以下咽的水也都被大家喝了下去。

用这碱性如此大的水做出来的饭有一股异味，大家为了填饱肚子，只能强忍着下咽。

后来，为了尽最大努力改善大家的生活质量，七院领导委以专人顺着水脉一路往上，尽可能到水源地取水。后经多方协调并组织到工区远处的乌什塔拉乡运来矿泉水烧水、做饭。

水的问题解决了，队员们还要面临食物储备防腐的问题。

为了赶进度，大家往往相隔十多天才会到乌什塔拉乡集中采购生活物资。由于天气炎热，很多食物容易腐蚀，所以每次队里采购的生活物资多以米和面为主，土豆和洋葱为辅，偶尔也会采购些新鲜猪肉。但是，采购的新鲜猪肉从乌什塔拉乡运到工区，两天左右便会变质。为了补充体力，提高营养，稍有变质的猪肉也被大家视为珍宝，切成肉丝煮挂面，抑或做成肉丝炒土豆、肉丝炒洋葱。

在大草湖工区干了十多天后，由于劳动强度太大，营养跟不上，队员们的体重都有了明显下降。但是在困难面前，大家始终逐梦前行，不断追求，不断探索，保证了各项工作扎实推进。

敕勒川，阴山下，七院人踏进内蒙古

"敕勒川，阴山下。天似穹庐，笼盖四野。天苍苍，野茫茫。风吹草低见牛羊。"北国草原壮丽富饶的风光，有一种让人更加热爱生活的豪情。

2005年5月30日9:30，一辆越野吉普车在众人的挥手中徐徐驶离七院。坐在车里的代总工臧学农，驻内蒙古办事处王伟德、肖丙建以及驾驶员盖洪波一行四人带着全院干部职工的期望与重托，踏上了前往内蒙古的征途。这标志着七院驻内蒙古办事处正式进入实质性工作阶段。

七院为四名队员举行了简短又热烈的送行仪式。时任七院院长刘纯荣、

征 途

时任党委书记李星传等院领导班子亲自为他们壮行。临行前，刘院长寄语办事处成员："祝你们一路顺风，平安到达目的地。希望大家发扬地矿工作者的光荣传统，扎根艰苦环境，多出成果。全院干部职工是你们的坚强后盾，我们在临沂静候你们的佳音！"

七院以科学发展观统领全局，积极实施"两权"经营，积极抓住国家实施"西部大开发"和"振兴东北老工业基地"的有利时机，在立足省内市场的同时，努力开拓外省矿产资源勘查开发市场，实施"走出去"战略。在详细科学的论证之后，七院将内蒙古自治区矿产资源勘查作为重点区域，2004年5月，时任七院院长刘纯荣亲自带队前往内蒙古考察，与当地政府以及国土资源部门达成了广泛的合作意向。

一年多的时间，七院技术人员多次深入内蒙古兴安盟，在祖国的大草原上开辟了广阔的发展天地。截至2005年，七院在内蒙古取得了一系列重大成果：登记了一处57平方千米的铁矿权；提交了六份储量核实报告；申报了一批地质矿产调查项目。

为了方便开展工作，2005年5月26日，七院成立了由王伟德任主任的驻内蒙古办事处。办事处拟设在内蒙古兴安盟乌兰浩特市，并从人、财、物等多个方面给予内蒙古办事处大力支持，保证了他们顺利地开展工作。

2005年9月24日，兴安盟国土资源局、科尔沁右翼前旗、突泉县等国土资源局领导以及兴安埃玛矿业有限公司部分干部职工前来参加挂牌仪式。挂牌仪式上，时任院长于海新发表了热情洋溢的讲话，充分表达了七院将为兴安盟地区的矿业开发和经济发展作出贡献的愿望。兴安盟国土资源局的领导真诚地欢迎七院到兴安盟设立办事处并对办事处的成立表示热烈祝贺，同时表示将对兴安盟办事处的工作给予大力支持。在热烈的掌声和震耳的鞭炮声中，"山东地矿七院驻兴安盟办事处"揭牌成立。办事处成员、野外地质组、物探组的十几名技术人员共同见证了七院又一个重要的跨省活动。大家心里高兴，七院的事业在内蒙古扎下了根。

2008年4月，项目负责人李宪栋带队第二次赴内蒙古自治区兴安盟突泉县开展汞矿预查、文牛屯地区铁矿预查、兴安盟五岔沟锰矿普查。这三个项目是七院承接的内蒙古自治区一一五地质队的工作。

此行 13 人，其中有两位比较特别，他们是已经确定了恋爱关系的七院地质队员刘传鹏和冯爱平。

作为队伍中唯一的一名女队员，毕业于河南理工大学地质专业的冯爱平，铿锵"女汉子"带着满腔的地质情，对到西部拓宽视野、增长本领，充满了期待。

冯爱平说："只有到一线去，理论联系实践，才能成长为一名合格的地质工作者！"

天蓝水清爱我大好河山，凌云壮志抒我地矿情怀！带着满满的激情，他们踏上了去内蒙古的征途。

五岔沟锰矿普查的工区近邻山地大森林，无数险崖、怪石、清潭、溪瀑、掩映在密林巨树奇花异木之中，构成了一幅天然的山水画卷。这一带属于温带大陆性季风气候区，立体气候特征明显，四季分明，地区差异显著。地理环境要比青海、新疆等西部地区工区的优越很多。

但是在这美丽的景色中也潜伏着危险。五岔沟工区有一种可怕的动物，名叫"草爬子"。它可以钻透人的皮肤，在人的身体内不断吸食新鲜血液而使自己一步步壮大。一旦被草爬子入侵便会高烧不退，如果仅仅当感冒治疗而错过时机，将会有生命危险。

听闻这一消息，起初大家非常害怕，尽管天气很热，上山时队员们都会穿上厚厚的衣服，把整个身体包裹得严严实实。后来，大家请教当地人才得知，草爬子一般在炎热的夏季活动频繁，到了 8 月份以后，草爬子已经不那么猖獗了。

在五岔沟，蒙古族有一个奇特的风俗习惯：凡是遇到喜主结婚，不管认识与否，主家都会邀请你去喝喜酒，算是对新人的祝福。队员们当时参加了好几场婚礼，也被蒙古族的热情深深感染着，至今难忘。

2008 年 8 月，时任七院矿业公司党支部书记高鹏带着宋国喜、田茂勇及刚刚从山东科技大学地球物理勘探专业毕业的张建太等人，坐上开往烟台的汽车。他们途经烟台换乘轮渡抵达大连，没有半刻休息，便紧跟着换乘汽

征 途

车一路疾驰赶赴乌兰浩特，正式开启了他们"以大漠戈壁为家，饱览自然华章，触摸大地脉动"的野外探矿生涯。此时，七院内蒙古项目组的谭德军正翘首期待着新队员的到来。

文牛屯测区，山路崎岖，树木茂盛，荆棘之中，虫蚊漫飞，"这里的荆棘和虫蚊都很厉害"。为了防止荆棘划伤皮肤，减少虫蚊的叮咬，谭德军等人在30多摄氏度的高温下依然穿着秋衣秋裤，外面套上长褂长裤，扛起十多斤重的设备一步一个脚印地丈量着脚下的土地。

工作线路是依据 GPS 提供的数据画定一条笔直的勘查线。在勘查线上，即便有高山阻碍也要笔直地穿过去。因此，一天只能开展 1.6 千米左右的工作路线。

张建太回忆说："讲真话，我想过放弃，但是还是凭着心里那股冲劲和对地质事业的热爱，所有的困难全都咬紧牙关扛了过去。"2018 年，张建太荣获山东省地矿局十佳道德模范——自强不息道德模范，这源自多年来在西部受过的艰苦磨炼，源自心中对地质工作不灭的炽热之情。

跨越西藏吉利地区怒江，征服大自然

怒江是澎湃的，是雄壮的。

怒江是中国西南地区的大河之一，又称潞江，上游藏语叫"那曲河"，发源于青藏高原的唐古拉山南麓的吉热拍格。怒江大部河段奔流于深山峡谷中，落差大，流势急，多瀑布险滩。怒江的大峡谷生态环境和人文景观可以与世界上任何一座大峡谷相媲美。

怒江两岸陡壁直立，岩石时有崩裂，崩落滚石横陈江边，水击浪打，石块出现很多穿洞，大的直径一米多。放眼望去，江心的蛤蟆石在水浪冲磨下平滑光溜，熠熠闪光。

2017 年 8 月，项目负责人刘卫东带领五名队员背上帐篷、地质工具和干粮出发了，要去完成怒江一侧区调任务。为了减轻负重，他们每个人身上只带了一小瓶饮用水。从沟顶海拔4000多米的地方往沟底前行，一路羊肠小道若隐若现，大家用最快的速度赶到海拔2800多米的沟底，即便如此还是用了整整一上午的时间。

稍作休息，队员们依托当地木桥，顺利地通过了怒江较窄的河段，眼前是陡峭的山崖，工区就在这怒江一侧山崖之上。为了争抢时间，一行六人一鼓作气从2800多米的沟底一路攀爬一路前行。崎岖难行的地段，一脚踩下去山石滑落掉入怒江，这场景让人胆战心惊，这也就意味着大家稍有不慎就有可能跌入江底。所以，大家格外小心，相互照应，慢慢攀爬前行。

高强度的体力透支加上炽热的阳光照射，队员们身上的汗珠豆大一般滑落……所有人咬紧牙关，硬是在当天下午负重爬到怒江一侧的顶部，安全抵达工区。

工区的气候变幻莫测，中午还是艳阳高照，炽热得让人头晕，晚上温度便降到了零下，四周人迹罕至。这一晚上，大家简单吃过馒头和小咸菜，拖着一身疲惫的身躯早早歇息。

在怒江一侧工区的两天时间里，大家不敢浪费一分一秒，争分夺秒开展工作，采集矿石标本。

两天的作业时间，对于队员们最大的考验莫过于缺水。每人仅仅自带了一瓶饮水，由于劳动强度太大，浑身淌汗，每个人都口渴得厉害，每一滴水都被视若珍宝，实在干渴得厉害时便稍微喝上一小口，润润嘴唇和嗓子。

就这样，六个人硬是扛了两天，圆满地完成了工区作业任务，采集了大量矿石标本。

返程时，每人背着矿石标本、帐篷和工具，负重多达20斤。几经波折，几经艰险，才抵达怒江沟底，已经忍了两天干渴得队员们用尽全力跑到怒江边上，"咕嘟咕嘟咕嘟咕嘟……"捧起怒江水喝得那叫一个爽快，用队员们的话讲，"活了这么多年，在西部也工作了这么长时间，从来没有喝过如此甘甜的水，那叫一个畅快"。

殊不知，队员们所谓的"这辈子从来没有喝过如此甘甜的水"实际就是

征 途

融化的雪水，冰冷，而且不卫生，大家喝起来之所以甘甜是因为已经渴到了极限。

此次怒江一侧工区作业是西藏吉利地区1∶50000二幅区域地质调查的一部分。因为此地海拔高差大、地形陡峭、环境恶劣，工区作业不确定因素太多，所以迟迟没有动工。2017年8月，作为吉利区调项目的收尾部分，工作不得不推进，同时大家在这一带已经工作了很长一段时间，身体素质得到了很好的锻炼，把控这一带工区作业的能力也得到了很大提高，于是经研究，最终采用"小搬家"的方式突击作业。

前后三天的工作，为吉利区调项目画上了一个圆满的句号。

院领导关怀和家人支持，是投身西部工作的不竭动力

在七院扎根青海、新疆、内蒙古等西部地区，开展地质找矿和基础地质工作的十余年时间里，艰苦恶劣的工作环境，让院党委对在西部职工们格外牵挂，格外关心。为职工们配备最保暖的帐篷、最先进的通信工具，最大程度保障物资供应，给予最宽松的政策支持，创造最有利的外部环境。为解决西部队员的后顾之忧，院党委班子成员还定期开展家庭走访，为家属解决工作、生活中存在的困难和问题。定期组织暑假探亲团聚，以解思乡之情。历任院长经常打电话调度了解工作开展情况，还多次到西部工地进行亲切慰问，亲自踏上海拔几千米的工区，与他们促膝交谈，为他们加油鼓劲，深深鼓舞了奋战在一线的干部职工，同时也为顺利完成西部地质工作并取得丰硕成果，提供了强有力的思想保障。

从酷暑到寒冬，每年收队之时，已近岁末。每年元旦，都会由分管领院导牵头，组织西部分院举办新年晚会，邀请收队归来的职工及其他部门同事，带着妻儿，同聚一堂，共叙家常，感受团圆的欢愉。西部分院的队员们在节目表演中，展现野外工作的场景，倾诉对家人朋友的思念，不仅增加了团队凝聚力，也让同事和家人们更深入地了解西部工作的苦与乐，从而更加坚定地支持他们，更加坚实地做好后盾保障，使西部队员们能够更加踏实地

安心工作。

领导的关怀，家人的支持，都化作了不竭的动力，取得了更多的辉煌成果。多年以后，曾经在西部高原上挥洒的激情与汗水，带着雪峰山谷清冽的气息，永远留存在最深的记忆里。像一朵永不凋零的冰山雪莲，永远定格在青春的年轮中。

听，在西部工作过的队员们说——

七院在西部工作过的队员们用自己的信念和双脚丈量着祖国的土地，风餐露宿，吃了不少苦，遇到了不少艰险，但是一切的困难最终都被大家逐一克服，大家的人生也因为西部的工作经历变得更加饱满和丰盈。

岁月流转，时空变换，理想从未消逝。

李兆营：西部工作是一段难忘的经历，激流险滩锤炼了我们面对困难的勇气，高山荒原净化了我们纷扰的内心。青藏高原，地质工作者的圣地，我来过，我幸运。感谢陪伴我的小伙伴们。我们也曾犹豫过，但我们做到了坚持，感谢你们的这份坚持！

肖丙建：西部的工作不仅仅是爬过多少座 5000 米的高山，走过多少荒无人烟的荒漠，蹚过多少条冰冷刺骨的河水，经历过多少次高原缺氧，查明了多少个物化探异常，找到了多少个矿体，查明了多少矿石资源量，为国家作了多少贡献。在新疆、青海、西藏等工作，更是一种生活经历，一种生活体验，像一枝枝绽放飘香的梅花，一朵朵盛开的冰山雪莲，那种艰苦就会成为一种财富，会凝练成一生的荣耀，成为人生最大的快乐。艰苦是种磨炼，铸造了不屈不挠的坚韧品格，使你的阅历更加丰富，生活更加丰富多彩，面对各种艰难困苦勇往直前，锻炼品格，磨炼意志。

刘卫东：青藏高原地质工作八年。穿行过浩渺的无人区、辽阔的戈壁滩，翻越无数雪山和沼泽，阅览世之奇伟、瑰丽，经历过迷茫、彷徨。想到过放弃、逃避，是地质人的品格和家人的支持才能激励自我、战胜自我。经历过困难不是财富，战胜困难才是财富，做始终不悔的地质人。

征 途

刘传朋：西部工作经历在我人生中留下不可磨灭的烙印，西部人员形成了西部精神，在以后的工作中继续发扬。

焦永鑫：《西江月·忆青海时光》

　　当年豪情西进，不惧雨雪风霜。首为身有一技长，复恋塞外风光。

　　数次临逢绝境，避熊声颤神慌。如今闲坐互聊想，也就那般模样。

夏立献：西部四年地质工作，印象深刻，至今历历在目，艰苦的环境激发我们不断探索地质奥秘的勇气！

梁成：栉风沐雨十余载，炼体铸魂，逐我地质梦。

刘同：千山万水踏遍，脚下再无高山。

王晓峰：与天斗，与地斗，才是地质工作者的人生。

康鹏宇：西部情——七载芳华撒边陲，翻山涉水佳梦追，家乡遥望故居处，青山依旧绿草肥。

王凯凯：我们徒步丈量着雪域高原，攀登上一座座雪山之巅，叩响了可可西里的神秘之门，留下了无悔的青春乐章——致青春。

宗传攀：六年的青春，踏遍了青藏高原的山山水水、沟沟坎坎、战山险、斗风雪、抗缺氧、耐孤独、突破绝地无人区，用汗水、用热血、用意志记录了一册册地质资料、描绘了一幅幅美丽的地质画卷，这六年的艰苦时光会是我人生中最深刻、最美好的回忆。

姚永林：时光荏苒，西部高原八年的地质征途，让我领略到青藏高原独特的风貌，领悟到地质前辈的艰辛和一代代为祖国找矿事业奋斗的热血青年，这将是我人生中一大财富。

葛跃进：在昆仑山搞矿调，就是在用生命搞地质，安全永远都是第一位！

陈保民：西部，一个摆脱世间纷争、遁入空门的地方。

邓俊：在第三极工作是一种经历，更是一种荣耀，世界第三极活跃的地质活动早已将那群地质儿郎的工作痕迹掩藏，但他们填绘出的精准地质图却将地质情况展绘于图纸之上。致敬第三极！致敬地质儿郎！

赵永强：从小伙子变成了小老头，西部工作留下了我的青春年华。

张建太：风雪如刀十余载，躬身寻宝地质人。

赵学冲：我们都是雪莲花，是雪山冰峰里最靓丽的风景。我们有着顽强的毅力、不屈的精神，在寒冷中成长，在冰雪中盛开。

王仁善：欣赏过"长河落日，大漠孤烟"的美景，体会过六月飞雪的气候，领教过荒无人烟的孤寂，享受过美味的酥油茶。西部地质工作近十年，是我人生中一笔宝贵的财富，无怨无悔，加油！

李宪栋：在西部地区从事地质勘查工作，最深刻的感受是海拔高，山势陡峻。大部分地段都在 45° 以上，局部地段坡度角接近 75°，在这些地区从事地质调查，我是不敢直立行走的，基本上是蹲着挪步前行。

路晓平：跨过昆仑山，蹚过红水河，翻过唐古拉山，穿过青藏高原，越过怒江，走过雪山。沙漠、戈壁滩、雪山、雪豹、雪莲花、马队……所有经历，如在昨日。一切艰辛，铭记于心。这是我一生宝贵的经历，无怨无悔。心系青藏高原，情系祖国山川。

石林：在可可西里做区调的日子，没有经历过的人难以想象：近五千米海拔的高原地区，连自由的呼吸都成为一种奢望。好多次快坚持不下去的时候，告诉自己再坚持一下，才发现没有克服不了的困难。这份经历让我明白了坚持的可贵，在这份困难面前的坚持让我一生受用。

王庆军：一日过三季，生死一瞬间。一把地质锤，踏破整天山。

许晓：地质工作的性质决定了地质人必须去面对环境的考验。在西部的荒野里，爬冰卧雪、栉风沐雨，以荒凉为伴，与旷野为邻，寻找大地的珍藏，发掘大山的宝藏。

刘琨（女）：新疆半年的野外工作，既有化探取样给肢体带来的奔波疲惫，也有山峦起伏和蓝天白云带来的心中宁静，更多的是惊喜和难忘。那是我工作过的地方，那里有蹚过刺骨河水后的对岸温暖的帐篷、热汤和馕；那里有骑在马上扑面灰尘的同事，那是一帮时不时像麻雀一样叽叽喳喳的山东大汉，让你相信不管什么困难都能轻松抵挡，让野外路程不再孤单漫长。

冯爱平（女）：距离在西部爬山找矿的日子已经七八年了，那险峻的山、那夹杂着羊粪味的水、那一幕幕的艰辛与惊险已经不再那么清晰……但是任

征 途

何经历终将化为力量助我成长。感念我的西部工作经历，感谢我们曾一起奋斗在西部的同事们!

理想在岁月中成长，最后融入时代的洪流。

在新时代的号召下，七院的发展融入了更多的新元素。在西部工作过的队员们在奔涌向前的洪流中，聚焦新时代地质任务，继续发扬"三光荣"和"四特别"精神，结合新时代沂蒙精神，主动融入地方经济社会发展，在服务保障新旧动能转换重大工程、生态文明建设、自然灾害预警救援防治等省委省政府和市委市政府重点工作中，干在实处、走在前列，加快构建"大地质、大资源、大生态"工作格局。

地质工作与服务地方经济发展和生态文明碰撞迸发出了无比绚烂的火花。

荣誉，见证了队员们在西部的最美年华

项目：新疆和静县额尔宾山东段一带 1：50000 区域地质调查报告（含物探、化探、矿产）。获奖：山东省地矿局科学技术进步三等奖。

项目：青海省德令哈市布依坦乌拉山地区 J47E017002、J47E017003 两幅 1：50000 区域地质矿产调查。获奖：山东省国土资源科学技术三等奖。

项目：青海省格尔木市分水岭北地区 1：50000 J46E022006 等四幅区域地质矿产调查。获奖：山东省国土资源科学技术三等奖。

项目：青海省哈图地区 I47E001007 等三幅 1：50000 区域地质调查报告。获奖：山东省地矿局科学技术进步二等奖。

项目：青海省格尔木市尕林格地区 J46E017009 等七幅 1：50000 地面高精度磁测。获奖：山东省地矿局科学技术进步二等奖。

项目：青海省鄂拉山地区 J47E022012 等七幅 1：50000 地面高精度磁测。获奖：山东省地矿局科学技术二等奖。

项目：青海省鄂拉山地区 J47E022012 等七幅 1：50000 水系化探测量报告。获奖：山东省国土资源科学技术一等奖。

项目：青海省都兰县哈图地区三幅 1：50000 水系沉积物地球化学测量报告。获奖：山东省地矿局科学技术进步二等奖。

项目：青海省都兰县哈茨谱山北铜矿普查。获奖：山东省国土资源科学技术二等奖。

项目：新疆和硕县可可乃克矿区 1490 米标高以浅锶矿详查。获奖：2019 年自然资源部国土资源科学技术二等奖，中国地质学会 2013 年度十大地质找矿成果奖，山东省国土资源科学技术一等奖，山东省地矿局科学技术进步一等奖。

项目：青海省都兰县哈茨谱山北铜矿普查物探工作报告。获奖：山东省地球物理科学技术二等奖。

项目：青海省德令哈市布依坦乌拉山地区 1：50000 两幅地面高精度磁测报告。获奖：山东省地球物理科学技术二等奖。

项目：青海省都兰县哈茨谱山北铜矿详查。获奖：山东省国土资源科学技术三等奖。

另外，项目：山东省 1：50000 沂南县幅、青驼幅矿产地质调查。获奖：山东省地矿局科学技术三等奖、山东省地质协会二等奖。

征 途

走出国门　开辟一片新天地

【创业者的歌】

连绵不断的大山呦，望不到我的家乡；

缠缠绵绵的细雨呦，浇不灭我的希望；

弯弯曲曲的泥路呦，挡不住我的脚步；

堆积如山的工作呦，压不夸我的脊梁；

风华正茂的我们吆，在深山野林拼搏；

激情似火的干劲吆，盼乌金滚滚流淌；

思念亲人的苦涩吆，藏在内心的深处；

艰苦创业的成就吆，书写金色的梦想；

永不退缩的意志吆，接受党组织考验；

誓在非洲建功业吆，这就是我的理想！

——七院职工张强

扎根非洲，深耕细作

非洲，在全球视野中是一个狂野的世界；一片光怪陆离、诡异神秘的大地；一个大自然留给人类最后的处女地。非洲号称"世界原材料仓库"，在世界政治舞台上的角色、地位与全球经济发展中的战略地位日趋重要和显著。

非洲的地域辽阔，矿物资源丰富，不仅种类丰富，而且储量大。世界上已探明的150种地下矿产资源在非洲都有大陆储藏，尤其是与高科技产业密切相关的50多种稀有矿物质在非洲储藏量巨大。其中至少有17种矿产储量居世界首位，南部非洲的金刚石产量占世界总产量的95%左右，金刚石和黄金储量与产量都占世界首位。

2009 年 2 月 2 日，地质考察首站赴非洲博茨瓦纳

"只有做大做强主业才能真正做强七院，才能保证可持续发展。"七院按照省局"资源山东建设"总体要求，把主业发展放到更加突出的位置，确立了"立足省内，拓展省外，积极稳妥开拓国外"的工作思路。

七院对外合作的历史比较早。2008 年 5 月，时任省局主要负责人到七院调研工作时提出明确要求："要勇于走出国门，开辟新天地。在博茨瓦纳金刚石找矿，七院要挑头，局里统一协调资金和技术力量，成熟一个，兴办一个基地。"局领导的要求极大地增强了七院开拓国外市场的信心。

2008 年，七院派出技术人员参加了省局组织的非洲考察团，初步了解到博茨瓦纳 SIWAWA 公司拥有金刚石探矿权三个，对外有合作意向。

通过这次考察，七院进一步坚定了"走出去"的信心，发挥七院金刚石专业队伍优势，拿出力量，要把博茨瓦纳作为"走出去"战略的突破点。计划分四步走：第一步，收集翻译、研究、分析资料，选好重点；第二步，选派专家进行实地考察，同时组建项目组；第三步，组建国外合作公司；第四步，组织人员设备，争取 2009 年度到国外开展工作。

随后，七院矿业公司经过收集、分析资料，选好了考察重点，委派周登诗、高鹏、杨道荣、胡世杰四名技术人员赴博茨瓦纳进行实地考察。考察组于 2009 年 2 月 2 日启程前往非洲。

考察组抵达博茨瓦纳以后，首先拜会了中国驻博茨瓦纳大使馆丁孝文大使、宫和平商务参赞。丁大使向考察组成员介绍了博茨瓦纳国政治、经济、文化、法律等方面的情况，针对地质勘查、矿业开发工作提出了建议和意见，明确了考察组在博工作的原则和策略。

虽然之前听说过非洲地质工作环境的恶劣，但是，当大家真正踏上非洲这片土地以后才发现，艰苦的程度远远超出了大家的想象。考察过程中，同志们背着煎饼、榨菜，顶着烈日，忍受着高温的炙烤，深入一线了解非洲。

2 月 9 日，考察组来到 ORAPA 地区实地了解了当沙等金刚石矿。当地地矿人员介绍了当沙矿金刚石开采的 AK9、AK12 岩管金刚石品味分别为 5

征 途

克拉/百吨、24克拉/百吨，年产金刚石70万克拉，宝石级达到80%。实地考察、核实了B. BURROW公司拥有探矿权的AK19岩管、BK33岩管，并取了样品。

2月12日，考察组来到JWANENG地区考察了朱瓦能金刚石矿，听取了当地地矿人员对已开采的DK2岩管及DK2南、北两个小岩管和DK7岩管工四个岩管的情况介绍。金刚石品位180克拉/百吨，年产金刚石1250万克拉，宝石级达到80%，正常生产每天3万吨矿石、6万吨废石出坑。实地考察、核实了B. BURROW公司拥有探矿权的DK1岩管、DK3岩管、DK5岩管、DK6岩管、DK9岩管、DK12岩管，并采取了样品。

2月18日，考察组抵达DUKWE，实地了解了MESSINA铜矿。该矿露天开采属中低温热液型矿床，浅部位次生富集和氧化型铜矿，深部为硫化型铜矿，提交的各类铜金属资源量90多万吨。

2月20日，考察组来到LOBATSE市拜访了博茨瓦纳矿业部地质调查中心。TIYAPO先生介绍了博国地质勘查工作及矿产分布概况，地质勘查、采矿工作有关的法律规定和程序。经丁孝文大使和宫和平参赞引见介绍，考察组和中资企业达亨集团公司进行了多次洽谈交流。达亨集团公司在博国拥有金刚石探矿权27个，邀请七院合作探矿。

在博茨瓦纳期间，工作虽然繁重，考察组一行四人掌握了很多新知识，他们也开始重新审视这个熟悉又陌生的行业。大家表示，DEBEES公司从白蚁穴中发现了小金刚石，从而确定了金伯利岩筒的形态。这里的蚁穴最深可以达到地下几十米，技术人员用一份对事业的执着追求，创造了一个又一个奇迹。

截至2月25日，考察组赴博茨瓦纳国圆满完成了地质考察任务。

此次组织考察组赴博国考察，七院了解到博茨瓦纳政治稳定，政府廉洁守法，办事程序透明，民风淳朴，对中国人很友好。交通、电力等国家基础设施比较好，矿产资源丰富，地质勘查采矿投资资源比较好。

2009年年底，七院再次派出考察组，随合作公司对津巴布韦马朗吉地区进行地质考察。

陌生的国度，炽热的钻石

2010 年 4 月 20 日，七院派出第一批人员参加安徽省外经建设（集团）有限公司在津巴布韦地区的钻石勘查工作。

安徽省外经建设（集团）有限公司自 1992 年创立以来，积极响应国家"走出去"战略，大力开拓国外市场，承建了我国驻欧盟使团、法国、马达加斯加、多哥、塞舌尔、肯尼亚、津巴布韦、苏里南等国的大使馆和经商处馆舍等十余个项目。公司自 2010 年开始转产至矿业领域，在津巴布韦与该国合作开发了钻石矿。2012 年津巴布韦的第二个钻石矿——津安矿已经投产。此外，安徽外经建设集团在非洲签订合作开发矿业意向的国家多达 10 个，这也为七院与安徽外经建设集团合作奠定了扎实基础。

津巴布韦位于非洲东南部，面积 39 万余平方千米，是一个内陆国家，东邻莫桑比克，南接南非，西和西北与博茨瓦纳、赞比亚相连。大部分是高原地形，平均海拔一千余米。主要河流有赞比西河和林波波河，分别为赞比亚和南非的界河。热带草原气候，年均气温 22℃。

矿业是津巴布韦重要的经济组成之一，1998 年最有出口价值的矿产有黄金、铁合金、镍、石棉、黑花岗岩和石墨。进入 21 世纪，津巴布韦矿业一个新热点是对钻石矿的开采，起因是由加拿大 CIDA 集团对津巴布韦全境进行航空地质测绘，结果显示出一系列有前景的钻石矿床。

2010 年年初，七院选派三名在金刚石地质找矿和选矿工作经验丰富的技术员对津巴布韦金刚石砂矿进行实地考察。

考察组通过对矿区进行路线踏勘、取样和选矿，初步了解了矿区的地质特征、矿体分布范围、矿体厚度、矿体类型、矿体物质组成、含矿性、可选性以及潜在的资源储量，从采获的样品中选获了 14 颗金刚石，预计 70 余克拉。从初步的考察情况来看，该区具有较大的远景储量和可观的开发价值。

根据考察情况，结合自身实际，综合各方面因素分析后，七院与安徽省外经建设集团签订了津巴布韦金刚石项目合作协议，以技术入股的方式参与开发，并在全院范围内抽调精干技术人员，成立了津巴布韦项目组。

征途

　　为了进一步提升项目组地质工作水平、找矿能力和科研实力，保证津巴布韦金刚石找矿工作顺利开展，4月，七院与安徽外经建设集团组织联合培训班，对项目组全体人员进行了集中培训。邀请金刚石方面的地矿专家，结合实际讲解金刚石成矿理论、找矿方法、选矿流程、选矿方法，还多次到野外工地进行钻探实践，全面掌握金刚石找矿技术，确保地质找矿质量。

　　5月底，项目组成员与国内运送的钻机抵达矿区，完成了矿区1：10000地质填图，确定了矿体的分布范围。

　　为了扩大金刚石的探矿范围，七院又充实了技术力量。2011年2月22日，又安排张强、杨学生、张士鹏三名金刚石勘查技术方面的专家，作为外派的第二批技术人员登上了去非洲的飞机，23日抵达津巴布韦。大家稍事调整随即参与到整个矿区的金刚石勘探工作中，他们也将直接面对酷热的天气、语言不通、当地虫蚊和毒蛇等多方面的挑战。

　　这里的金刚石主要是砂矿，大片的砂岩中含金刚石，不像国内山东蒙阴金刚石矿，属于金伯利岩型的金刚石原生矿，从地下几千米延伸到地表。

　　金刚石有宝石级和工业级之分。宝石级金刚石品质、色度较好，加工后作为钻戒饰品供人们佩戴，价格高，一般一克拉上百美元；工业级金刚石应用于工业利用方面，如钻机钻头，道具切割方面，价格偏低，一克拉几美元到十几美元不等。

　　这里的金刚石储量丰富。首采区，有的品位很高，揭露后，一个窝里能发现几十颗钻石，有数百克拉。但是宝石级的占比例不高，以黑色工业级居多。

　　矿区日常管理非常严格，不允许工作人员随便弯腰乱捡矿石。进出矿区有专人检查，一旦发现身上携带钻石即被遣返回国。矿区内有军人持枪荷弹站岗巡逻。

　　2012年7月，安徽省外经建设集团又另辟了新矿区，七院部分技术人员被安排到新区勘探部负责技术。新区毗邻原矿区，新建了房屋、厂房、食堂、餐厅、选矿厂。

　　新区有技术人员六名，各司其职。取样的大卡车达十几辆之多，一个样品最多时要取样 2000 吨，通过选矿化验证明是否具备实际开采价值。

七院技术人员设计了"挖大坑"的方式勘探，即地质上所说的浅井。大坑施工时，定了位置，挖掘机开始挖。起初，进度比较快，有覆土，运输车快速清理挖出的土壤，挖到硬质岩石层，深度 20 米以后很难继续深挖。但是，根据工程进度要取 1000 吨左右的大样品进行选矿化验，以便对该地段的硬质岩石层含矿性做出评判，为下一步矿产开采作指导。于是，矿区工作人员黑白加班，机械日夜轰鸣。挖不动时，就放炮爆破。

终于，挖到目的层，见红色的岩层。七院技术人员下坑观察，砂砾岩一般底部颗粒大的、空间分布杂乱些的含金刚石好。七院技术人员随即取样化验，成矿不错，为新矿区金刚石开采打开了突破口。

七院自 2010 年初与安徽外经建设集团签订合作合同，先后委派了 22 名技术人员赴津巴布韦工作，他们为安徽外经建设集团在津巴布韦的安津公司立下了汗马功劳，当时七院多数技术人员在选矿厂、采矿部、勘探部担任业务技术管理和骨干。截至 2012 年 9 月 6 日，七院第一批人员全部履行完合同，圆满回国。

其间，七院技术人员正在津巴布韦一线火热找矿时，2011 年 4 月 7 日时任省局党委常委、副局长刘鲁来七院调研"走出去"工作情况。在听取了七院在埃塞俄比亚、津巴布韦、赞比亚、安哥拉等国家和地区合作项目进展情况汇报后，刘局长给予了充分肯定，指出，"七院领导能够结合自身实际，高度重视'走出去'工作，思路清晰，行动早、行动快，'走出去'方式灵活多样、效果好"。

"走出去"是国家的发展战略，也是全省经济发展的重点战略。国家的"走出去"政策为地矿发展提供了千载难逢的机会，只有抓住这个机遇期，争取好、利用好国家政策，才能实现可持续发展、跨越式发展。为此，七院继续加大正在推进项目的工作力度，争取好项目，探索新途径，为"资源山东建设"作出新贡献。

非洲有一个国家叫塞拉利昂，好莱坞著名电影《血钻》描述的就是这个国家。

征途

塞拉利昂没有什么像样的工业，唯一拿得上台面的只有采矿业，而这也是塞拉利昂的支柱产业。采矿业采集的主要是钻石，其出口份额占到了塞拉利昂全国总出口额的 46%。由于塞拉利昂钻石产量惊人，全国三分之一土地下都掩埋着钻石，因此许多塞拉利昂人都不愿老实工作，总是拿着箩筐出门淘钻，渴望着哪天能够淘出一块大钻石，成为千万富翁。

2012 年 9 月至 2013 年 5 月，七院杨学生等八名技术人员来到塞拉利昂进行钻石勘探。"当地治安并不好，我们在这里开展钻石勘探期间，当地部队持枪保护。地上随处可见废弃的淘沙箩筐、井架，河道满目疮痍！"

2012 年 10 月，杨学生还去了一趟刚果金。由于当地战乱刚结束不久，从机场到工区沿途随处可见战争留下的凄惨景象，不时能看到备勤的坦克。

在非洲工作的日子里，七院技术人员远离故土和亲人，居住条件恶劣，生命安全经常受到威胁，就连人身自由也会受到限制。对于非洲地质勘探这份艰苦的工作，他们丝毫没有退缩，始终保持着昂扬向上的激情，去寻找蕴藏在非洲大地下的矿石，只为践行地质人找矿的使命。

魅力非洲，成绩斐然

以下为七院技术人员在非洲工作的成绩汇总：

2010 年 4 月—2012 年 9 月，完成津巴布韦马尼卡兰奇拉色卡 A 区详查工作。

2010 年 8 月，胡世杰总工带队，杜伟、王雷等参加马拉维矿业考察工作，完成考察报告。

2010 年 6 月—2012 年 9 月，完成津巴布韦马尼卡兰 B 区详查工作。

2011 年 8—9 月，李宪栋、张强、王庆军、朱传瑞四人对赞比亚进行钻石考察，提交考察报告。

2011 年 8—10 月，完成萨比河流域 1000 平方千米松散矿调查工作。

2011 年 9—2012 年 3 月，完成津安矿区 I2、J、K 区地质普查工作，通过普查圈定首采区，提交普查报告。

2012 年 3—4 月，史卜运、王庆军、朱传瑞及外经人员对莫桑比克进行钻石考察，提交考察报告。

2012 年 7 月，刘继太、史卜运、杨学生及外经人员对刚果金进行钻石考察，提交考察报告。

2012 年 9 月，外经集团蒋昭耀副总裁带队，杨学生等参加塞拉利昂钻石考察，提交考察报告。

2012 年 9 月，外经集团副总裁带队，史卜运等参加对马达加斯加钻石考察，提交考察报告。

2013 年 2 月 9 日，完成《津巴布韦马尼卡兰 A 区金刚石矿详查总结报告》《津巴布韦马尼卡兰 B 区金刚石矿详查总结报告》《津巴布韦马朗吉地区 I2、J、K 区金刚石矿普查总结报告》。

征 途

▲2006—2008 年，新疆和静县额尔宾山东段 1∶50000 万区域地质矿产调查

▲2013 年，在新疆和硕县发现特大型锶矿

国土资源科学技术奖

获奖证书

获奖成果:新疆和硕县可可乃克矿区1490
米标高以浅特大型锶矿详查
获奖等级:二等

获 奖 者:山东省第七地质矿产勘查院

二〇二〇年一月

证书号:KJ2019-2-42-D1

为表彰国土
资源科学技术奖
获得者,特颁发
此证书。

▲ 七院承担的新疆和硕县可可乃克矿区 1490 米标高以浅特大型锶矿详查项目获 2019 年度"国土资源科学技术二等奖"

▲ 在西部高原工区跋山涉水

征途

▲ 地质马队

▲ 飞奔于青藏高原

▲ 雪地扎营

▲ 2007—2009 年，青海省格尔木市尕林格地区七幅 1：50000 地面高精度磁测项目。图
为地质队搬家

征 途

▲ 西藏天空下的地质工作者

▲ 车辆救援

▲ 在内蒙古开展地质测量

▲ 松辽西部盆地基础地质调查黑富地 1 井勘探

征 途

▲2015 年，在西藏举办中秋节运动会，图为 200 米赛跑

▲2015 年，在西藏举办中秋节运动会，图为篮球比赛

▲ 地质队之家

▲ 填图记录

征 途

▲ 雪中探勘

▲ 在津巴布韦进行金刚石勘探评价。图为勘查钻机在施工

▲ 2009—2013 年，在津巴布韦勘查评价了世界上第一个金刚石古砂矿，选获金刚石
1000 万克拉以上

▲ 2009—2010 年，埃塞俄比亚提格雷州巴拉地区铜镍矿普查，提交蛇纹岩砂矿石资源
量 6450.39 万吨

征 途

▲ 选矿生产线

▲ 选矿工人在工作

▲ 野外流动选矿车在工作中

▲ 在津巴布韦选获的钻石安津一号

第三章

精神

文／张　岚

征途

　　2019年金色的秋天，我多次走进七院。在七院荣誉厅，首先映入眼帘的是两侧整齐排列着的明亮玻璃展柜，里面陈列着一个个金光闪闪的奖牌——"全国科学大会奖状""地质部嘉奖令""抗旱找水打井工作先进集体""全国十大地质找矿成果奖"……这一项项荣誉背后，记载着三代"七院人"62年来忘我的付出和无私的奉献，而当我每次走进这个群体时，我被这群朴实无华、勤奋敬业、乐观向上、对工作一丝不苟的"七院人"所感动。感动他们深深扎根沂蒙62载、用无私奉献的精神打造出的特有地矿文化；感动他们用实际行动践行了"以献身地质事业为荣，以找矿立功为荣，以艰苦奋斗为荣"的"三光荣"精神、"特别能吃苦，特别能忍耐，特别能战斗，特别能奉献"的"四特别"的奉献精神和"山越高，意志愈坚；岭越远，胸怀愈宽"的逆势而上不怕困难的豪气。

平邑石膏矿坍塌事故救援
滴水成冰日子里的 36 天坚守

　　危难时刻，最能体现一个人、一个团队的奉献和精神。

　　走进七院，你会发现，这里有发现了我国第一个具有工业价值的金刚石原生矿（蒙阴县常马庄的"红旗1号"）的光辉历史；这里有抗旱打井的感人事迹；这里有平邑石膏矿坍塌事故救援时的杰出贡献；这里还有新时代征程中，新旧动能转换和新能源开发利用的先进实例；这里更有构建"大地质、大资源、大生态"的工作格局。尤其是这里还有地质人"三光荣""四特别"的精神宝藏。

　　"'地质部是地下情况的侦察部。地质工作搞不好，一马挡路，万马不能前行。'毛主席的这句话，影响了我的一生。"说这话的，是七院地质工程应用技术研究员杨启俭。这位 1958 年出生、1980 年 7 月毕业于南京地质学校的地质专家，虽然已于 2013 年 3 月退休，但一谈起地质话题，他总是滔滔不绝。

第一次见到杨启俭，是在七院的会议室。七院离退休党总支部联合环境地质党支部、水文地质所党支部、勘查测绘处党支部开展"弘扬地质光荣传统，不忘初心牢记使命"主题党日活动。杨启俭被邀请来给大家授课。在主题党日上，杨启俭讲述了老一辈地质工作者在崇山峻岭之间、江河湖海之中，艰苦拼搏，兢兢业业，跋山涉水，风餐露宿，用青春和热血谱写出的地勘工作的一个又一个辉煌，把地质人"三光荣""四特别"精神生动地进行了诠释。主题党日活动一结束，我便迫不及待地拜见了这位两鬓斑白、温和儒雅的沂蒙山地质专家杨启俭。

在我的印象中，常年从事地质工作的，应该都是粗犷、豪爽、不拘小节之人；但坐在我面前的杨启俭，身上却有一股书卷之气。接着刚才主题党日活动的话题，我忍不住连珠炮似的发问了起来：

"作为临沂地区地质行业水文地质、环境地质勘查研究的领军人物，您对沂蒙山区地质工作作出了巨大贡献。尤其在 2015 年临沂平邑石膏矿坍塌事故救援时，您第一个赶赴现场，在滴水成冰的日子里，一直坚守了 36 天，直到营救任务完成后您才回来。整个营救过程可谓惊心动魄、一波三折。能谈谈当时的具体情况吗？"

"谈话之前，我想起了新华社 2016 年 1 月 30 日关于平邑石膏矿坍塌事故救援的新闻的通稿。"杨启俭有条不紊地对我说，"经过 36 天持续救援，1 月 29 日 22 时 49 分许，山东省平邑县石膏矿坍塌事故中被困的 4 名矿工从 220 米深的井底成功升井。此次 4 名矿工被救，是国内首次利用井上大口径钻孔技术救人成功的案例、在世界上是第三例。此前，仅有美国、智利有过成功案例。"

从这篇新华社的通稿中也能看出这件事的影响之大。此时，我也理解了为什么在讲这个事件之前，杨启俭先讲这篇通稿的原因了。

11 月的太阳，有一种谷子的质地，透过玻璃窗映照在杨启俭的脸上闪着

征 途

金色的光泽。在杨启俭的叙述中，我们又回到了 2015 年冬天的那个早上。

2015 年 12 月 25 日一早，临沂市区感觉到了一点微震。当日 13 时 40 分，临沂市平邑县新闻中心官方微博通报：7 时 56 分，平邑县保太镇玉荣商贸有限公司石膏矿，因临近的废弃石膏矿采空区塌陷引发坍塌，4 人自救升井，25 人被困井下……

那天是周五。杨启俭清晰地记得，此类消息官网发布前，相关信息第一时间在临沂的大街小巷流转。上午 8：00 左右，他便听说平邑地震导致了石膏矿坍塌，后来听到的消息又正好相反，说是石膏矿坍塌导致地震。这两种消息被传来传去，短时间内也无法求证。上午 9：00 左右，时任七院院长曹发伟给他打来了电话，语气急促且不容置疑："老杨，平邑石膏矿出了问题，需要我们协助，请你立即出发。"

兵贵神速。时间就是生命。

放下电话，杨启俭拿起手机、抓起搭在椅子上的一件外套连家也没回就直奔平邑的救援现场。和他一起去的还有七院的水文地质专家徐希强和市国土资源局地环科科长王相永。汽车一路狂奔，几个人在路上猜测了各种状况，然而，却都猜测不出真实的情况，只能怀着忐忑的心，心急火燎地赶往出事地。

赶到事发地点的时候大约 12 点。虽然是寒冷的冬季，但是大家的头上都冒着热气，汗水顺着额头朝下滴。顾不上喝水，更没有想起应该吃饭，大家都想在第一时间了解事情的真相，看看损失到底有多严重。

一方有难，八方支援。此时的平邑，就像一个大型的磁铁，磁力线带着平邑石膏矿坍塌事故的信息和指示飞到四面八方，相关人员如箭离弦般向万庄靠拢。中共中央、国务院、国家安监局、国土资源部，山东省委省政府、临沂市委市政府等上级部门的领导或批示或亲临；临沂矿业集团、新汶矿业集团、兖矿集团、枣庄矿业集团，包括淮南矿业集团，这些采矿企业，都派出了救援抢险队赶赴现场。

发生事故的矿叫玉荣石膏矿，这里的地质条件比较复杂。在现场，面对着急万分的领导和同志们，杨启俭和徐希强根据塌陷导致矿井的巷道变形堵

塞，救援人员和设备无法很顺利地下到矿井里的现状，立即表明了态度：全
力配合参与救援，服从安排不讲条件，团结战斗攻坚克难。随后便和平邑国
土资源局的有关人员了解情况、制定方案并适时提供给决策者参考。

　　玉荣石膏矿的办公室在万庄村东一号矿井的大院东北角一座二层小楼，
办公楼右前方不远的一号矿井井口，是巷道掘进救人的主战场。于是，现场
临时救援指挥部便设在玉荣石膏矿的办公室。连夜成立了水文地质专家组。
组长是张庆坤、李玉章，副组长是李彦普、余西顺，成员有国土资源部来的
王支农、庄茂国，七院的杨启俭，临矿集团的张希成、石富山，枣矿集团的
刘成录、杨伟乐等。组织机构搭建后，七院的高瑞卿、焦永鑫等测量人员根
据专家组提供的钻孔位置坐标，连夜分别对 4 号主井区域的 1 号、2 号及 3
号救生孔进行了实际位置的放样工作，因场地需要进行机械平整，故每个孔
均需放样多次以进行核准，确保孔位的准确性。

　　当天，直忙到深夜，大家才在镇上买了几个大包子，晚饭连中午饭一起
吃了。

　　头几天，整个事故现场上万人参与了救援。事故发生时正是农历十一
月十五，当天的气温是 –12℃ ~ –24℃摄氏度，可谓是滴水成冰，冻得大家
瑟瑟发抖，能给大家解决的饭只能是吃大包子。想起吃的时候包子早就凉透
了，吃在嘴里都是冰凌子。

　　"没想到这次石膏矿坍塌事故救援时间会这么长。我们去的第二天，也
就是 12 月 26 日，是个星期六，也是农历乙未年十一月十六。"杨启俭介绍
说，看大门的刘大爷，在院子里支起锅炉烧开水。看着进进出出的车辆、忙
忙碌碌的人们和灯火通明的井口说："万庄没有姓万的，来了这么多的人，万
庄这回真成了万人万户了，这么多的人来救一二十个人还救不出来吗？"刘
大爷还说："老话讲一九二九不出手，三九四九冰上走。今天是一九第五天，
虽然不是最冷，可也是冻骨头了。是不是没吃饭？屋里还有县里送来的大包
子，剩下的都放到我这里了，我给你烤两个吃？寒冬腊月的，可别熬坏了身
子。"和我们同来的国土局的小伙子说："不用了，大爷，今天吃的就是白菜
包子，按照我们救援队以往的经验，只要能下去，有个三五天就能把人救出

征 途

来，耽误不了回家过元旦。"小伙子冲着老人一笑，接满水杯，提着走向灯火通明处。

"那敢情好啊！这天寒地冻的，可咋整是好呢？"刘大爷又加了两铲煤。但没想到的是，刘大爷的这炉火竟连续烧了 36 天。

第三天正吃早饭，救援指挥部来电话，要求去一个水文地质专家、一个矿产地质专家。因为杨启俭正好是水文地质专业，便把碗筷一放，立即赶到了指挥部。杨启俭和中国建材地勘中心山东总队李玉章高级工程师根据平邑县国土资源局提供的和临时搜集来的矿山地质资料，迅速绘制了 1 号、2 号救生孔的地层柱状图，编写了 1 号、2 号救生孔的钻孔施工设计，提出了钻探进入完整砂泥岩后必须对上部灰岩岩溶含水层下套管止水的合理建议。这一建议，为救生孔施工的顺利完成奠定了基础。同时，经过现场反复分析论证，确定了两个方案：一是焊接罐笼，把其放下去，工人们坐在笼里再提上来，这个方案最简洁快速；另一个方案，想法是从这个 1 号井打通原来的巷道过去……

方案确定后，井下掘进救援和井上钻孔救人两条路同时开通。

这里的地质很特别，从地面向下依次是砂土层、灰岩、泥岩、砂岩、石膏。其中石灰岩有一百二十多米，富含地下水。要命的是据以往调查，旁边几个已经闭坑的石膏矿里，存有大量的"老空水"，且水位较高，如同高悬着的"地下水库"。这次坍塌波及玉荣石膏矿区，那些水会不会乘虚而入？矿与矿之间的隔离带一旦溃坝，后果不堪设想。

25 日夜里至 26 日凌晨，1 号井下巷道坍塌厉害，二氧化碳浓度过高，不利于救援。救援人员撤出，掘进受阻，再加上 4 号井井壁塌落，无法下去救援。经过分析论证，井下救援已不现实，便确定了从井上"钻孔"施救，也就是首先打小口径探测孔，再打大口径救生孔。探测孔若发现了矿工就变成救援孔，从此往下输送食物、药品等生活必需品，维持生命，等待提升。

当时的主要问题是"孔"打在哪里？打什么样的孔？也就是"定井"很重要。定井是重中之重，要求精、准、细，钻孔斜度不能大，否则不能成功。

定井的任务就交给了七院，杨启俭和玉荣矿总工于泽学便立即找出状如韭菜畦子样的石膏矿开采图，先在图纸上分析被困人员位置，随后在进出的巷道顶上设计了 5 个钻孔。为了有备无患，他们又多设计出了两眼。下午 3：30—4：00，在巷道的上方，7 个井位就基本定好了。

这期间，救援指挥部委托当地人就近联系钻机。最早过来的是莒南蓝天救援队，从晚上 8：00 到第二天早上 8：00，钻进了 200 米。大家救人的心情都理解，但此处地质条件比较特殊——上部是石灰岩，100 米以下为页岩，一片片都像树叶，还有泥岩、石膏矿层，都很软。石灰岩含水丰富，钻透该层必须下套管止水后才能继续往下打，不下套管的话，会发生埋钻事故。钻 1 方案有三条建议：一是新打井全部暂停，不解决渗水不能钻进；二是 4 号井 1 号孔的钻杆起到止水作用，不能随意提升；三是 4 号井 2 号孔不解决渗水不便能继续钻进。这三点建议全部被救援指挥部采纳。

万庄的第一夜，相信有好多人终生难忘。杨启俭晚上吃了两个大包子后就和省厅的领导在一起开了个小会，分析完图纸后，又和县局的人在矿区里巡查。每到一处，现场气氛都很凝重、紧张。

与许多人一样，从 12 月 26 日夜开始，杨启俭的心就一直高悬着。

12 月 27 日，由于矿山井下排水系统被损坏，排水不畅，出现井下局部水位上涨的趋势，直接影响了井下救援工作的顺利开展。下午 3 点，指挥部召开水文地质专家组会议。会上，杨启俭等专家组成员分析研究了矿区水文地质条件，分析确定了岩溶水通过已塌陷的 4 号主井补给采空区；分别提出了矿区灰岩岩溶水、玉荣矿南侧已闭坑并发生过塌陷的银星石膏矿、富饶庄一矿、富饶庄二矿、富饶庄三矿、达玉石膏矿老空水为矿区主要充水因素；玉荣石膏矿南侧岩溶水和老空水存在与玉荣矿区沟通的可能性；提出了及时开展矿山周边地区监测地下水动态及地下水水力联系的工作方案。指挥部当场决定由徐希强和杨启俭负责，抽调七院水文地质专业技术人员及地下水动态监测设备。当天下午 4 点，他们便组建了由杨启俭和徐希强高级工程师负责的地下水动态监测组，并调派七院的田洁、王宏雷、胡自远、于福兴 4 名技术人员自临沂携带地下水动态自动监测仪火速抵达事故现场。在矿区南约

征 途

200 米的一处废弃风井安装了地下水动态自动监测仪，于 22：30 安装完毕并进行了调试，每隔五分钟为指挥部提供一次监测数据，重点对矿区南侧的老空水进行监测，为井下救援提供可靠的信息保障。

"整个救援的过程可谓争分夺秒，惊心动魄吧？"回想着后来了解的资料，我打断了杨总的回忆。

"是的。"喝了一口水，这位老工程师眼睛里竟然有泪花闪动。"几经波折，几经反复，这个难度是不能用语言来形容的。到了后期，连井下的被困人员都打算放弃了，但所有的救援人员都抱着不放弃、不抛弃的坚强信念，终于完成了救援任务。"

据介绍，有关巷道内掘进救人的过程，可谓惊心动魄。救人主要集中在1 号井附近。据报道，仅山东煤炭系统就有 350 人参与，主要是临矿集团、枣矿集团、兖矿集团、淄矿集团和龙矿集团五支救护队。他们冒着随时冒顶、落石、被砸的危险，在不断坍塌、变形的巷道内攀爬、支护、搜救，终于在 12 月 26 日凌晨，把发现的 7 个人救出。

救援现场可谓瞬息万变，不能出现一丝一毫的偏差，对现场情况随时随地研判、分析尤为重要。最多的时候，他们一天开了五次会。

经过几十个小时的连续作业，28 日 6 点多，4 号矿井附近用于输送食品的 1 号钻孔被打通。救援人员开始向井下投送照明设备和食物等，并敲击钢管尝试联系被困者。遗憾的是没有发现被困人员。12 月 30 日上午 10：40，事发五天后，救援人员通过红外摄像头看到井下矿工招手，确定第二个救生孔附近有四名幸存矿工，现场为之沸腾。这四名幸存矿工由于多日缺水少食，身体非常虚弱，急需生存物资。救援人员通过小口径的 2 号救生孔给他们输送了食物并保持联系，四人身体状况和精神状态转向平稳。就在大家满怀信心地推进救援进度的时候，新的危险情况又出现了！由于井下积水水位上升，被困人员带着通信设备转移到其他区域，无法继续通过 2 号救生孔接收物资。杨启俭他们又马上确定了 7 号钻孔的位置，并于 2016 年 1 月 8 日11 时左右打到预定位置与被困人员取得联系，7 号钻孔接替 2 号钻孔成为新的物资"生命线"。很快，生命信息探测系统传回的实时画面显示，被困人员通过 7 号钻孔取走了地面投放的物资，并按照地面指示对周围环境进行了检视。

为了稳定井下人员的情绪，国家安全生产监督管理总局党组成员、副局长徐绍川和下面通电话："现在已经调集了各方面的力量，世界上最先进的设备，24 小时不间断打井打钻，打到你们所在的地方，我们会尽快把你们救上来。希望你们稳住心神别着急，可能还需要几天的时间，因为打这个大钻孔技术含量很高，200 多米很困难，所以你们要耐心等待，我们会每天把食物、药及时地送到你们手中。"经过千难万险，1 月 28 号，事故救援进入第 35 天，5 号大口径救生孔打通，与被困矿工建立清晰的联系，救援队伍为被困矿工升井做好了万无一失的准备。杨启俭他们最后和指挥部一起确定了两套方案——救生舱提人和救生绳提人。

2016 年 1 月 29 日，一个将被永载史册的日子。

白天依旧是有条不紊地开展工作。5 号救生孔处场地清理平整，武警、公安等维持秩序人员和医务人员及救护车辆到位，只盼被困人员快速升井。

排水孔施工依然进行。1 号排水孔钻进至 45 米，4 号排水孔钻进至 43 米，5 号排水孔钻进 46 米。终于盼到这一刻了！21 时 20 分，在被困井下 36 天后，第一名矿工成功升井！现场一片欢呼声！天冷得出奇，呼出的每一口热气都会变成一道道白霜，但在场的每个人心里都是暖暖的、热泪盈眶。

"能取得这么大的胜利，靠各级领导的正确指挥，也离不开同志们共同的努力。"杨启俭老师的话让我一下想起了参与过这次救援的七院技术人员田洁。

"是的，田洁老师作为为数不多的女同志，一直在现场坚持了 35 天，为整个营救提供了及时可靠的水文数据。当时的情况十分紧急，作为一名女同志能坚持下来，实在是难能可贵的。"听我介绍田洁的情况，杨启俭更是感慨地认同。

田洁是 27 日下午 4 点和本单位的王宏雷、胡自远、于福兴四名技术人员从临沂携带地下水自动监测仪火速抵达事故现场。他们到达后简单地了解了一下情况，最终确定在矿区南侧的一个废弃矿井处先安装一台水位自动监

征途

测仪。当时带的设备是德国沃特兰德的水位监测仪，经过现场勘查，最终确定一眼直径有六米多的"老空水"为监测井。田洁等人选好下线位置，开始组装监测设备，调试设备参数。

作为一名女性，在数九寒天里高难度、高精度地完成工作的困难是巨大的，但对于田洁来说，最初最大的困难竟是上厕所。因为人多，且没有固定的厕所，最初几天都不敢喝水。由于当时只有田洁懂得设备安装和使用，为保证设备正常运行以及随时给指挥部汇报水位变化，前两天两夜她一直守在现场，所以那两天基本上也没时间洗漱。现在想起来，整个救援现场上万人，除了当晚一起值夜班的宣传报道组有两名女同志，也就只有田洁了。想起那段经历，田洁的心里还是骄傲的。

为保证数据准确，田洁与同事每隔两小时必须进行一次人工复核。监测的范围比较宽，其中有一处在村民的家里，院子里有一条大黑狗，一开始狗见了他们追着叫，需要主人领着才敢过去。去的次数逐渐多了，狗见了他们不但不叫了，见了面还摇着尾巴过来凑热闹。

为更加详细了解地下水动态变化情况，2016 年 1 月 1 日，由山东省地质环境监测总站紧急提供 6 台 ZYYD.SPF0130 型水位自动监测仪。当日在德埠庄饭店新增一台自动监测设备，为了解主井 4 号井巷道水位变化情况，在其西侧的 1 号孔实行人工观测。每日六时给指挥部上报 24 小时的监测数据。通过水位监测，编制了地下水水面形态图，对地下水运动特征有了深入了解，明确地下水排泄去向。

救援期间根据第四系孔隙水、灰岩岩溶水和老空水的分布共布置了 16 个监测点，其中自动监测仪监测点 8 个，分别为矿区南部老空水 2 个，东部德埠庄 1 个，北部 4 个，西部万庄 1 个；手动监测点 8 个，分别为东部德埠庄 2 个，北部 3 个，西部万庄 2 个，4 号井 1 个。

到 2016 年 1 月 29 日 22：00，每个自动监测点每五分钟提供一次数据，12 小时或 24 小时需要人工绘制一次地下水动态监测曲线，累计曲线 176 幅，每天手动校核四次；手动监测点每两小时监测一次。共提供自动监测数据 68454 个，手动监测数据 3952 个，共计监测数据 72406 个。

救援期间，每天随着监测数据的变化，田洁和同事们的心情也起伏不定。最担心的就是水位忽高忽低的骤然变化，因为玉荣石膏矿南侧几个已经闭坑的石膏矿里存有大量的"老空水"，犹如一个地下大型水库，且地势较高。如果所监测的地下水水位骤然发生变化，不排除"老空水"冲破隔离墙进入塌陷区，那后果是将不堪设想。有一天晚上12点多，接到夜班值班人的电话说"老空水"的设备异常，监测数据收不到了。一开始值班人员以为是信号慢的原因没有及时汇报，过了很久还是没有数据上传。得知这情况，田洁和同事们当时就吓出一身冷汗，立刻驱车赶到现场查勘情况，检查发现原来是施工人员把设备电缆给弄断了，经过人工测量水位没有发生变化，这才放心。又重新调试安装好设备，折腾到凌晨两点多，等一切正常才放心回去，早上6点又赶回现场。后来事实证明加强对矿区南侧的"老空水"及周边地下水的重点监测，是给井下救援提供可靠的信息保障。被困矿工所在巷道深度达220米，巷道宽度不足4米。救援期间，"4号井西侧1号孔"水位保持在220.03米左右，说明巷道里是没有水的。救援结束半年后，水位自动监测设备监测水位保持在8～15米之间，说明坍塌矿区地下水已经贯通。

截至1月29日22：50，事故发生时被困井下的29名矿工，已有15人获救升井。其中，通过钻井打孔方式，于29日从井下220余米处将被困36天的4名矿工成功救出，创造了矿山事故救援的奇迹，成为国内大口径钻孔救援成功的首例、世界第三例，在矿山救援史上具有里程碑意义。国家安全监管总局救援指导组组长、国家安全生产应急救援指挥中心（以下简称国家救援中心）副主任高广伟说："此次救援与美国、智利的大口径钻孔救援相比，情况更复杂，难度更大，风险更高，在我国矿山救援史上具有里程碑式的意义。"

"我也在电视机前见证了升井的时刻，那个场面至今还历历在目。那一刻，我为中国人骄傲，也为党和国家对生命的敬重感恩。"听完杨总的介绍，我也忍不住感慨了起来："听说平邑石膏矿坍塌事故救援时您已经退休了，但您仍克服了救援现场恶劣的气候条件和艰苦的生活条件等现实困难，为救援提供了最大的技术支持，让我们十分佩服。"

征 途

听了我的话，杨启俭露出了谦和的笑容。"我是 2013 年退休的。理论上说，当时我的确是办理了退休手续，但我在思想上从没有退休过。奉献是我们地矿人的天职，从踏上这个岗位开始，我们每一名地矿人，就跟军人一样，心里装着的就是祖国的需要，完成任务是最重要的。别的，我们从来不考虑。只要有需要，我们自然是二话不说出现在需要我们的地方。

"因为我对事发当地地质条件熟悉，避免了一些大问题的发生。记得当时工作人员所在的 1 号井和钻孔施工救援的 4 号井之间有条道路，原来是直线走的，中间路段由于地面沉降慢慢沉陷荒废，有人就在原来的位置上转了个弯新选了一条道路。我在现场巡查时发现这个拐弯可不得了，正好转到了原保太石膏矿、达玉石膏矿与玉荣石膏矿之间的隔离带和老空水挡水墙位置的上方。下方岩性结构极其脆弱，当有车辆连续振动时，势必会破坏老采空区与玉荣石膏矿之间经注浆和充填已形成的防水隔离带。老空水高差一百多米，该隔离带一旦破坏，整个救援也就失败了，后果不堪设想。于是，我组织专家组会商后马上报告指挥部，指挥部立即通知有关部门进行了改道，消除了挡水墙的不利影响因素，从而避免了一次大的事故。"

看到对面两鬓斑白、把自己的一生都奉献给沂蒙地质的老专家，前不久，田洁说过的一段话又回响在了耳边："作为一名地矿人，越是艰苦的地方越是需要我们，只要有需要，就是我们义不容辞的责任。所以，无论是多少天，我们都会坚持的。不仅我是这样，每一个地矿人都是这样。大家从来没有讲条件的，更不会去想自己会有什么困难。"这难道不是这一个团队，甚至所有地矿人的心声吗？想到这里，我对这个陌生的群体产生了深深的敬意。

地质报国展优势　找水打井助民生

抗旱打井，

踏遍青山后的那 89 眼井。

河里的鱼儿啊，

没有水就没有家。

——摘自沂蒙山民歌

历史，壮怀激烈的一页，在 2011 年农历正月初九掀开。

沂蒙山区，自古就有"十年九旱"的说法。从 2010 年 10 月开始，山东省中西部一些地区已经连续四个月无有效降水，出现罕见的秋、冬、春三季连旱的情况。山东菏泽、济宁、青岛、临沂等多个区县出现小麦返青水灌溉困难，其中鲁西济宁地区旱情为 200 年一遇，受灾人口达 150 万。同样地，临沂市降水量仅为 8 毫米，较历年同期减少 94%，为自 1952 年临沂市有降水资料以来同期降水量的最小值。沂河、沭河等大中型河道来水明显偏少，119 条小型河流断流、48 座小型水库干涸、2080 眼机电井出水不足。全市有 508 万亩小麦受旱，7.11 万人出现临时性饮水困难。日益严重的旱情引起党中央、国务院和国土资源部的高度重视。2011 年 2 月 2 日至 3 日，农历腊月三十到大年初一，温家宝总理到山东视察旱情。他说："未来一段时间是否有降雨尚难预料，我们要做最坏的打算……"

旱情就像吹响的"集结号"牵动着八方军民的心，吸引了天南海北的抗旱队伍。他们有农业部的专家、国土资源系统的打井队、四川地区的突击队，还有多个军区的解放军指战员。带着对老区人民的深厚情谊，他们"会战"临沂，共同抗击百年大旱。

干涸的沂蒙大地上，井架高耸，钻机轰鸣，身穿军装、工服或便装，操着不同口音的人群，正在热火朝天地打井找水。

征 途

"走，找井去。"

"咱们七院长年驻扎在沂蒙山区、工作在沂蒙山区，吃的是沂蒙山的粮，喝的是沂蒙山的水，旱情来了，找水就是我们的职责，抗旱打井是我们义不容辞的责任。"面对干涸的土地，严重的旱情，2011年，在七院听到最多的就是这句话。

"老区人民当年为革命胜利做出了巨大牺牲，孕育了伟大的沂蒙精神。今天沂蒙人有困难，咱们七院人责无旁贷。我们要以最大热情投入抗旱，以最快速度早日成井，争取多打井、快出水、出好水！"时任院长韩志森的话说出了每一位七院人的共同心声。

说得好，做得更好。

2011年，七院承担了临沂市部分县区的抗旱找水打井工作。接到任务后，七院便迅速组织全院水文地质、物探、钻探等专业技术员和施工设备立即投入抗旱找水打井，用实际行动表达地质人对沂蒙老区人民的深情厚谊。

抗旱打井工作一开始，七院就任命杨启俭为找水打井项目工程技术组负责人。工程技术组分设两个定井小组，每组4~5人，选派技术硬、业务好的同志，兵分两路，拉开了抗旱打井的序幕。

每个七院人都清楚地记得，农历正月初九那天，七院抗旱打井的成员便带着浓浓的年味"出征了"。为保障全国国土资源系统抗旱找水打井行动启动仪式的顺利召开，杨启俭奉命带领水文地质及物探人员冒着严寒跟随"抗旱找水打井行动"启动仪式选址人员率先开始了找水定井工作，经过两天忙碌的水文地质调查及物探工作。在沂南县桃花埠启动仪式现场附近断裂带旁侧的白云岩中确定了全国国土系统抗旱打井的第一个井位。

地质人都知道，打井的首要任务是"定井"。"定井"是能打出水、出好水的最重要的前期工作。说到"定井"，参加过这次任务的于福兴脸上神采飞扬。其实"定井"真是个技术活，这地下水，像人身上的血脉一样，要想找准，就需要借鉴医生的那一套"望、闻、问、切"。望、闻，就是多观察多感触植物、树木的生长状况、润泽情况，岩石、沙土的风化情况、含水量等，并结合探测仪器勘查地下水的流向、水量，来划定范围和区域。问、切，就是多询问当地年纪大的老人和周边的居民，多走多察探，确定打井位置。现在定井技术较以前先进多了，前期查看后拍照，然后输入电脑后进行数据分析。根据地质图，确定物探线，然后确定坐标、放线、定井位。确定井位后，还要在井位30厘米左右处做记号，打木桩、喷十字号漆标记或者放上一块石头。

这个"望闻问切"放在医疗上挺轻松，但放到定井的技术人员身上不仅是一项技术活动，更是体力活儿。早上起来后，扛着300米长的定井线和相关设备穿山越岭，当确定好位置后，就要放线。一根线300米，放的时候，需要两个人协助，勘查后再收起来，定一眼井需要两根线，一个循环大约半小时。有时定一眼井，甚至需要放三四次。

这次的抗旱地区大多位于"地无三分平"的大石山区，需要定井的点跨越7个县区、三十多个乡镇，战线长、交通不便。车开不进去的点，还要靠两条腿来走。再加上那三十多公斤的电极和测线、五十多公斤的仪器，到一些沟沟坎坎、爬坡越涧的时候，那就得肩扛手提。

在抗旱打井行动一开始，七院便投入了四台钻机。为了避免窝工，杨启俭马上带领技术人员在沂南县迅速确定了四个井位，保证了七院钻机及时进入工地开始抗旱打井工作。那天，杨启俭他们的钻机刚安排好，四川援鲁的施工队伍来了。四川地矿局909和915地质队在沂水县承担了20眼井的任务，第一批四台钻机同时到位，这让县国土资源局的领导和同志们心急如焚：四川的援鲁队伍千里迢迢如此迅速地赶来，井位确定不下来，怎么办？为保障钻机能够及时开钻，市国土资源局指示，由杨启俭带领技术人员迅速赶赴沂水，为四川施工队伍确定井位。接到通知时，杨启俭刚刚从沂南县工地上确定完第四眼水井，下午两点钟没来得及吃午饭，就马不停蹄地赶往沂水工地。此后，在沂南、沂水、苍山、平邑、河东、兰山等县区定井47眼。

"水，水，老百姓的命根。咱们有自来水的人每天水龙头一拧就有水出来，体会不到常年干旱地区人民心里的那份悲苦。"说起那段经历，杨启俭很有感触地说。

还是在沂南的一个小山村。这个村缺水都缺怕了，打井更是打怕了。听

征 途

说打井的时候，要在井位处给龙王爷上供、发喜钱。打井开始，村里的所有女人包括小女孩都回避，说是怕惊了龙土。钻机钻到 120 米，钻头突然死死卡在了井下的岩层里。这眼井失败了。再打第二眼井时，刚刚下了一场薄雪，天气异常寒冷。钻机溅出的泥水洒在打井队员身上，都结成了冰。钻井深度 220 米，又是一个干眼井！村支书蹲在雪地上，手抓着腮帮子竟然哭了。原来这个村六十年来一直在打井，打了 20 眼干井，打出的岩芯随处可见却就是不见出水。许多男孩因为村里缺水而找不到媳妇。杨启俭赶到后，村支书指指用岩芯垒起的院墙说，杨总，俺村还有指望吃上井水吧。当时杨启俭的心很沉重。经仔细观察，他发现了失败的原因，有的井位定在了断裂带的阻水一面，这样怎么打也打不出水来；还有的就定在了不含水的隔水层内，注定失败。当他指定了一处井位后，一天的时间便打出了一个出水量每天大约 1500 立方的井，这把老百姓们高兴得不得了，有送来姜水的，有送来大枣的，村民还自发地给他们单位送来了一面"情系沂蒙寻甘露，无私援助献真情"的锦旗，让杨启俭和同事们很是感动。

花岗岩地区大家都认为不含水，但在沂水高庄镇门庄村找水时，杨启俭就在花岗岩区的汇水口上打了一眼井，出水量达每小时 30 立方米，打破了花岗岩地区贫水的说法。

沂水县高庄镇门庄村地处花岗变质岩地区，地下水贫乏。定井小组到达该村后，村书记把他们带到了村头，指着一片麦地说："就在这里打吧，我们除了村庄一千多人供水外，还想把这片麦地浇上水。"从事水文地质工作的人都知道，在花岗岩地区解决人畜饮用水还可以考虑，但解决灌溉用水谈何容易？大家心里都没有底。看着群众那期待的目光，再看看快干枯的麦苗，杨启俭对在场的人说了声"那就试试看吧"，接着拿起地质锤就上了山。他们绕着门庄村附近的小山转了一圈，凭借多年的野外工作经验，在一个汇水面积理想的山谷出口处确定了一个井位并打井，出水量也达到了每小时 30 方。看着井口滚滚流出的地下水，一位乡亲立即跪下用手捧着含有泥浆的井水就喝，急迫的心情震撼着在场每个人的心。

还有在一个村子的经历，令杨启俭印象也很深。

　　这个村是沂水泉庄的崖沟村。尽管名为泉庄，但那个村子却见不着一点泉水的影子，山上旱得要冒烟。那天，杨启俭和同事于福兴围着村子走了一圈，询问了一些当地的情况。有一位八十多岁的老大爷满腹惆怅地对于福兴说："这个村子穷啊，就是吃了干旱少水、交通不便的亏。好几代人都没找到水，这回就盼着你们来给找到水啊！别看我年纪大了，但身体还硬朗。你们在前头尽管查看照相，这个设备我给扛着。只要能找到水，再有些重量，我也能扛住！"

　　就这样，定井队走到哪里老人家就跟到哪里，一边走一边说个不停。山里人说话嗓门大，老人家虽然年纪大了，但声音洪亮，说起话来就跟打山仗似的。他说："原来这个村子三百多口人，祖祖辈辈都吃窖水。水窖宽 3 ~ 4 米、深 2 ~ 3 米，春夏秋天上下雨的时候，把水窖装满，人畜全靠窖水。雨水丰沛的时候还好，遇到天旱的时候，村民们只能到十几里外的河堤挑水吃，几代人苦不堪言。"

　　打井之初，定井定在了断层上，打了一口井出水一方多点，不能成井。把杨启俭叫来后，放线的时候，八十多岁的老人说："放哪里都行，只要能找到水，你叫上哪里放就上哪里放。"于是，杨启俭和同事们一起背上 300 米的线和老人一起上山了。他看了看第一次定的井，是在断层的南边，这个断层阻隔了水后从下边流走了。于是，他便在原来的西南边又重新定了一眼。由于岩石坚硬，地质条件复杂，一开始钻井钻得不顺利，五个钻头都损坏了，但大家都坚持着。看到杨启俭和同事都拼了命，老人感动了，远远近近赶来的村民们也被感动了。当时大家都急疯了，专门运来了对付"铁质岩石"的大型钻头。深夜 11 点钟，钻机再次启动，当钻机突破了 36 米处坚硬岩层的时候，大家伙儿才松了一口气。深度打到 78 米，井眼中喷出的水花夹杂着石沫汹涌而出，钻机手在提起钻杆的时候，清清的泉水便从水泵管里喷射出来，水花四溅。没来得及躲闪的人群，都被喷出的水溅了一身。结果出水每小时 10 立方以上。水出来的那一刻，八十多岁的老人家号啕大哭，连连对杨启俭他们说："恩人啊！恩人啊！是共产党派人给咱们打成了甜水井，我要告诉儿孙们，世世代代不能忘了党的恩情，俺们崖沟村几代人都不能忘了咱们

征途

七院人啊！"

近一个月的时间，定井小组每天早上七点半出发到工地就开始察探，有时一天要拉八九条线，一直到天黑才收工。涂宝存是2011年七院专业打井队中的第一批队员，有点黑瘦，是个很干练的棒小伙。说起当时的情景，他也深有感触。2月15日那天，全国国土资源系统抗旱找水打井行动启动仪式在临沂举行。当时地矿部部长、中央电视台及各级领导、媒体都汇集启动仪式现场，涂宝存和他的同伴们只匆匆地在启动仪式上露了个面，就立即分赴打井现场。

一眼井的成功出水，定井与打井是相辅相成、缺一不可的。既需要定井人员的高度准确性，也需要打井人员的专业敏锐度。涂宝存谈起打井的流程如数家珍，但对于我这个对打井一无所知的外行来说，真是钦佩不止啊！这不只是隔行如隔山了，还是说起来容易做起来难的真实体现，甚至连听得懂都有难度。单说这流程吧，诸如设备进场报检、钻孔、井孔电测、井管进场验收、下管、填料、洗井、抽水试验、竣工交付等，我听得都有点头晕。尤其里面涉及的一些专业术语根本就对不上号，什么下套管啦、基岩啦、洗井啦……总之，打井这个在我印象中崭新的行业，带给了我既充满高科技感又很聚人气的感官体验。

回想起抗旱打井的那一个半月，这些坚强的沂蒙山汉子们都有些动容。其实打井最好的时间是夏秋季，雨水丰沛使得打井会事半功倍。反之，冬春的枯水期，打井的难度成倍地增加。加之又是这样的抗旱抢险工作，更是抢时间、赶进度，还要保质保量超额完成任务。涂宝存他们的打井队吃住都在工地上，什么护林房、帐篷、汽车里都住过。打井工作又累又苦，水井未出水时，现场只是尘土大。打出水来后，地下百米深处的泥浆喷溅出来，打到身上，有如被铁砂掌击中。就算戴着安全帽，也只是一个泥人或半个泥人的区别。最历练人的是，还不能躲远远地去换换衣服、洗洗澡啥的，一是因为要完成工作流程，二是没的换。一个多月的时间，洗澡的机会屈指可数。涂宝存调侃着说，打井队员那是出门小白脸，回家泥猴子，可有味道啦！

其实，这次抗旱打井的前期更艰苦些，主食常常是方便面、煎饼。机长更是为了减少上下的麻烦，就在机子上对付吃点。后来，乡亲们知道他们是来帮助打井的，都自发地中午来给送饭。涂宝存还说到，吃过老乡家好多种的面食、小菜，回味无穷。心中不禁感慨，这也是一种新时代的沂蒙情吧。虽然七院地质人不是军人，但却有着与子弟兵相同的情怀，急百姓所急，想百姓所想，军爱民、民拥军，这不就是新时代的军民鱼水情吗？

说起小组的第一眼成井，涂宝存激动的情绪溢于言表。那是在沂南张庄北边一个叫"和庄"的小村子。他们修过水池，挖过塘，打过许多小井，都解决不了水的问题。有人说："头皮割破能淌多少血！在这山顶上，怎么能打出水来？"

打井小组找到定好的井位后，报指挥部调车，指挥部派吊车吊了货车装车后，赶到打井点。打井小组联系当地村负责人，然后卸设备。好几吨重的设备，他们通常全组一起上，将设备安放到位。村子里那些上了年纪的大爷大娘们，有的提着马扎，有的搬着板凳，就算远远地坐着，也要等着看到打出水来。

开始时还挺顺利，但打到六十多米后，因风化层太厚，下套管时下不下去，只能换大钻头，一直下套管下到基岩。又遇到较硬的石头，第二次才打下去。打到 100 米时，没有水。直到 130 米，才终于出水了！专业队员都知道，打出水来并不算打井结束，还要做洗井、抽水试验等，有时候有的井单洗井就要四五个小时。但乡亲们哪等得及啊？有位六七十岁的老大爷在水刚抽出来时，就兴高采烈地冲上来，对着那还略显浑浊的井水喝开了，边喝边高喊："这井水真甘甜！"乡亲们都高兴地围上来，拉着打井队员们不让走，七嘴八舌地说让到家里吃顿饭……

七院打井队仅用了两个月时间，施工抗旱井 46 眼，总进尺 3951 米；成井 44 眼，打井成功率 95.65%，所打井日出水量 22929.52 米^3/日，解决了近两万人吃水、四万余头牲畜的饮用水问题，保证了近三万亩农田、果园的抗旱保苗需求，有效地缓解了地方旱情。

"吃水不忘挖井人"，这一句深情的话语，饱含着真情和敬意。

征 途

传承地质精神 不负时代使命

行走在沂蒙大地上的"老黄牛"

"很多人说我是一头老黄牛，说我很高尚。'老黄牛'这个称呼我很喜欢，因为我们每一位地质人都具有这种精神，也都有这种觉悟。高尚谈不上，我只是在自己业务范围内，多做了些实事。"这是杨启俭说的，更是我认识的七院人的心里话。

另一位被誉为是老黄牛的人叫朱德文。他从 1976 年至今一直在地质一线上工作。近半个世纪来，把青春、智慧都奉献给了这份事业。

谈起自己所从事的这份职业，朱德文一脸的骄傲。

朱德文说，自己是 1951 年出生在新泰楼德镇。高中毕业时，他正在思考和选择未来的专业方向。当时，国家提出：我们将要建设一个工业化的国家，最缺的是矿产资源和能源。国家号召："年轻的学子们，你们要去唤醒沉睡的高山，让它们献出无尽的宝藏。"我就是被这一句话深深地打动，下决心报考地质学专业，去找矿，为祖国的工业化添砖加瓦。

我们那个年代的人，国家的需要，就是我们个人的选择。虽然我最喜欢的是天文学和化学，但仍下定决心报考地质专业，于是报考了南京地质学院。通过四年学习，对于找矿勘探和地球科学打下了一个比较坚实的理论基础，成为一名名副其实的"地质人"、"挖地球"的专业人士。这一干就是一辈子。

"我刚参加工作的时候，我们的陈总工程师给我们讲，五六十年代在沂蒙，那才叫一个苦呢。比如说，完成一项任务再转移到下一个驻地时，领导交代好地点，他们找来农村的小推车，把所有的物品放在小推车上，背上水壶、干粮开始走，有时走几天才到下一个目的地。而我参加工作的时候，就有了自行车，每次跑野外的时候，有时还会用自行车，这是我们的前辈所不曾享受过的。"

最初工作的时候，每天跑二三十千米是常事，一般早上7∶00就出发，晚上10点多才回来，回来后整理一天的资料，考虑第二天的路线和工作。从来没有感觉到累过。即使今天，70岁的他，仍然与年轻人一样跑一天，也不感觉到累。

"其实，年纪大了多锻炼，还有利于身体健康。何况我们这个行业，就是特别能吃苦，特别能战斗。"不善言谈的朱老露出温和的笑来。

在交谈中，朱老总是满怀感恩之心。当我问及他与爱人多年两地分居一定很不容易时，朱老笑笑说，地矿人哪有不两地分居的？从事了这个行业，大家都没有怨言。我们还赶上了好时代，农转非后一家人在一起，怎么能不加倍地好好工作呢？

这又是一种怎样的胸怀和胸襟呢？面对这位地质老人，在我心里又升腾出了一份敬意来。

"80后"的"地质之家"

任何一种精神都离不开传承和弘扬。在七院，有一大批"地质二代"，甚至"地质三代"，他们中大部分是独生子女。从小随父辈征战崇山峻岭，长大了接过父辈旗帜，继续从事地质工作，在艰苦的工作岗位上敬业、乐业，把"三光荣""四特别"精神传承和发扬光大。

1985年出生的李莎与丈夫胡自远都是独生子，她算得上是标准的第三代地矿人，她的家庭可谓是名副其实的地矿之家。作为被父母及长辈一手呵护长大的独生女，她和她的丈夫这一代都充分享受了祖国经济发展所带来的优越环境和充足的物质文化条件，市场经济的不断完善与发展，也给他们提供了太多的选择职业机会。那为什么还会选择这一行艰苦的工作？带着这个疑问，我一次次走近了这个年轻且特殊的群体。

李莎介绍说，她的确是标准的地矿三代人，也可以说是名副其实的地矿之家。她的爷爷、姥爷、爸爸、妈妈都从事地矿工作。爷爷和姥爷都是军

征途

人，当初他们响应祖国的号召，做一名光荣的地矿人，把一生的青春、热情和爱都奉献给了沂蒙这片土地。沂蒙的山山水水都留下了他们的足迹。这是他们那一代人的光荣，也是他们的骄傲。从小李莎就在他们的熏陶中长大，还是在牙牙学语的时候，除了爸爸妈妈的称呼外，她学会的第一句话竟然是"找矿""红旗1号"这样的词语；她最早会唱的是"我们有火焰般的热情，战胜了一切疲劳和寒冷。背起我们的行装，攀上了层层的山峰，我们满怀无限的希望，为祖国寻找出富饶的矿藏……"这首《勘探队员之歌》是她儿时的摇篮曲，她们家聚会的时候，即使今天，都会先唱上一段。

在李莎的成长过程中，爸爸妈妈长年"出野外"，她是在一个又一个盼望着的日子里长大的。每当见到风尘仆仆的父母回来时，来不及拍打身上的尘土就抱起她。爸爸用有力的手把小小的李莎一下一下地抛向天上，再接到手里的那份喜悦无以言表；爸爸用在野外来不及刮的粗硬的胡须扎在她脸上的感觉，李莎至今还记得。那份热烈、那份质朴、那份久别重逢，一直让她刻骨铭心。

2007年，当时李莎报名考研，同时也报名考事业编。当被七院录取后，便放弃了研究生考试，义无反顾地来到了祖辈、父辈工作的地方，来到七院。

在我的记忆中，地矿人走遍世界山川名胜，云游八方，品异域风土人情，交四海红蓝知己，是浪漫的，更是神秘的。正如电影《山楂树之恋》里的地质队员老三在下乡勘探的时候邂逅美丽的静秋，从而有了一段轰轰烈烈的感人爱情。当我问起李莎的爱情故事时，她甜美的笑让我一下生出了万千美好的感觉来。

李莎告诉我，地矿人行万里路是真的，但并没有所说的这么浪漫和夸张。因为大多数地质勘探都是在一些人少的地方甚至无人区进行的。在野外，能遇到的多是狗熊、野狼、藏羚羊，除此之外就是自己的同行。况且在野外每天都有自己的工作，没有太多的时间去逗留。至于邂逅爱情就更没那么简单了。相反，由于地质工作相对闭塞，与外界打交道少，一般情况与本单位的同事交往最多。比如她自己，来到地矿后遇到了早两年来地矿的爱人，他们又分在一个部门，在常年"出野外"工作中产生了感情，组成了今天的"地质之家。"

"要说浪漫，我们地质人也有自己独特的乐观与浪漫。我们戏称自己是拿工资的'驴友'"。

野外工作之余，眼见着漫山遍野的野花，心里会想起远方的爱人，拿出手机对他或者她说上一句："万朵山花为你而开。"——这是我们地质人独特的乐观与浪漫。

同样是80年代出生的地矿二代刘乃彬，2005年湖北襄阳地质学院环境工程学院毕业后来到七院，从事地质环境专业。说起自己走上地矿的初衷，小伙子仍然有些激动。

"在理想和现实中，我没有走岔路，做自己喜欢做的事，我是幸运的。"

原来，刘乃彬的父亲刘兴厚是一名老地矿人。他是部队转业到八〇九队从事地质工作的，转业后在地矿当一名卡车司机。因为这个缘故，从小刘乃彬听得最多的就是地矿上的事，见过最多的就是各式各样的岩石、矿料。从很小的时候，父亲就告诉他，环境保护是大问题。其实，刘乃彬最初的理想是走环境治理的路子，走到地质算是转行了。"但我目前从事的主要是地质与环境的问题，比如地下水污染，而且我最初的工作在水文站也就是环境监测站，主要从事地质环境、地质岩石、矿山治理等工作。从2010年开始进行矿山治理、生态修复。从这个意义上说，其实也是一个环境治理方面。所以应该说我所从事的职业与我从小的志向相同。"谈话中，刘乃彬更多的是谈父辈对自己的影响以及父辈身上的那份敬业和担当精神。

"有女不嫁地质郎，一年四季守空房。有朝一日回家转，带回一堆脏衣裳。"刘乃彬说。

地质队员为了工作，背井离乡，一走就是半年甚至七八个月。刘乃彬是在农村长大的，上边有两个姐姐。特别是农村实行土地责任制的时候，母亲一个人种着全家人的地，十分辛苦。但最苦的，是母亲对父亲的牵肠挂肚。无数个节假日，父亲都是在野外和同事们一起度过的。母亲默默地当好贤内助，经年累月一个人默默承担着所有家务，照顾双方父母，养育儿女长大。

征 途

七八十年代初，通信设备没有现在发达，母亲对父亲的牵挂他一直看在眼里。特别是父亲寄来的每一封信，母亲都反复拿出来读。其实，母亲在读父亲的信的时候，父亲可能又转到另一片区域去了。后来，他们一家团聚了，搬家的时候，母亲看得比宝贝还宝贝的，是父亲的信——沉甸甸的信被母亲精心装在一个书包里，小心翼翼地搬到他们的新家里。

"回首我们七院六十多年的发展，我更看到了一代代地质家属——以前是我的母亲，现在是我的爱人的付出，那是地质工作背后最珍贵的力量。"

刘乃彬介绍说，无数地质工作者终其一生，都平凡普通，他们就像高山上的岩石，坚韧而厚重。他们现在的业务拓展到了国外，"走出去"战略，虽然仅仅三个字，却意味着每一个地质人要走更远的路。

刘乃彬介绍说，地质工作者除了找矿、打井等工作外，随着时代的发展和经济的要求，目前比较重要的一项工作就是环境保护，而环境保护中地质修复是生态治理中的重中之重。

习近平总书记强调："绿水青山就是金山银山。环境保护是国计民生的大事。实施生态修复工程，建设天蓝、水绿、山青的沂沭河流域生态区，助力乡村生态环境修复治理，对于充分展现沂蒙山'世界地质公园'的魅力，进一步拓展沂蒙革命老区的国际影响力，更好地提升山东形象，促进区域旅游产业发展具有重要的现实意义。"

临沂市作为全国著名的矿产资源大市，几十年的采矿活动，形成了众多的废弃矿井和大面积的地下采空区，是采空塌陷地质灾害多发地，给当地百姓生活带了极大不便，甚至危及生命财产安全。近几年来，七院主动作为，承担了全市多个县区的采空区调查项目和废弃矿山复绿工程，完成了临沂市采空区治理实施规划，提出了监测预警和治理措施，实施了一大批采空区治理项目，通过治理消除了地质灾害隐患，美化了周边环境，构建了人与自然和谐共生的生态画卷。

为查明临沂矿山地质环境现状，掌握全市矿山地质环境治理工程实施情况，七院实施了临沂市矿山地质环境调查项目，提交了《临沂市矿山地质环境调查报告》和《矿山地质环境恢复和综合治理规划》，为实施矿山地质环境治理恢复工作提供了基础依据。先后编制了矿山修复治理恢复方案设计近千份，施工了矿山环境治理工程百余项，开展破损山体修复治理工程，修复治理面积 1250 公顷，进一步改善了临沂市矿山地质环境，促进了生态环境发展。

在这过程中，印象比较深刻的是沂南铜井镇"香山"的治理。这里有着典型的张家界"石英砂岩"结构。在这片矿区修复中，刘乃彬与同事们一改过去最普通的"削凸填凹"的修复方式，考虑到对过的"红石寨"景点，如果也做成一个景观式的景点的话，就会把沂南的竹泉村、红石寨连在一起，产生极好的社会效益。他们分析了这片土质中石英砂含泥少，水质清澈，于是便大胆地采用了"引水上山"的方式，把活水引到山上，做成了瀑布。现在，"香山"有水有景有树有花，成了沂南一个不错的景观，深受当地百姓的称赞。

还有一个比较典型的例子是临港花岗岩矿。由于多年的开采，环境破坏很严重，岩石裸露很严重，远远看去目不忍视，造成了视觉污染，尤其凸出的部分，还存有很大的安全隐患。为此，刘乃彬他们经过几个月的努力，把它治理成一片绿树青山，充满了生机。

"地质修复是一项大有可为的工程，这也是新时代服务百姓的有力手段，值得大力推行。"第一次听说"地质修复"这个名词，对于他们的做法，我由衷地赞同，更是认同。

"是的，这是一项大有可为的工程。我们七院人多年来一直在努力，而且工作很有成效。随着工作重心的转移，目前，我们正在努力做民生地质。"刘乃彬信心满满地说。

通过自己的努力，减少自然灾害带来的影响，保护人民群众生命财产的安全，是每一名地质工作者最大的欣慰。

据刘乃彬回忆，2007 年 9 月份左右，七院接到监测员报告。在沂水的"四旺村"南山北侧的半腰里发生一处裂缝。接到报告后，刘乃彬与市国土局地环科王翔科长一起去看现场，当初大家认为此处离村子比较远，应该不会有大的问题。但在现场看了一圈又一圈，一直没找到滑坡前缘，始终感觉

征 途

不放心。经过几天反复地寻找，终于在村南边修建的挡土墙上找到了一个裂缝。于是，国土、地震局、应急局等相关专家都赶到了现场，大家心里都惊出了一身汗：整个村子好比在一个西瓜皮的上端，一旦滑坡，整个村子就会从"西瓜皮"上掉下去，全村 166 户、400 多口人就十分危险了。

问题找到了，分析后他们立即给沂水县国土局汇报，再由县委县政府申请资金，动员老百姓进行搬迁。有句话叫"故土难离"，老百姓都不想离开自己的村子。他们便就近在一千米外的安全地方选址，又帮村里打上水井后，让百姓们安居乐业。

"每当想起这些，心里都会有很大的成就感。"说这话的时候，我看到刘乃彬脸上充满阳光跳跃的样子。

找矿苦、打井难，地质修复竟也是一件不容易的事情。

"我总说，我们每一个地矿人都是一部感动人的活教材，每个人的故事都可以写成一本书。"刘乃彬肯定地说。

静静的午后，此刻，我能做的竟是认真地倾听。在倾听的过程中，我的眼前有飞鸟飞过、有风沙掠过，更是漫天的脚步铿锵而过，在沂蒙的山路上，扬起的尘土久久弥漫。

"过去我们研究石头，现在我们研究地温。以国家所需、人民所需，做所有的事情，擦亮金刚石品牌，是我们几代人一直努力的。"

2016 年 5 月，全国科技创新大会在北京召开，习近平总书记发表了重要讲话，明确提出"向地球深部进军是我们必须解决的战略科技问题"。应该说，我们地质人迎来了好的时代。

生活在地球上就离不开我们地质人，而我们地质人也离不开"三光荣"的精神。时代在发展，我们这一代，再也不用像前辈那么艰苦，但"三光荣"的精神不能丢——无论是地矿二代，还是地矿三代，还是我们其他的地矿人。在未来的日子里，我们会加大民生工作，服务百姓，争取建立玻璃地球——把地球做成可视地球，让我们更好地利用地球，造福人类。

20 世纪 80 年代出生的他们，已经成为地质队伍中的中坚力量。刘乃彬的话，都有力地撞击着我的心房。

"90 后"的地质"老兵"

同为地矿二代的张驰，与前两位比起来，又有自己独特的人生经历。

1992 年出生的独生子张驰，竟然有着驻青海、西藏、新疆等地五年之久的履历。当我听说他的情况后，有一种迫不及待想要了解的冲动。

"张驰你好，听说'90 后'出生的你，却是一个名副其实的'老地质'了，而且听说你在西部待了很久，在许多同龄人都享受着城市的繁华和现代文明的时候，你却在人迹罕至、条件艰苦的环境下从事地质工作，我从心里对你产生了一份敬佩。"当张驰坐在我面前时，我一口气扔过去了存在心里的话后，感觉心里才稍稍轻松了些。

瘦弱、文静，我眼前的张驰甚至有几分文质彬彬的书生气，让我怎么也无法与西藏、青海这些词关联起来。

张驰从小在地质大院长大的。听到、看到的都是地质队的人和事，所以选择这个职业也是顺理成章的事。

大学时的张驰所学专业是资源勘查工程，毕业后通过省直事业单位事业编招考进入七院。许多年轻人都有诗意和远方的梦想。年轻的张驰也是，早在学校时候，就对青藏高原充满了好奇，那里的山川、土地，对这个沂蒙山长大的孩子充满了诱惑。当年事业编招考是 6 月份，面试成绩出来后，对于确定入职的，需要有一个试用期。于是，他便主动提出到青海锻炼。

到青海去的第一站是青海省的德令哈市。一说到这个地名，坐在我面前的张驰还是蛮激动的。

"因为我想起了著名诗人海子的《姐姐，今夜我在德令哈》。刚刚 21 岁的我心里还是充满了浪漫和诗意的。在我眼里'诗和远方'就在德令哈，就是青海，就在地质人一个又一个跋涉的脚步和浪迹天涯的行程里。如今在我把这份浪漫与工作结合起来，是多么美妙的事情。"

然而，当他真正走进德令哈时，却感受到了理想与现实存在着深深的落差。

来到青海德令哈的张驰才知道，西部的气候和他生长的沂蒙山有很大的

征 途

差别：晚上9：00之后太阳才会落山，一般八九月份就会下雪，10—11月
大雪会下到1~2米。地质人员的居住地一般都是海拔4000米左右，而工
作的地方则会在5000~6000米。张驰去了之后住的是山顶处10人间的帐
篷，每到一处最少要住上1~3个月，有时要住上七八个月甚至更长。每天
翻山越岭跑下来，晚上十个大老爷们躺在一起，身上的汗味自不必说。山顶
洗澡是个问题，即使一天跑得满头大汗、浑身臭酸，也只能忍耐。实在熬不
过，就自己想办法拾柴火烧水，小桶小盆装满，找个僻静角落，不能冲也要
"干洗"。在山顶上最难忍的是没有信号，只能过着日出而作，日落而息的比
较原始的生活。在张驰工作中感到最快乐的，就是一两个月中，会有一次机
会跟着后勤负责采买的同志到山下集中采购一些物品，给家里发发信、洗个
澡，吃上一个德克士。

最初在德令哈，从张驰他们的居住地到达工作区域一般比较远，大部分
情况是早上7：00前，车子把他们送到最南端，然后晚上9：00落太阳前再
在最北端把他们接回来。原本就是高原，除了山川、沙漠就是悬崖峭壁，作
业的强度很大，日平均路程在20~40里，全部步行，边走边干；午餐带着
干馒头或者咸菜、火腿肠将就着；返程的背囊增加岩样、水样、标本等，颇
为沉重。所以关节炎和胃溃疡成为与地质伴生的职业病，难以幸免，这也正
是地质工作艰辛与代价的体现。

"野外作业做什么？说穿了就是走路。行走，是我们的职业；行走，是
我们的工作；行走，是我们的生活。每天起码要走几个小时、几十里路吧，
不走不行。激励我们攀登的有伟人的诗句：'风景这边独好''无限风光在险
峰''不到长城非好汉''踏遍青山人未老'……因为年轻，最初是一份新鲜
和好奇，没有感觉苦和累，反而感觉到是一种全新的体验和人生的豪迈。"

"在西部工作的这段经历，我收获了很多。我学会了细致观察，学会了
让思维更加缜密，学会了吃苦耐劳，担当勇敢，乐于奉献。这所有的一切重
要的品质，都是我人生不可多得的宝贵财富。"看到张驰一脸的认真，我从
心里重新审视起了稳重、老成与实际年龄有些出入的年轻地质工作者来。

在多次采访中，我发现地矿精神就是地质人根深蒂固的情怀，那些吃苦

耐劳和奉献的精神，深深地烙印在地质人的心头，这份烙印，让他们可以有能力去国家需要他们的任何地方，有能力去承担更多的责任。

习近平总书记在党的十九大报告中提出："青年一代有理想、有本领、有担当，国家就有前途，民族就有希望。要坚定理想信念，志存高远，脚踏实地，勇做时代的弄潮儿。"张驰说，"作为新时代的青年人，我们是幸运的，肩负国家和人民的使命，见证"两个一百年"奋斗目标的实现；作为一名地质人，尤其是地质青年，我们肩头的责任又是沉甸甸的，因为我们做的事关保障国家能源资源安全，服务经济社会高质量发展。尤其大数据时代为地质工作带来了新的机遇。各种地质信息的积累和数字化地学产品的科学组织和服务，特别是建立在信息化环境下的高效社会服务和知识创新体系建设，将对地质工作链的最后一个环节——更新地质工作模式、实现地质工作延展式、爆炸式发展、更好的支撑服务于经济社会发展具有重要的社会现实意义。我相信，有上一辈地质人传承下来的成功经验和宝贵经验，我们第二代、第三代地质人一定会大有可为，一定会在新时代的地质工作中建功立业。"

"我希望每一朵花都开放，我希望，祖国飞速发展的快车道上，不仅有我们老一代地质人的脚印，更有我们年轻一代人的足迹。这串足迹，在中国将来地质历史上，会留下足够的记忆。"这是第二代地质人张驰的心里话，不也是许许多多年轻地质的心声吗？

回望历史，依旧年轻。走过六十多个春秋岁月的七院，在一代又一代地质人的传承下，一路走来，留下璀璨的记忆，这份记忆足够让我们为之骄傲和自豪。

团队的力量

一种精神的传承和发扬，离不开一个战斗的团队，离不开青年一代的不懈努力和脚踏实地用行动的解读，更离不开决策者的示范、带动和一马当先的开拓前行。

"土，能育生万物，古人称之为'地母'。人们在土地上种植五谷，繁衍

征 途

惩处，唤醒深藏于泥土之中的无尽能量。"说这话的是七院党委书记、院长余西顺。

余西顺院长介绍说，"三光荣""四特别"是我们地质人的传统，是我们一代又一代传承下来的精神，更是我们的"地质之魂"。"以献身地质事业为荣"体现了奉献精神，它要求地质工作者热爱地质事业，献身地质工作。"以艰苦奋斗为荣"体现了创业精神，它要求地质工作者从国情出发，正视地质工作的客观环境和生活条件，发扬艰苦创业的精神。在物质生活上要勤俭节约，艰苦朴素，反对铺张浪费；在劳动态度上要吃苦在前，享受在后；在进取精神上要奋发向上，勇于改革，善于探索；在品格风貌上要提倡先人后己，廉洁奉公，是"三光荣"精神的核心。"以找矿立功为荣"体现了奋斗目标，为国家和人民找大矿、找富矿，提供充足的矿产资源。

正是靠着这种精神，六十年来，七院取得了一个又一个的成就：从"红旗1号"金刚石的原生矿发现，到抗旱打井、平邑石膏矿坍塌事故救援、地质修复以及智慧地质的打造，再到服务地方发展取得的成效。六十多年来，七院人用这种精神擦亮了自己的品牌，赢得了社会的认可。

"作为参与者和见证者，我一直感到很骄傲。"余院长说。

"有人曾质疑'三光荣''四特别'精神是否已经过时，是否已经淡化为一个历史符号？"面对这位多年见证七院发展的领头人，我认真地问道。

"我认为，'三光荣'精神永远不会过时。它仍然是当今地质工作者的'思想之魂'，整个行业的精神支柱，更是核心价值的体现。"余院长斩钉截铁地说道。

以"献身地质事业为荣""以艰苦奋斗为荣"是干好地质事业的前提，而"以找矿立功为荣"才是地勘单位的立足点和落脚点，是立业之本和奋斗目标。而今天，"三光荣"精神是社会主义核心价值在地质行业的具体体现。我们事业的发展，正是"三光荣""四特别"精神的集中体现，而这种精神的力量体现在工作的方方面面。在新时期，这种精神被我们"七院人"的传承和弘扬产生出巨大的社会效能。

在七院的办公区，随处可见的是企业文化。余院长告诉我，七院2017

年成功创建了省级文明单位。在创建过程中，七院不断提升地矿文化内涵，开展公益服务，落实乡村振兴战略，在推进文明创建工作时，将文明创建与服务临沂经济建设有机结合起来，取得了精神文明和业务工作双丰收，让文明转化为生产力。

谈起七院的精神文明建设，余院长介绍说，建设社会主义核心价值体系，重在铸造人们的精神支柱，丰富人们的精神世界，增强人们的精神力量，为促进经济社会发展提供不竭的精神动力，而我们地矿人这种精神，正是民族精神和时代精神，是社会主义核心价值体系的精髓；它是地质行业宝贵的精神财富，始终发挥着凝聚人心、振奋精神、鼓舞斗志的重要作用。同时，这种精神强调为社会主义地质事业无私献身、艰苦创业、开拓实践、建功立业的道德品质，体现了爱国主义精神和集体主义精神，体现了奋发有为精神和开拓创新精神。对于地质行业来说，继承和弘扬这种精神，就是在实践社会主义核心价值体系，推动地矿事业科学发展的精神力量，更是地质行业永恒的精神追求。

"我们地质人是地球资源的探索者，是绿水青山的守护者。"余院长坚定地说。七院目前的业务可以大体分为三部分：一是地质找矿；二是大地质服务；三是工程勘察和施工。

这些年，七院重点对全市地质环境监测，如岩溶监测、地质灾害监测、地下水污染监测。对于地下水污染监测，则是面向大众、面向全市。

"2016 年 4 月，我们与临沂市各区县国土自然资源部门实现了联动，成立了地质灾害服务中心，每年的 6—9 月份，我们对全市 391 处地质灾害点实行 24 小时监测，做到汛前排查，事后巡查。今年台风利奇马过境时，没有造成特别大的灾害，就是我们联动监测带来的社会效益。这是一种工作方式，更是一种工作状态。我想用几个实例来说明'三光荣'这种精神的社会含义和现实价值。"

"助力蒙阴县废弃矿山地质环境治理项目、天津市重点行业企业用地土壤污染状况调查、罗庄区两个矿山地质环境治理工程提供技术服务。"

"沂南县东部地区 1∶50000 土地质量地球化学调查项目稳步推进，持续

征 途

为沂南县矿山整治提供技术服务；"

"出谋划策，河东汤头将建生首首个地热绿色矿山。先后承揽了湖南韶山地热资源勘查项目及山东省莱州市金矿钻探工程项目。"

七院以山东省莱州市西岭村金矿勘探钻探工程为示范，积极推进绿色勘查工作，是用实际行动践行"绿水青山就是金山银山"的发展理念的又一具体实践。

积极融入地方经济发展，以服务乡村振兴战略为己任：成立了临沂市九县四区地质技术服务中心，主动对接 8 个"省派乡村振兴服务队"，确定共同开展土地质量调查、找水打井、田园综合体等合作领域。以服务新旧动能转换为方向，在大地质服务领域承担多项公益项目。其中河东区回迁房浅层地温能供暖项目，成功打造了山东省浅层地温能农村样板。以地质灾害治理为目标，承揽费县青山湖废弃矿山地质环境治理项目，采用 EPC 模式运行，为今后承揽大型项目蹚出新路。实施罗庄区矿山复绿项目及采坑治理项目，为生态恢复综合治理暨生态城建设 PPP 项目开展奠定良好基础。

"时代飞速发展的今天，听说咱们七院人又赋予'三光荣'精神以更加丰富的内涵与外延，请讲讲。"面对余院长的介绍和各类媒体的肯定、报道，尤其是面对着一楼展厅中满屋的荣誉证书、奖牌，我满怀敬意地问起了余院长。

余院长认真地介绍说，20 世纪地质行业仅从事单一地质找矿，地矿行业经过了 20 世纪六七十年代的辉煌，也遭遇了 90 年代行业的萎缩、人才流失的低谷。响应党中央、国务院的号召："地质找矿，立足于国内，同时要面向世界。"充分利用两种资源、两块市场，地勘单位大踏步走出了国门，足迹遍及五大洲，为祖国发展，勇敢地参与全球的竞争，找矿范围拓展到全球。

新时代，我们立足于保障寻找矿产资源的同时，还服务于灾害地质、城市地质、农业地质等，服务领域不断扩展；地质服务全方位保障国民经济建设发展所需，地质事业发展充分地融入了地方经济发展的方方面面，"以献身地质事业为荣"被赋予了时代内涵，得到了全新的诠释。

近年来，七院全体干部职工，积极发挥专业技术优势，在服务保障新旧动能转换、打赢污染防治攻坚战、打造乡村振兴齐鲁样板、海洋强省建设、自然灾害应急预警救援治理等大地质工作中实干担当，谋得了一席之地，为山东省矿山修复、生态环境治理做了大量工作。

七院人用地质智慧造福乡村，在服务乡村振兴上走出了一条新路子。

一是发挥自己的优势，因地制宜找水源。2018 年 11 月 13 日，由七院承担的省乡村振兴服务队沂水前善疃村钻井引水项目开钻仪式隆重举行。为把这项民生工程做好做实，七院迅速组织专家及技术力量，采用高密度电阻率方法，利用三天时间在前善疃村及后贺庄村布设物探测线 8 条，完成测点480 个，成功地定出四眼井位。利用一周的时间组织钻机进场，完成了全部的钻井工作，彻底解决了两村用水紧张问题。

让人更为欣喜的是，通过对供水井取样进行水质化验，发现其中一眼井打出的水含锶量超过天然饮用矿泉水标准，人长期饮用，对身体健康益处多多。为此，七院主动提出引进社会投资，开发矿泉水生产项目，解决部分村民就业问题，带动村民致富。村民们深有感触地说："找水打井不但解决了我们饮水难的大问题，还为我们增加了一条致富路，七院功不可没！"

二是实施土壤详查，为土地质量"听诊把脉"。沂南县双堠镇是农业生产重镇，双堠西瓜、辣椒、樱桃远近闻名。我们的工作人员，用了一个月的时间，走遍了双堠的山山水水、泥田沟壑，完成了沂南县双堠镇土地质量调查任务。通过对表层土壤元素分布特征、营养元素分布、环境指标元素分布等进行分析后，对双堠土地进行了土壤分类。因常年土地利用率较高，农作物种植单一，大部分土壤已呈现养分多元素缺乏状态，这也将成为制约双堠农产品质量的主要因素。根据调查结果，专家建议，今后要保持优良区土壤地球化学质量，进一步提高土壤肥力，同时对差等和劣等土地进行实地查证，有针对性地采取有效的改善措施，改善土壤质量。

临沭（玉山镇）也面临同双堠一样的问题：农产品的产量、质量及加工能力不足，水资源匮乏，经济作物发展后劲不足。这些都需要七院提供专业地质技术支持，帮助解决问题。为此，七院主动作为，靠上服务，于 2018 年11—12 月在玉山镇开展了 1∶10000 土壤质量调查，对足硒、锌、锗元素分布进行了确认，结合玉山镇的特色农产品分布，对农业发展提出了合理化建

征 途

议，使当地特色农产品的推广更具有土壤质量依据的地标优势。

"服务热情高、责任心强、技术水平高、提供的成果报告质量高、数据翔实，我院的研究工作得到省派乡村振兴临沭服务队队长牛宏的高度认可。"余院长露出满意的笑容来。

三是推进环境整治和生态修复，再造临沂绿水青山。"实施生态修复工程，建设天蓝、水绿、山青的沂沭河流域生态区，助力乡村生态环境修复治理，是我们院服务乡村振兴的又一个手段。"

余院长介绍说，临沂市作为全国著名的矿产资源大市，几十年的人为采矿活动，形成了众多的废弃矿井和大面积的地下采空区，是采空塌陷地质灾害多发地，给当地百姓生活带了极大不便，甚至危及生命财产安全。七院主动作为，承担了全市多个县区的采空区调查项目和废弃矿山复绿工程，完成了临沂市采空区治理实施规划，提出了监测预警和治理措施。实施了一大批采空区治理项目，通过治理消除了地质灾害隐患，美化了周边环境，构建了人与环境的和谐画面。

目前，七院主动全面对接8个"省派乡村振兴服务队"，由院无偿出资三百余万元，在土地质量调查、找水打井、田园综合体等方面进行合作，充分体现了地质的先行性、公益性作用。

四是积极推进清洁能源利用。

推进清洁能源利用，助力节能减排，保护"绿水青山"，七院一直在行动。近年来，七院积极组织专业技术队伍，相继完成《临沂市罗庄区浅层地温能调查评价》《临沂市沂水县浅层地温能调查评价》等工作，较为系统地对临沂市浅层地温能储存特点、资源禀赋等进行了调查研究，初步掌握了全市浅层地温能资源分布规律。为此，七院还积极编制了《河东区浅层地温能利用可行性方案》，受到临沂市委、市政府的一致好评。

浅层地热能源是指在太阳的辐射照耀下，地球成为太阳能的巨型"存贮器"。在地壳浅层的水体和岩土体中贮存了大量清洁的可再生能源，称为浅层地热能。地源热泵吸放热的介质就是这种浅层地热能，所以浅层地热能简称为地温能。和太阳能一样，地温能也是一种清洁、环保的新型可再生能源，且具备体量大，受环境影响小的优点。在这一新能源利用上，北京、上海、雄安都在使用。

临沂独特的地质背景、地质构造和较高的地温场及成热环境，造就了较为丰富的地热资源。全市地热资源主要集中在河东区、沂沭断裂带临沂段（比如河东区汤头地热田、沂南县铜井地热田、沂南县松山地热田等）。目前，七院在河东区、罗庄区成功打出一批优质地热井，助力临沂建设"中国地热城"；对沂沭断裂带成热地质条件进行研究，划分了三个深层地热田；完成日照市、沂水县、罗庄区浅层地温能开发利用示范工程，为解决山东省浅层地温能开发利用提供参考；成功实施临沂市河东区回迁房浅层地温能示范工程，大力向乡镇社区推广，打造浅层地温能"农村样板"，解决了农村冬季"取暖难"问题。

对于如何实现供暖、制冷问题，余院长介绍说，我们采取打井打到100到120米的深度，然后下U型管，通过往U形管注水，然后在U形管循环。冬季，热泵机组从地源（浅层水体或岩土体）中吸收热量，向建筑物供暖；夏季，热泵机组从室内吸收热量并转移释放到地源中，实现建筑物空调制冷。

至于社会价值，咱们以河东为例：河东区120米以浅范围内，地埋管地源热泵系统夏季可利用功率890万千瓦，可制冷面积1.2亿平方米，冬季可利用功率920万千瓦，可供暖面积1.6亿平方米。大规模开发浅层地温能资源，一年可以为河东区节约标煤量1496万吨，换算成原煤量为5235万吨。年减排二氧化硫8.9万吨，减排氮氧化物3.14万吨，减排二氧化碳1249万吨，减排悬浮质粉尘4.1万吨，减排灰渣量52.34万吨，节约环境治理费14.5亿元。

我市浅层地热恒定在16℃左右，综合利用后只用一套设备，可以实现冬季供暖，夏季制冷。提供日常生活热水三个功能，比传统方式节能50%～75%，尤其在新旧动能转换，服务乡村振兴战略等方面，优势明显。

尤其值得肯定的是，我市本身是个地热城，浅层地热能利用也很大，如果大部分用浅层地热能的话，每年可以节省煤炭1.5亿吨，相当于热量75亿元。减排二氧化硫26.7万吨，二氧化碳3727万吨，节省环境治理费用4305亿元。

对于城市地质，省自然资源厅要求：青岛、济南在2020年年底前全部

征 途

完成，烟台、淄博、潍坊还有临沂市 2024 年年底前全部完成。

"说了这么多，"余院长稍做停顿后说，"我们七院之所以在同行业中走在前列，正是缘于地矿'三光荣''四特别'的精神。今天，随着我国经济高速发展，综合国力才日益增强，国民经济建设对矿产资源等需求持续增长，我们地质人又迎来了好时代。但我们一直居安思危，充分利用目前良好的外围环境、有利的条件，在好中求变。变的是思想，是紧跟时代发展脉搏勇闯事业的思想；变的是思路，是不断拓宽服务领域，服务范围的求新求变的思路；不变的永远是艰苦奋斗干事业的精神，是我们'三光荣''四特别'的精神'"。

在采访中，余西顺院长还给我讲述了自己独特的"三板斧"的理论，即讲故事、种"豆子"、无中生有。

"讲故事"，就是在为政府服务过程中，讲好"金刚石""地质技术和文化""融合发展"等方面的故事，赢得认同、信任、理解和支持。重点在宣传工作上发力，传达优势，促成合作，提升行业知名度和社会美誉度。"种豆子"，就是按客观规律办事，既要狠抓当前，更要着眼长远，在做事之前先学会做人，注重质量和效益，为以后的发展打基础、铺路子。在临沂的 9 个县、4 个区分别设立技术服务中心，精准对接需求，积极服务各级政府、职能部门和当地群众。"无中生有"，就是解放思想，大胆尝试，提高创新能力。在巩固传统行业的基础上，成立了 7 个研究中心，进行转型创新发展。率先创新开展沂蒙地矿小讲堂、党建创新大动力、内部管理和地质成果"双提升年"活动、制度创新和管理提升年、制度落实年等活动，创新打造"问事七院"监督问效平台等。

短短几年时间，正是靠着这"三板斧"，七院在临沂、全国乃至世界市场"砍"出了一片天地，诸多重大建设项目都留下了我们"七院人"的身影。近年来，七院全面履行公益性地质勘查职能，积极融入地方经济建设，先后与河东区人民政府、郯城县人民政府签订战略合作框架协议，为社会经济发展提供了资源保障和地质服务，在服务经济社会发展中多次受到山东省委省政府、临沂市委市政府的表彰和赞誉，七院还是省级"守合同、重信用"单位和"省级文明单位"。

"对于资源的开发利用，我认为一定要尊重自然。"余院长强调说。所有的资源都不能透支，要坚持绿色发展、有序发展。所以我们要做城市地质的探索者。在日本，地下利用率达到了60%，"透明城市"科学应用已经是一种社会趋势，而且大有可为。城市地质是综合性的、多要素的，我们要综合调查、全方位探索地质。查明地下构造，在我们这个设防八级的地震带，要建立长期和发展规划，尊重科学和自然，让地质造福百姓，在经济发展中发挥自己独特的作用，这是我们地质人所要努力的。

下一步，我们仍然要发挥自身的优势，结合临沂的实际，全力打造乡村振兴的样板：一是做好矿山生态的修复；二是做好小流域的综合修复；三是地热整装勘查；四是土地质量化学调查。说到这里，我想强调一下，我们沂蒙山区，每个县都有自己的特色农业，土地勘查是特色农业有力的助手。比如费县的大枣、蒙阴的桃、平邑的金银花、兰陵的大蒜等，我们可以找准地下的"富硒"大力推广有利于绿色生态的"富硒"产品，打造特色农家产品基地，回报沂蒙人民。

从助力乡村建设，到新能源的开发利用，在余院长的描绘中，我深深地感觉到地质行业未来可期、大有可为。

未来可期

一代人有一代人的奋斗，一个时代有一个时代的担当。

"我们'七院人'是一个团结向上、奋发有为的集体。同事情、战友情都很深。大家出外工作，有的一走大半年，少的也要一两周的时间。大家就跟一家人一样，人与人之间沟通很纯朴，个人之间感情深厚，上山拿设备都是人抬肩扛，互相协助。尤其是大家都具有奉献精神，对这项事业的理想坚定从没有动摇过，有一分光，发一分热。"七院总工程师肖丙建说。

"我们这个行业的特点大部分是顶着星星出发，伴着晚霞归宿，是工作环境苦、累、脏、险的职业，不再是年轻一代义无反顾的选择和从业者执着如一的坚守。因为人们深知：选择了地质找矿事业，就意味着选择了寂寞与孤独，

征途

选择了聚少离多，选择了放弃优越物质生活条件。但是我们的团队，发扬吃苦耐劳、勇创一流的拼搏精神，草艰苦奋斗优良传统，以顽强的毅力、朴实的作风，征服了一个又一个艰难险阻，取得了一个又一个丰硕成果，所以是一支特别能吃苦、特别能战斗、特别能奉献、特别能忍耐的地质队伍。"

退休老工程师朱德文说："更可喜的是，我在年轻一代身上依然能看到这种精神。这是令人可喜的，也是我们这个团队无往不胜的所在。"

进入 21 世纪，七院以走在前列的步伐，寻找着与这个时代同频共振的角度和方式。

"越来越多的迹象表明，世界正在进入技术颠覆性变革的新阶段。产业发展所需资源的演变，将深刻影响未来的地质工作。清洁、无污染、可再生新能源与储能技术被纳入越来越多国家的能源战略，新材料与增材制造技术成为各国抢占国际竞争制高点的重要领域，世界生态服务与生态资源需求增长将为地质工作开辟新的空间……"院长余西顺的话一下拓展了我的思维空间。

"党的十九大描绘了新时代的宏伟蓝图。实现'两个一百年'目标和科技强国是新时代的新要求。在地质工作转型发展的关键节点，我们需要认真谋划新时代地质科技创新工作，加快创新，充分发挥地质优势，为助力全市经济社会高质量发展贡献智慧力量。"余院长说。

自然环境为经济社会发展提供了两类资源：一类为有形的自然资源，包括土地、矿产和水等；一类为无形的生态服务，包括涵养水源、保持水土、调控水分、减轻自然灾害等。前三次工业革命推动了有形的自然资源的开发利用，而忽视了无形的生态服务的保护，造成了严重的生态退化和环境污染问题。第四次工业革命推动绿色化、生态化成为产业发展的革命性方式，从而使生态服务、生态资源上升成为经济社会可持续发展的重要资源。正是基于这些思考，七院不断地拓展着工作思路和服务方式。

"没有一种根基比扎根人民更坚实，没有一种努力比推动社会经济高质量发展更幸福。"走出七院大门，站在熙熙攘攘的马路上，望着空中飞卷着的金色叶子，余西顺院长的话在耳边不时响起。

这就是七院人的精神，更是地质人生命的底色。

▲ 2015 年 12 月 25 日，参与平邑石膏矿坍塌事故救援

▲ 平邑石膏矿坍塌事故救援现场——矿工升井

征途

▲ 平邑石膏矿坍塌事故救援现场——七院技术人员监测地下水位

▲ 七院技术人员开展矿山地下开采测量

▲ 积极参加 2011 年全省抗旱找水打井，圆满完成任务并获得原国土资源部表彰（图为徐绍史、姜大明出席全省抗旱打井启动仪式）

▲ 服务乡村振兴，助力地方发展——2018 年 11 月，省乡村振兴服务队沂水前善疃村钻井引水项目胜利开钻

征 途

▲ 为缺水村打出清甜的地下水

▲ 寻找到临沂罗庄区齐家庄水源地

▲ 矿山生态环境修复治理

▲ 将《玉山镇土壤质量调查报告》移交给地方政府

征途

▲2018 年 9 月，实施山东省农村浅层地温能示范工程项目，推进浅层地温能利用工程的标准化和科学化管理。

▲2019 年 4 月，开展临沂市沂南县双堠镇土地质量调查评价

▲2018 年 9 月，开展临沂市兰山区土地质量调查评价

▲1984 年至今，长期开展临沂市地下水及地质环境监测，保证饮水安全

▲ 开展采空区调查物探工作

▲ 2019 年 1 月，临沂市费县探沂镇废弃矿山治理及土地复垦设计施工项目开工仪式

▲ 组建地质专业应急服务抢险队

▲ 参加兰山区 2021 年防汛抢险救援应急处置能力演练

征途

▲ 矿山生态环境修复项目

▲ 2018 年 11 月，临沂市罗庄区何庄片区废弃采石场矿山复绿项目开工仪式

▲ 2019 年 8 月，做好台风"利奇马"过境地质灾害排查工作

▲ 地热勘探

▲ 2013 年 4 月，沂南县孙祖镇纸坊村岩溶塌陷调查

▲ 2011 年 12 月，实施泰安市山东地矿五院综合楼浅层地温能项目

第四章

蓝图

文／冯潇

征 途

蓝图一：世界地球日的展望

自 2019 年下半年开始，为写关于七院"六个一"活动的一本书，我们走进地矿七院，走近了一群积极进取、拼搏奉献的地质工作者，为他们所感动，心潮澎湃。

我常常回想起 2019 年七院举办的"世界地球日"活动。活动的宗旨是"珍爱美丽地球，守护自然资源"。它告诉人们：人与自然是生命共同体，生态文明是我们和子孙后代的共同利益。那一天，七院的干部职工与来自全国各地的专家学者、社会各界人士、临沂市自然资源和规划局的干部职工、临沂大学的大学生，数千人齐聚临沂市中心的人民广场，共同唱响《我和我的祖国》，一起喊出铿锵有力的口号：我们是"两山论"的宣传员；我们是"新旧动能转换"的助推剂；我们是构建"山水林田湖草生命共同体"的坚定一分子；我们是环保新理念的倡导员；我们是"沂蒙精神"的传承人；我们是"生态文明思想"的传播者……

步入 2020 年以来，世界上很多国家都被自然灾难和各种意外的灾难所影响，我们国家也打了一场疫情防控的人民战争。所以很多人将 2020 年当作灾难丛生的一年，也有人说这一年或许是地球在劫的一年。怎样亡羊补牢，怎么遇难呈祥，成了一个全球性的课题。2020 年的第 51 个世界地球日，虽然没有数千人的集会，但七院依旧组织青年职工来到蒙阴岱崮，举办了"珍爱地球人与自然和谐共生"为主题的自行车环保骑行活动，发出"我们就是大自然代言人"的倡导，唤醒公众的社会责任和环保意识，宣传和倡导绿色、环保、低碳出行，为交通更加顺畅、天空更加湛蓝、环境更加优美贡献自己的一分力量。而且在世界地球日的第二天还邀请到了原地质矿产部的宋瑞祥老部长来到临沂，既对沂蒙革命老区的地质矿产情况再次勘查，也是对七院的发展寄予期冀。

傍晚的座谈会上，我们有幸见到了久闻大名的宋瑞祥老部长。初见老先生的人，大概都会被他鹤发童颜的矍铄风采所吸引。尽管已是 81 岁高龄，但耳聪目明、思路清晰，侃侃而谈时声情并茂。

这次临沂之行，一是因疫情渐趋缓和，二是又逢世界地球日，宋瑞祥老部长便在河北地质大学客座教授丁毅、辽宁第六地质大队原副队长冯闯、七院院长余西顺、副院长王伟德和相关技术人员的陪同下，不顾舟车劳顿，刚到临沂就直赴郯城县小埠岭村东实地查看，对磁异常进行现场查证，取得了大量的第一手资料。

座谈会上，在听取院长余西顺关于七院近年来开展金刚石找矿工作有关情况和下一步工作打算后，宋瑞祥老部长对七院近年来金刚石找矿工作给予了充分肯定，并对郯城县小埠岭村的磁异常考察情况进行了全方位的讨论和研究。据介绍，这次勘测的是郯城的大埠岭和小埠岭，很有可能存在金刚石原生矿。但是由于地表第四系覆盖很厚，有必要对该异常区开展钻探，进行深入查证。

这是一个令人振奋的好消息！来自加拿大的地质物探专家丁毅教授还谈到目前金刚石勘探在全世界的进展及先进的地震波测量。最新的金伯利岩体在坦桑尼亚被发现，那儿是马尔式火山口管道体系。近三年，在加拿大中部发现金伯利岩群；印度也发现了一大片；在国内的乌兰察布预计也有储量，那儿的引爆角砾岩和负地形火山口，可能生成金伯利岩。如今，在临沂地区也对金伯利岩有了新发现……大家都知道"钻石恒久远，一颗永流传"这句话，而那弥足珍贵的钻石，正是出于看似不起眼的金伯利岩中。

针对七院未来的发展方向，宋瑞祥老部长从地质矿产勘查、农业地质、城市地质、基础地质工作、人才培养及区位优势等方面提出了建议。他谈道，七院以金刚石勘查起家，经过六十余年蓬勃发展，成绩有目共睹。建议：一是要成立高精尖的专家队伍，积极拓展国外勘查工作。二要进一步做好临沂地区的地方服务工作，增加服务功能，拓宽技术领域。按县、市的区域划分，进行横到边、纵到底的深耕细耘。三是增建两个院士工作站，进一步推进金刚石及深部探测的发展。

余西顺院长向老部长汇报了七院的专业发展目标：金刚石勘查全国一流，重点专业争省内一流，所有专业全局一流。

让山川林木葱郁，让大地遍染绿色，让天空湛蓝清新，让河湖鱼翔浅底……这是建设美丽中国的美好蓝图，是实现生态文明建设可持续发展的根本要求，也是全体七院人的初心使命和大美蓝图。

▲2019年，第50个世界地球日活动暨"我的家园，我的生命共同体"保护母亲河沂沭河科考公益行动启动仪式在临沂举行

▲山东省自然资源厅一级巡视员亓文辉为科考队授旗

▲ 2019 年 4 月 22 日，临沂市副市长常红军（左三）、临沂大学副校长孙常生（右三）为"临沂大学绿色矿山发展研究院"揭牌

▲ 开展大型"保护母亲河——沂沭河科考公益活动"

征 途

▲ 第 51 个世界地球日，七院开展环保骑行活动，用实际行动践行"绿水青山就是金山银山"
理念

▲ 第 51 个世界地球日，七院青年志愿者整装待发

▲ 原地质矿产部部长宋瑞祥莅临七院指导金刚石找矿工作

▲ 原地质矿产部部长宋瑞祥视察郯城县小埠岭村金刚石磁异常验证项目

征 途

蓝图二：激情燃烧的劳动节

2020 年的五一假期，注定与众不同，也成了国人记忆中一个疫情防控常态化的假期。人们有的携家人回老家探亲，有的出门郊游休闲，但是在七院，仍然有这样一群奋斗者，始终在生产一线争分夺秒，在复工复产的"春天里"，用一个个忙碌的身影、一个个闪亮的瞬间，描绘出一幅幅生动的画卷，诠释着劳动美，践行着"只有奋斗的人生才能称得上幸福的人生"。建设生态美丽新临沂，离不开空气清新、水体干净、土地优良等系列评估指标，更离不开七院等一批致力于生态环境保护和社会民生服务的单位和集体。正是他们，在不断延伸着大地质工作的深度和广度；正是他们，在努力开创着服务社会主义生态文明建设的新征程。

走进田间地头、山丘坡岭、矿山工地、实验室、餐厅、厨房，每个人都各司其职，每一张笑容里，都能感受到真诚和劳动的喜悦。循着这一行行脚踏实地、昂扬奋进的脚印，我在寻找、在发现，去见证七院的新蓝图。

在兰山，七院承揽了"临沂市陶然路快速路建设工程初步勘察工程项目"，为临沂道路基础设施建设提供勘察技术服务。同时积极开展了临沂康养护理中心基坑支护工程项目，高质量助力临沂市重点民生项目。

在罗庄，七院承担的"罗庄浅层地温能示范工程建设项目"，以优秀成绩顺利通过省自然资源厅专家组的野外验收。该项目主要是积极探索资本跟进的浅层地温能开发利用新模式，为区内浅层地温能可持续开发利用提供依据，促进节能减排。

在沂南，七院向素以"双堠西瓜""双堠大樱桃"甜美著称的双堠镇政府移交了土地质量调查成果资料，该资料中圈出了一批富硒土壤，查明了土地中的有益成分，为双堠镇果品种植提供急需的土地质量高精数据，解决了当前困扰农业发展的紧迫问题。这是七院持续融入地方经济发展的新举措。同时，七院受沂南县岸堤镇政府委托，考察了当地的矿泉水资源，为岸堤镇矿泉水资源开发利用提供了专业技术支撑。

在莒南，七院固定翼无人机CW-007，首飞高效助力"莒南茶溪川田园综合体"项目，·天时间完成了近30平方千米的野外测绘工作。这是近年来七院引进的第五架无人机。近些年，七院在传统测绘、无人船测绘、无人机航测及地理信息等领域发展迅猛，为乡村振兴齐鲁样板提供了高效精准的地质测绘服务。近期，七院成功承揽临沂"读地云"平台建设项目，积极配合主管部门，利用无人机逐地块进行全景信息采集，梳理出全市产业用地，确定好纳入云上读地的地块清单，并对各地块进行勘测定界，完善好用地性质、容积率、四至范围、计划供地年度等信息，为临沂市经济社会高质量发展提供资源要素支撑和保障。

在费县，七院承担的"山东省费县朱田地区金刚石普查报告"，以优秀等级通过由首席专家宋明春担任组长的省地矿局专家组评审。本次普查工作共选获5颗金刚石及大量指示矿物，通过对比区域上的几处重砂矿物异常，圈定了新型金刚石原生矿的有利找矿靶区，同时也确定了该区第四系所含指示矿物的供源体，对于寻求金刚石找矿新突破具有重要意义。同时，由七院承揽的费县大马山、跑马岭及石龙庄矿区的三个绿色矿山建设方案编制报告，顺利通过专家评审。这三个项目是费县第一批绿色矿山建设项目，也是七院积极融入地方发展，服务生态文明建设的积极实践。

在沂南，七院承担的省地质勘查项目"山东省沂南县东汶河中下游地区金刚石原生矿调查评价项目"，顺利通过省自然资源厅组织专家组进行的野外验收，并获得优秀等级。经过系列勘查，发现该地区存在多条煌斑岩脉并出土大量石榴子石、铬铁矿等具有金刚石属性的指示矿物，特别是首次发现镁铝榴石并在水系重砂样中选到天然金刚石一颗。

在沂水，七院承揽了"沂水县纪国石料厂养老山建筑石料用灰矿Ⅰ区矿山地质环境恢复治理项目"，主要是通过开展危岩体卸载、渣土清理、修建网围栏、覆土绿化等，消除采坑立面危岩体崩塌隐患，使采石造成的破损山体地形地貌得到改善，使遭到破坏的生态系统向良性循环方向发展。

在平邑，七院为平邑县归来庄金矿扩界区项目提供专业地质勘查服务。严格按照国家有关技术规范，坚持绿色勘查，严守生态红线，高标准开展地

征 途

质测量、样品采集、测试分析等工作，高质量地提交勘查成果资料。

在莒南，七院承揽的"莒南县矿山动态监测、开发利用方案及绿色矿山项目"，主要是编写矿山资源储量检测报告、对矿山进行实时管理、开展矿山储量动态监测、开发利用监管和绿色矿山建设监管，协助莒南县自然资源和规划局规范管理矿山和绿色矿山建设。

在郯城，七院承揽的"郯城县马陵山（泉源）破损山体地质环境治理项目"，主要是根据治理区地质环境现状，对破损山体形成的地质环境问题进行综合分析，运用工程治理及生物治理等重要手段，稳定治理区地质环境，恢复生态环境，实现可持续利用。

在兰陵，七院承揽的"兰陵县鲁城镇平山地区综合治理项目勘察设计"，主要是根据区内的地形地貌现状和地质环境条件，布置危岩体清理和绿化等工作，进行露天矿山地质环境生态治理设计，修复矿山生态环境，建设美丽家园，造福当地百姓。

在临沂各县区，七院积极开展地质灾害易发区的汛前地质灾害隐患全面排查工作。对隐患点位置、坐标、类型、图像、变化情况、威胁对象、威胁财产、潜在威胁信息进行详细研究，并结合隐患点特征提出科学防治措施建议，对群策群防员进行技术培训，提高安全意识，壮大群策群防实力。

在日照，七院为"日照市尹家河矿区废弃采石场综合治理项目"提供技术支持。主要以边坡危岩体卸载、台阶式削坡整形、残余山包爆破清除、挡土墙修建、覆种植土、绿化工程等为技术手段，有效改善修复本地地质生态环境，实现土地复垦、植被恢复，改善区域生态功能。同时，积极为"日照站客运设施改造工程项目"，提供压覆矿产资源调查评估服务。

在莱州，七院以莱州市历史形成责任灭失非煤矿山采空区调查成果为基础，依据相关法律法规和政策文件要求，为莱州市编制了《山东省莱州市历史形成责任灭失非煤矿山采空区防治规划（2018—2030）》，并先后承揽"莱州市城西区涉矿区域生态恢复及生态公园建设第5坑（共26坑）采空区勘查及危险性评估项目"，为莱州市地质灾害防治工作提供了专业地质技术支撑。

在淄博，由七院承担的"淄博市重点行业企业用地初查项目"第一批布点方案通过专家评审。据悉，该项目是七院首次承揽的环境领域重点行业企业用地初查项目，涉及化工、制药、燃料、纺织、电镀等多个高污染领域企业，因其行业和企业的特殊性，需要采样布点的方案各不相同。工作难度大、复杂性高。为了保证该项目的顺利完成，七院协调院属二级单位不同专业的 24 名优秀技术人员配合参与该项目的攻坚。

在济宁，七院成功承揽"济宁市微山县两城镇废弃矿山地质环境治理工程项目"。主要通过边坡清理、坑底平台清理、回填续坡、回填覆土、排水沟及蓄水池、绿化等方式进行治理，达到消除视觉污染及改善地形地貌景观的目的。

在威海，七院承担的"威海经济技术开发区凤林街道老集村废弃矿山地质环境恢复治理工程设计"项目，通过钉钉线上会议的方式通过在线评审。该项目主要是有效消除地质灾害隐患，解决威海老集废弃矿山产生的地质环境问题，是七院积极贯彻山水林田湖草绿色发展理念，服务地方生态文明建设的重要项目。

在黑龙江，七院在全力抓好疫情防控的前提下，积极开展复工复产，组织精干钻探施工队伍，赶赴依然冰雪覆盖的黑龙江松辽盆地北部地区小口径地质调查井钻探及测井项目。该项目是七院在东北地区清洁能源勘查的重点项目，具有查明地层层序、验证地球物理信息的重要意义。最低 −35℃的气温，没有摧垮七院地质队员的坚强意志，他们用实际行动为祖国新能源开发作出贡献。

在湖北，七院实施的"湖北省襄阳市引江补汉工程可行性研究地质勘查项目"，于 4 月初顺利复工复产。该项目是七院实施的水利工程勘查的重点项目，主要开展钻探、取样、水位观测、封孔等工作，为引江补汉项目工程勘察、提供岩心资料，对工程的整体推进发挥着重要作用。

在湖南，七院技术助力"湖南韶山地热资源勘查项目"。该项目设计地热钻井一口，井深 2500 米。主要通过专业地质勘探手段，查明韶山地区地下热水资源量及水温特征，为地热资源开发利用提供科学依据。

在广西，七院严格执行复工复产的"四到位"（即严格落实疫情防控责

征 途

任要到位，严格落实疫情防控措施要到位，严格执行报告制度要到位，严格落实安全生产责任要到位，确保广西荔浦1号井钻探项目复工复产。

在线上，七院通过远程视频的形式，举办系列"沂蒙地矿流动小讲堂"，为职工子女开讲主题为"同担风雨，共抗疫情"的新冠肺炎疫情防控课。积极开展"沂蒙地矿大讲堂"教育系列培训，不仅拓展全体干部职工的视野，也为七院高质量发展提供新思路。

这长长的一串串脚印，只是2020年元旦以来的蓝图一角，仅仅五个月的时间，七院人就已经将足迹印满了祖国大地，就凭着这五个月取得的斐然业绩，我相信，七院的蓝图，将会越绘越美。

▲ 山东省地矿局党委书记、局长张忠明到七院开展安全风险隐患大检查

▲ 七院党委书记、院长余西顺到"临沂康养中心"基坑支护工程项目调研指导工作

征途

▲ 山东省自然资源厅专家组对七院承担的山东省沂南县东汶河中下游地区金刚石原生矿调查评价项目进行野外验收

▲ 向沂南县双堠镇政府移交土地质量调查成果资料

▲ 松辽盆地北部地区小口径地质调查井钻探及测井工程

▲ 主动对接沂南县双堠镇政府，开展应急航空摄影测量，助力灾害隐患点排查、灾后规划重建

征 途

▲ 七院技术人员对沂南县院东头镇滑坡体隐患进行详细勘查

▲ 七院技术人员在地质灾害隐患点巡查

蓝图三：科技创新赋能高质量发展

2021 年 7 月 15 日，七院召开了全院科技创新工作会议。主要任务是要以习近平新时代中国特色社会主义思想为指导，深入贯彻落实党的十九届五中全会精神，围绕全局工作会议和科技创新专题会议各项决策部署，总结 2020 年科技工作，回顾分析总结"十三五"时期科技工作，分析形势，研判未来，安排部署 2021 年科技工作任务，谋划全院"十四五"时期科技发展规划，全力推进地质事业高质量发展再上新台阶，为实现十四五高质量发展谋篇布局。

"十三五"期间科技工作简要回顾

五年来，平台建设迈上新的台阶。成立了局级"山东省金刚石成矿机理与探测重点实验室"、院士工作站、金刚石创新团队、自然资源部金刚石原生矿——山东蒙阴野外科学观测研究站等科研平台。

五年来，科研水平得到不断提升。在金刚石勘查方法和深部探测方面进行了成果创新和集成。编制的《金刚石原生矿勘查规范》，分析总结了蒙阴金伯利岩型金刚石原生矿分布规律，成矿地质条件，研究了蒙阴金伯利岩成岩成矿机制，完善了金刚石找矿方法，形成了金刚石矿找矿技术方法体系，建立了金刚石找矿勘查模式和金刚石原生矿三维地质模型，以及金刚石原生矿"中心式"成矿模式。

五年来，科技成果获得多项突破。"十三五"期间共获得各类奖项 94 项，其中获得自然资源部科学技术奖二等奖 1 项（计划省部级 2 项）；获得厅局级科技进步奖 32 项（计划 20 项），其中自然资源厅科技奖一等奖 4 项，二等奖 6 项，三等奖 7 项；获得山东地矿局科技奖一等奖 3 项，二等奖 2 项，三等奖 5 项；获得山东地矿局十大地质成果 2 项；山东省地质学会十大地质成果 3 项，协会等其他奖 61 项。

征 途

五年来，人才建设取得显著成绩。新增研究员 9 名、高级工程师 38 名，注册工程师 13 人。1 人获得第四届野外青年地质贡献奖——金罗盘奖、1 人获得农用地土壤污染状况详查表现突出个人、1 人获得山东省自然资源系统先进个人、1 人获得山东省国土资源"十二五"科技工作先进个人、1 人获得山东省青年地质科技奖、1 人获得山东省优秀地质科技工作者、1 人获得局第二批科技领军人才、1 人获得第四届曹国权地质科学奖青年奖、2 人获得局青年拔尖人才、2 人获得技术能手、3 人获得"优秀人才"称号、1 人获得"沂蒙工匠"称号。

五年来，专利论文实现迅速增长。共获得发明专利 4 项，实用新型专利 44 项，软件著作权 5 项；申请省自然科学基金 1 项。完成 5 部成果专著编制出版，发表论文 196 篇，其中 SCI 论文 6 篇，中文核心期刊 14 篇。

革故鼎新　努力实现十四五科技工作迈上大台阶

要做好以下八项工作，革故鼎新，开拓进取，努力在地矿事业高质量发展中展现新作为，实现十四五科技创新再上新台阶。

一是要精准研判国家发展战略，统筹编制好十四五规划和 2021 年工作方案，编制好临沂市和各县第四轮矿产资源规划、地质灾害防治规划、国土空间一体化规划，对七院今后的发展具有重要的指导作用。

二是要抓紧新一轮找矿战略机遇，重点加强沂沭断裂带临沂段金、钛及多金属和稀有金属勘查；金星头—铜井中生代杂岩体深部及外围铜铅金及多金属勘查；归来庄金矿深部及外围勘查；苍驿铁矿带深部及外围勘查；争取实现新的找矿突破。

三要总结梳理矿山生态修复治理成果，形成可复制和推广的专利技术，提升科技含量和竞争力，为开展沂蒙山区域山水林田湖草沙一体化保护和修复治理提供技术支撑。

四要统筹谋划城市地质工作，为城市地下空间开发利用提供地质依据，为构建临沂由交通大市向交通强市跃升，形成五纵五横、地下地上立体交通，提供数据支撑。

五要积极践行绿色发展理念，积极参与沂沭河流域内矿山修复类、地质灾害治理类、土地整治类、湿地生态修复类及地质遗迹保护类等各项生态保护与修复工程，打造区域生态高地，增强生态屏障功能，促进沂蒙革命老区生态保护和高质量发展，助力打造生态沂蒙幸福沂蒙。

六要加强大数据平台建设，推进地理信息及大数据工作。要利用超融合技术建成临沂地质资源环境大数据服务平台，全面推动地质数据的二次开发应用，服务临沂市经济社会发展、促进地质工作转型升级。要加强与科研院所、大专院校等部门的联系与合作，打造地质领域学术交流平台，培养一批既懂专业技术又懂信息化建设的复合型人才，带动"地质+"新兴产业的发展。贯彻开放、融合、共享的发展理念，把地质资源环境大数据中心建设成为临沂市集地质资源环境数据开发应用、大地质服务、人才培养、对外学术交流和融入地方的综合性服务平台。要将临沂地质资源环境大数据中心建设成为服务社会，融入临沂，实现高质量发展的阵地，推进地质成果转化应用，深度融入临沂市经济社会建设，服务临沂市经济社会高质量发展。要加快建设高分辨率对地观测数据临沂中心。"以需求为引领、以市场为导向、以服务为中心"，构建高分卫星数据产业化指标体系，服务临沂重大工程监测、防灾减灾救灾、资源调查与监测、环境监测与评价、城市管理、执法监督、生态环境治理等，为提升临沂智慧化、精细化管理提供技术服务。

七要加强科技创新驱动，提高核心竞争能力。要加强院士工作站平台建设，提高科技能力，争取在金刚石勘查和综合研究方面取得新的突破。积极推进山水林田湖草院士工作站和城市地质院士工作站建设。积极申报自然科学基金项目。以七院为牵头单位、院士工作站为平台、联合中国地质大学以及省部级专家，为沂蒙山区域山水林田湖草沙一体化保护和修复工程项目监控监管、总体绩效评价、环境治理调查评价、经验总结验收等提供技术支撑。要加强"金刚石重点实验室"建设，开展蒙阴地区金伯利岩综合利用研究，金刚石及包裹体成分及来源研究，金刚石数据库建设研究，进一步提升七院金刚石研究在全国的影响力。要全面落实七个中心的建设方案，加快完

征 途

成七个中心场地建设、人员、设置和设备配备，尽快发挥中心的作用，实现发展方式转变和高质量发展。要完成地质灾害防治规划编制，服务临沂国土空间规划。完成好临沂市、平邑县、蒙阴县地质灾害防治规划编制，完善地质灾害防治措施，建立完善地质灾害监测设施和预警预报系统，减少人为干预，形成完善的监测预警体系，为管理部门地质灾害应急指挥、灾情处置提供决策依据。

八是强化技术人才建设，完善人才培养机制。要依据科技奖励办法和人才梯级培养办法，继续完善一人一案和一人一策，进一步注重对研究生及高层次技术人才的使用和培养，加强项目实施＋科技创新的模式，提升项目质量和影响力。构建以高层次人才为引领，多种技术人才相结合的人才体系，加强技术专家对项目质量的监督和指导，发挥技术专家专业特长和技术优势，充分发挥高层次人才的引领作用，做好"传帮带"。

科技创新赋能地矿事业的高质量发展，地质工作的宏伟蓝图，未来可期！

▲ 中国科学院院士、南京大学教授杨经绥院士团队到七院指导金刚石找矿工作

▲ 国际欧亚科学院院士、俄罗斯工程院外籍院士、俄罗斯自然科学院外籍院士、首都师范大学原校长宫辉力先生到七院考察交流

征途

▲ 中国地质大学（北京）信息工程学院与七院签订"临沂地质资源环境大数据中心"共建协议

▲ 七院总工程师肖丙建（右五）获评临沂市第三届"十大沂蒙工匠"

▲ 肖丙建同志（右二）获评省地矿局第二批科技领军人才

▲ 刘传朋同志（左三）获评第四届曹国权地质科学青年奖

▲ 褚志远同志（左三）获评省地矿局第二批青年拔尖人才

▲ 七院召开青年先锋论坛暨全院科技创新工作务虚会

蓝图四：党建领航奋进新征程

近年来，七院在党建红色旗帜指引下，构建起"大党建"大格局，打造了一个个叫得响、立得住、传得开的党建品牌。同时，结合"我为群众办实事"实践活动，事事聚焦群众急难愁盼，件件解决社会关注。在百年党史中汲取奋进力量，在党建引领下有力阔步前行。

传承红色基因　创新党史学习

作为沂蒙大地上唯一的省属地质勘查队伍，七院的血液里流淌着生生不息的红色基因。

党史学习教育开展以来，七院坚持"以学为基、实字贯串、干字落脚"三步走基调，全力推动党史学习教育出成果、有特色、走前列，切实从党的百年辉煌奋斗史中汲取智慧和力量，推动高质量发展迈上新台阶。

在学思践悟中坚定理想信念。坚持把学习习近平新时代中国特色社会主义思想、习近平总书记相关重要论述作为"第一议题"，做到及时跟进学，决策前必学，自觉对标对表，主动抓好落实。开展"庆百年华诞，展红旗精神，谱十四五新篇"大学习大培训大提升大落实活动，引导广大党员干部深入学习党的光辉历史和创新理论、科技前沿和专业知识，全面提升政治素养和专业水平。党委理论中心组在学党史、懂党史、讲党史、用党史方面发挥示范带动作用，2021 年以来，党委理论中心组共开展集体学习 30 次，组织多种形式的党史宣讲活动 29 场次，被评为"全省先进县级党委理论学习中心组"。深化青年理论武装，成立 15 个青年理论学习小组，定期开展"青年先锋论坛"，深入推进青年理论学习提升工程，被推荐为省直机关青年理论学习标兵集体。

在基层活动中培根固本铸魂。以支部"三会一课"为依托，创新开展"探寻红色记忆""党旗在基层一线高高飘扬""'七一'重要讲话学习打

征 途

卡""请党放心、强国有我"主题党日等活动。通过征集书画摄影篆刻作品、唱红歌颂党史、举办义化大党课寺活动，用艺术的形式讲好党史故事，汲取奋进新征程的智慧力量。院属党支部分别与临沂市自然资源和规划局、市生态环境局等20家单位开展党建共建活动三十余次，通过座谈交流、业务指导、红色教育、爱心助残、帮扶慰问等形式，促进党史学习教育走深走实。

在思想引领中汇聚磅礴力量。始终坚持正确政治方向，积极培育和践行社会主义核心价值观，开展干部职工思想动态调研，引导党员干部筑牢信仰之基，补足精神之钙，把稳思想之舵。加强意识形态和舆论宣传，引领正确导向，2021年共发表对外宣传报道1400余篇，持续讲好地矿故事，唱响地矿好声音，教育引导干部职工坚定理想信念，恪守报国情怀，勇担历史重任。组织"珍惜光荣历史、永葆政治本色"座谈会，开展"红色基因我传承"教育宣讲活动，充分发挥离退休老党员余热，做好薪火相传，帮助年轻一代"铸魂补钙"。

锻造党建品牌　引领发展方向

倾听群众呼声、解决群众问题，七院用叫得响、立得住、传得开的党建品牌引领发展，温暖民心，坚持"建好基层组织"的鲜明导向，建设地质报国的坚强战斗堡垒。

以"三个一"促进"四新"格局。按照"一年创建，两年提升，三年巩固"的目标，在全院开展"一支部一亮点、一产业一品牌、一党员一故事"三个一活动，打造出一批特色鲜明的亮点品牌，涌现出一批优秀模范党员。有力促进了党建与业务深度融合。开展"党建+安全"、党员带头抓安全活动，以"党员带头不违章、党员带头查违章、党员身边无违章"为工作原则，让党员带头当查安全、管安全的表率，成为抓安全生产的主力军。通过"党建创新大动力"活动开展，形成基层党建工作有新抓手、党建水平有新提升、党建氛围有新变化、党建成效有新显现的"四新"党建工作格局。

以责任担当锻造沂蒙地矿铁军。紧跟习近平总书记"传承红色基因，赓续精神血脉"指示，弘扬"沂蒙精神"，充分发挥专业优势，服务沂蒙经济发展。成立 12 个"县区技术服务指导中心"、组建"应急救援先锋队""防疫党员服务队",做到假日休息有党员奉献哨、急难任务有党员突击队、险重工作有党员服务队。积极协助地方政府开展应急救援、地质灾害隐患巡查、监测调查等工作,充分发挥服务地方的前沿"哨所"作用。面对疫情严峻形势,通过领导带头、支部攻坚、党员冲锋,合力织牢疫情"联防联控网",全力维护职工群众健康和社会秩序稳定,锻造一支敢打、善拼、能赢的沂蒙地矿铁军。

聚焦群众需求 凝聚奋进力量

责任使命在肩,人民的需要,就是集结令和冲锋号角。七院人坚持实字贯串,在兴办实事中坚定奋进信念。

对内聚焦职工权益办好实事。陆续实施增设快递柜、扩建集中充电车棚、改造单身职工宿舍、改造东沿街办公用房、维修付庄基地路面等多项民生工程。在院办公楼建设安全文化走廊、廉政文化走廊,在办公区、家属院及蒙阴基地新增党建雕塑、标识、文化墙 43 处,美化办公环境,提升职工文化自信。聚焦职工身心健康,积极筹建工会"职工之家",涵盖"运动健身室""减压疏导室""图书阅览室"等。通过一系列有"温度"的服务,千方百计解决一线职工工作、思想、生活中的具体问题,提高干部职工的归属感、幸福感、获得感、安全感。

对外聚焦社会责任办实事。七院党委将第三期"问事七院"主题确定为"聚焦群众'急难愁盼'",组成 9 个调研组分别到临沂市自然资源和规划局、市生态环境局、市应急管理局等 21 个服务对象单位征集问题 68 个,通过临沂电视台现场公开问事,及时回应社会关切,打开了服务对象单位及社会群众了解七院的窗口,实现"需求"与"服务"高效对接,有力提升了服务地方社会发展的能力和水平。

对于服务对象单位和广大社会群众提出的每个问题,地矿七院都做出详细的整改方案并积极与服务对象单位对接,形成合力推动解决:

征　途

　　针对"地灾预警监测"问题，主动对接临沂市应急救援指挥服务中心，将自主开发的地质灾害监测预警系统与临沂市应急指挥系统联网共用，可为临沂市防灾减灾、应急救援提供全天候技术支撑。

　　针对"为生态保护修复提供专业技术服务"要求，成立了"山水林田湖草技术研究院士工作站"，加入"临沂市山水专班"，积极为沂蒙山区域山水林田湖草沙一体化保护和修复工程提供高质量技术服务，推动沂蒙老区"生态美"与"百姓富"的有机统一。

　　针对"采空区治理问题"，依托"罗庄棚户区改造采空区治理"项目，探索形成独具特色的采空区综合治理"罗庄模式"，消除采空区安全隐患，同时极大提升区块经济价值。

　　针对"通过业务工作助力乡村振兴"要求，在多个地区圈定了富硒、富锌、富锗土壤范围，指导特色农业发展，为乡村找水打井，解决生活用水难题，助力乡村振兴。

　　针对"加大地学科普力度"问题，组织沂蒙地矿流动小讲堂进学校、进社区，引导广大中小学生、社会群众积极了解地学科普知识，为沂蒙教育事业贡献智慧和力量。

　　党旗如炽砥中流，沂蒙大地写春秋。一面旗帜，历经风雨，愈加鲜艳；一支队伍，久经磨炼，斗志弥坚。按下七院"大党建引领大发展"的回放键，一项项亮点工作犹如一个个跳跃的音符，奏响了一曲曲动人的绚丽乐章。

　　谈及下一步工作，七院党委书记、院长余西顺目光如炬、信心满怀："我们将在习近平新时代中国特色社会主义思想指引下，持续构建'大党建引领大发展'格局，坚定勇当尖兵的信心决心，保持爬坡过坎的压力感、奋勇向前的使命感、干事创业的责任感，传承发扬七院金刚石找矿'红旗精神'，勇于担当，敢于拼搏，为临沂经济建设贡献地矿力量！"当前，七院正上下一心，以干事创业的热情、动真碰硬的豪情、奋发有为的激情，全面推进各项重点任务，积极服务全省及临沂发展大局，在高质量发展的道路上砥砺奋进，在新时代的征程中阔步前行。

▲ 山东省委党史学习教育第十四巡回指导组王庆勇秘书长调研指导

▲ 山东省地矿局党委书记、局长张忠明到七院一线项目部检查指导

征途

▲ 山东省地矿局党委副书记倪军带队到七院进行"大调研、大走访"

▲ 党的十九届四中全会精神学习班交流研讨会

▲ 七院举办党的十九届五中全会精神报告会

▲ 在庆祝建党 100 周年文艺会演暨先优表彰大会上为先进支部亮点授旗

征途

▲ 为部分老党员颁发"光荣在党 50 年"纪念章

▲ 与临沂市自然资源和规划局、山东土地集团临沂有限公司共同举办庆祝中国共产党成立 100 周年文化大党课

▲ 参加山东省地矿局"辉煌 70 载 讴歌新时代" 庆祝新中国成立 70 周年合唱会演

▲ 七院党委理论学习中心组集体学习

征途

▲ 重温入党誓词

▲ 联合临沂市自然资源和规划局开展走访慰问主题党日活动

▲ 与临沂市自然资源和规划局开展"浓情端午粽飘香 共学共建促融合"结对共建活动

▲ 七院参加省地矿局党的十九大精神知识竞赛，获一等奖

征途

▲ 组织党员干部前往临沂市兰山区廉政警示教育基地参观学习

▲ 开展庆祝妇女节"当好廉内助 守住幸福门"家庭助廉活动

▲ 召开全院党史学习教育动员大会

▲ 七院荣获党报传媒大奖

征 途

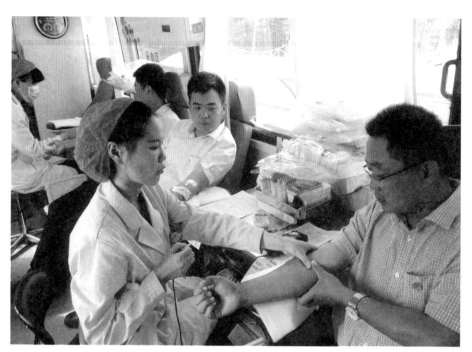

▲ 组织职工无偿献血

▲ 沂沭河科考公益行动

蓝图五：制度落实年进行时

2021 年 4 月 8 日，七院举办制度宣讲开班仪式，开启"制度落实年"序幕，这是七院开展"庆百年华诞，展红旗精神，谱十四五新篇"大学习大培训大提升大落实活动的重要环节之一，也是 2020 年"制度创新和管理提升年"活动的有效延伸和有力落实。

2020 年以来，为贯彻落实局党委工作安排部署，推动治理体系和治理能力再上新台阶，七院坚持创新制度、完善体系、强化管理、提升效能的原则，高度重视制度建设、内部管理提升工作，制定了"三步走"制度建设规划。

第一步，2019 年为"内部管理和地质成果双提升年"，重点抓内部管理、成果提升，内抓管理外树形象，着力解决"有章可循"的问题；第二步，2020 年为"制度创新和管理提升年"，重点抓制度创新、管理提升，堵塞管理漏洞，努力实现"有章应循"的阶段目标；第三步，2021 年组织开展的"制度落实年"活动，重点抓制度宣贯培训、制度执行优化，夯实执行基础，确保"有章必循"。七院将"制度落实年"活动与局"制度创新和管理提升年"活动、院"大学习大培训大提升大落实"活动相互融合、一体推进，以制度建设、培训、执行、监督、考核为抓手，引导职工自觉维护制度刚性，切实遵规履职，全面建立"尊崇制度、执行制度、维护制度"的合规文化。

夯"实"工作基础

抓住关键，为制度落实明确重点。"制度落实年"活动实施方案是对局"制度创新和管理提升年"活动的再落实再推进再细化，该活动对制度落实的范围、宣贯和监督重点做了明确，结合审计、纪检监督平台，推动全院干部职工自觉尊崇制度、带头执行制度、坚决维护制度，自觉按制度履行职

征 途

责、行使权力、开展工作，推动制度执行落实到位。

分步推进，为制度落头找准目标。活动积极推动制度体系构建，在"一事两企"制度汇编的基础上，配套《廉政风险防控工作管理台账》《七院工作流程汇编（含配套说明）》，逐步形成系统的制度治理体系，进一步夯实制度创新和管理提升年活动工作基础。

抓"实"宣传贯彻

多策并施，为制度落实做好宣贯保障。通过"四项创新"举措，助推活动巩固深化。一是创新开展"制度固定宣讲日"。将每周四定为固定宣讲日，通过72项制度现场宣讲及60项制度录制视频宣讲的形式，实现实体、科室、办事处、项目部四个层级全覆盖。二是创新开展"制度学习党员先行、制度宣讲党员先行、制度执行党员先行"活动。院党委、各部门党员干部发挥先锋模范带头作用，带头开展制度学习、宣讲、执行。目前各相关科室深入一线项目开展五次制度宣讲活动。三是创新开展"简制便民"行动。创新编制《学制度汇编问答手册》，为全面落实制度要求、开展各项工作提供便利。四是创新实施"每月一简报"形式，精选活动内容，确保宣贯活动导向正确、宣传到位、贴近职工。

落"实"回头整改

从严要求，为制度执行纠正偏差。将持续开展"制度落实年活动回头看"行动，围绕制度落实执行，以"一走一问一印迹"为主线，认真自查自纠，查摆问题，找出病灶。以"深入一线走流程"为落脚点，召开内部控制建设和运行评价会议、开展"制度宣贯执行"专项检查及专项答题、"制度流程落实执行"征求意见活动，力求发现问题、对症下药、靶向治疗，推动建立健全推进制度执行落实的机制。以"问事七院——制度执行专题会议"为着力点，通过现场问事的形式，抓好"深入一线走流程"专项活动后续整改落实，做到核查彻底、落实到位。制作"宣传视频"保存工作成果，记录一个时期管理发展的印记，宣传制度创新和管理提升活动成果。

"制度落实年"活动以学习、宣贯、自查、整改四方面工作贯串，有序衔接，一体推进，在全院营造自觉尊崇制度、严格执行制度、坚决维护制度的良好氛围。七院将始终坚持把提升治理能力作为高质量发展的重要方向，引导职工依法依规履职尽责，驰而不息地加强制度建设、狠抓制度执行、全面提升内部管理水平。

▲ 2020 年 5 月，全局制度创新和管理提升年现场观摩活动在七院召开

▲ 七院举办制度创新和管理提升年活动收官培训会

▲ 院领导赴野外施工项目调研

▲ 制度创新和管理提升专班到项目机台进行制度执行情况专题调研

征途

▲ 制度创新和管理提升专班到项目机台进行制度执行情况专题调研

▲ 开展"制度学习、宣讲、执行"党员先行主题党日活动，送制度下基层

▲利用"制度落实年"活动固定宣讲日宣讲制度

▲七院管理制度汇编

征 途

蓝图六：人才队伍建设纪实

近年来，七院高举习近平新时代中国特色社会主义思想伟大旗帜，贯彻落实习近平总书记关于产业工人队伍建设改革工作的一系列重要论述精神，坚持以满足广大职工成长成才需求为导向，紧紧围绕"政治上保证、制度上落实、素质上提高、权益上维护"的目标任务，聚焦"思想引领、建功立业、素质提升、地位提高、队伍壮大"五大措施，高起点谋划，高质量推进，高标准落实，创新方式方法，完善政策体系，为地矿事业高质量发展提供人才支撑和基础保障。

强化"三大引领"

一是强化政治引领。始终把学习贯彻习近平新时代中国特色社会主义思想作为首要政治任务，着力把党的意志和主张落实到职工中去。向职工发放党史学习书籍 600 余册，开展党史宣讲 16 次，全院开展党史集体学习 168 次，引导党员干部逐步认识历史发展规律，进一步深刻理解马克思主义为什么"行"的问题。历"践"促学，筑牢初心使命。精心制作安装建党一百周年党建雕塑三处，组织职工到沂蒙红嫂纪念馆、华东革命烈士陵园、沂蒙革命纪念馆接受革命教育。制作发布《深入学习党史，弘扬"沂蒙精神"》党史学习教育微视频，感受沂蒙精神的至深情怀，进一步理解中国共产党为什么"能"。品"悟"明学，把稳思想之舵。组织职工到"沂南朱家林田园综合体示范产业园""党的群众路线主题教育展览馆"学习，开展 23 次党性教育主题党日活动，让职工感受党带领人民谋复兴的磅礴力量，进一步感悟中国特色社会主义为什么"好"。

二是强化党建引领。在职工队伍中开展"党旗在一线高高飘扬"、庆祝建党 100 周年系列活动，引领职工感党恩、听党话、跟党走，真正做到"学史明理、学史增信、学史崇德、学史力行"。全院 14 个党支部学在前、行在先、做表率，全部跨入先进以上行列。开展"一支部一亮点、一实体一品牌、一党员一故事"活动，打造出一批特色鲜明的亮点品牌，涌现出一批优秀模范党员。以"党建＋生态修复""党建＋绿色勘查""党员示范队""机关四星三最"等为创建亮点，打造创新创效的党建名片。创树"金刚石找矿王牌军""现代农业助力军""油气勘查铁军"等产业品牌，激发发展"红色动能"，有力促进了全院党建与业务的深度融合，形成基层工作有新抓手、技术水平有新提升、发展氛围有新变化、工作成效有新显现的"四新"工作格局。

三是强化文化引领。将"地质报国、事业立局、科技引领、有为有位、争创一流"新时期地矿工作理念融入具体工作，形成价值认同。在全院大力宣传劳模精神、劳动精神和工匠精神，开展党史学习教育劳模工匠宣讲报告会，大力报道"沂蒙工匠"先进事迹，引领干部职工创先争优。深化"中国梦·劳动美"主题宣传教育，举办演讲比赛、红歌大赛和摄影书画展，开展微视频大赛、最美地质职工评选，引导职工自觉做中国特色社会主义的坚定信仰者、忠实实践者。与临沂电视台合作推出《蒙山》大型电视文教片，发起承办"又见沂蒙山"首届临沂地质文化年活动，增强了职工对党的创新理论的政治认同、思想认同、情感认同。

聚焦"三项任务"

一是组织职工创新创效活动。聚焦职工技能形成体系，搭建平台载体，强化赋能提升，汇聚起推动发展的强大力量。积极参加优秀职工技术创新成果申报工作，《新疆和硕县可可乃克矿区 1490 米标高以浅特大型锶矿详查》项目荣获全国能源化学地质系统优秀职工技术创新成果二等奖，极大地促进创新创造，激励广大职工投身万众创新的时代洪流。在 2020 年成立金刚石成矿机理与探测院士工作站的基础上，2021 年新增山水林田湖草院士工作站、城市地质院士工作站。资质增项升级实现新扩大。新增房产测绘乙级资质和信息安全管理体系认证证书，开拓新的工作领域取得山东省生态环境服务能

征途

力评价证书。实验室资质扩项 569 项，总体达到 1327 项，进一步推动产业工人队伍建设改革向纵深发展、向基层延伸。

二是深入开展主题劳动竞赛。聚焦建功立业，打造有"干劲、闯劲、钻劲"的职工队伍，组织开展大地质服务、无人机测量、驾驶员培训等各类劳动和技能竞赛，参与职工 605 人次，发明创造 1 项，申请专利 33 项，1 人荣获中国地质学会"第四届野外青年地质贡献奖——金罗盘奖"，1 人被评为全国农用地土壤污染状况详查表现突出个人，1 人被评为山东省自然资源系统先进个人，9 人荣获山东省地球物理科学技术一等奖、10 人荣获全局优秀 QC 成果一等奖。在 2021 年山东省"技能兴鲁"职业技能大赛——第二届地质系统地理信息产业（无人机摄影测量）职业技能竞赛中，1 人荣获三等奖，2 人荣获优秀奖，团体荣获三等奖。

三是大力服务地方高质量发展。聚焦服务全省工作大局，充分发挥地质工作的先行性、基础性、公益性、战略性职能作用，引领产业工人为服务全省"七个走在前列""九个强省突破"贡献力量。加强服务地方力度，与地方政府、职能部门深度交流，在全局率先出台《服务临沂经济发展提供地质技术服务方案》，向社会大众公示 48 项无偿地质技术服务。编制生态保护修复工程实施方案，推进沂沭河、蒙山山水林田湖草综合整治列入国家重点工程。制定临沂市自然灾害应急地质技术服务方案和预案，提供自然灾害防治与应急救援服务，以专业优势助力沂蒙老区经济社会高质量发展。

坚持"三条途径"

一是扎实推进院务公开民主管理工作。以制度为保障，切实维护职工合法权益。修订《关于深化院务公开民主管理工作的意见》，建立《劳动争议调解组织工作制度》，成立劳动争议调解领导小组，完善《工会工作制度》《工会经费使用管理办法》等。以职代会为载体，不断强化民主管理水平。定期组织召开职代会，接收解答职工代表提案，审议院重大决策和涉及职工切身利益的重要事项，充分调动职工的积极性和创造性。创新提升民主管理模式。打造"问事七院"监督问效平台，促使党内监督、上级监督和群众监督紧密结合，常态化开展，有效打破部门沟通壁垒，推动重点工作落实，回应职工群众关切。

二是切实开展"我为群众办实事"活动。实施民生工程。改善职工公寓环境，修建公寓花园，改造停车场场地，提升职工餐厅条件，实现全院美化绿化，提高整体环境。建设篮球场、羽毛球场，推行工间操，提供优良的健身场地和体育设施，极大地提升了职工身体素质。加强职工关爱。每年定期为全院在职及离退休职工开展健康体检，组织加入本地医疗互助保险，在职职工全部参与，有效减轻了个人医疗费负担。持续开展送清凉、送温暖、送健康和金秋助学活动，加大产业工人服务力度。积极实施困难职工帮扶、青年职工婚恋交友等活动，发放各类帮扶资金和慰问物资三十余万元，惠及职工一百余人次。

三是有效发挥工会劳动保护作用。开展项目部标准化建设，提高野外一线职工生产、生活条件，为职工定做四季野外工作服，配齐各类防护用品，提高一线职工归属感。提高职工安全生产意识，组织职工参加院安全生产工作会议，参与劳动安全措施、经费等方案的制定和实施，夯实安全生产基础。组织野外一线项目部开展消防应急处置演练、道路交通安全知识培训，提高全员安全生产水平。集中组织开展全员安全生产教育培训，深入开展"山东省地矿局安全生产百日攻坚行动""安全隐患拉网式行动""查保促""安全隐患随手拍"等群众性监督检查和隐患排查活动，查找并整改事故隐患和职业危害数量107件，为地质事业高质量发展持续保驾护航。

强化"三个支撑"

一是以人才为支撑，提升业务能力。聚焦提升职工队伍素质能力，开展"庆百年华诞，展红旗精神，谱十四五新篇"大学习大培训大提升大落实活动。制定《中青年人才选拔培养办法》，明确三个梯队培养目标。开设"沂蒙地矿大讲堂"28讲，培训3100余人次，组织参加外部专业培训44次。加

征途

入临沂市技术人员继续教育平台，全员继续教育学时达标。利用好省直事业单位技师考评试点平台，积极组织全院 152 名职工参加技术等级考核评定工作，优化岗位设置，确保技能人才能够适时竞岗、有序聘任。2020 年以来，新增正高级工程师 1 名，高级工程师 14 名，3 人获得注册师执业资格。1 人获局第二批科技领军人才、1 人获金罗盘奖、1 人获第四届曹国权地质科学奖青年奖，1 人获得十大"沂蒙工匠"。技术质量实现大提升，获省部级科学技术二等奖 1 项，厅局一等奖 2 项、二等奖 1 项、三等奖 4 项、十大找矿成果奖 1 项，省级行业协会一等奖 1 项、二等奖 2 项。出版专著《山东省宝玉石和观赏石》《山东原生金刚石矿成矿、找矿理论方法创新及应用》《金刚石原生矿勘查规范》等。

二是以技术为支撑，提升攻坚能力。实施"一人一策""一人一案"技术人员培养办法，充分发挥技术特长，全面调动职工积极性，组建了生态修复中心、城市地质调查中心等七大中心。抽调精兵强将 24 人组成攻坚专班，克服时间紧、任务重、数量大等各种困难，精益求精，不舍昼夜，历时三个月完成了《沂蒙山区域山水林田湖草沙一体化保护和修复工程实施方案》，成功通过全国竞争性评审。产业工人比较集中的勘察施工公司，承担了临沂市奥体中心勘察和桩基工程项目等一大批市重点、民生工程，有力发挥了技术服务保障作用。山东省地矿系统"五一劳动奖章"获得者胡自远，带领水文地质所职工，发挥环境治理技术优势，出色完成临沂市罗庄区银凤湖片区煤矿采空区治理工程，得到当地政府高度认可，取得良好的社会效益，成功打造了"罗庄治理方式"。

三是以制度为支撑，提升执行能力。实施制度建设"三步走"，2019 年为"内部管理和地质成果双提升年"，2020 年开展"制度创新和管理提升年"，2021 年创新开展"制度落实年"，压茬进行、融合促进。在事企两套制度汇编的基础上，逐步形成系统的制度治理体系，进一步夯实制度创新和管理提升年活动工作基础。创新开展"制度固定宣讲日"，将每周四定为固定宣讲日，通过 72 项制度现场宣讲及 60 项制度录制视频宣讲的形式，实现实体、科室、办事处、项目部四个层级全覆盖。创新开展"简制便民"行动，编制

《学制度汇编问答手册》，为全面落实制度要求、开展各项工作提供便利。围绕制度落实执行，以"一走一问一印迹"为主线，认真自查自纠，查摆问题；以"深入一线走流程"为落脚点，建立制度执行落实机制；以"问事七院—制度执行专题会议"为着力点，抓好制度执行整改落实，做到核查彻底、落实到位。

征途

▲ 全局党史学习教育劳模工匠宣讲团到七院宣讲

▲ 开展"祭英烈传承红色基因　学党史聚力继往开来"清明祭英烈活动

▲ 召开职工代表组长联席会议，表决审议新修订《事业单位章程》

▲ 组织职工到"沂南朱家林田园综合体示范产业园"参观学习，开展党性教育主题党日活动

▲ 在全省第二届地质系统地理信息产业职业技能竞赛喜获佳绩

▲ 组织野外一线职工开展应急消防演练

蓝图七：播撒地质科普芬芳

2018 年 11 月，七院成立了"沂蒙地矿流动小讲堂"，这也是七院"六个一"活动中精彩的一环。这既是七院发挥地质工作公益属性，促进地质工作深度融入乡村振兴战略的有力实践，也为进一步融入地方发展、服务地方建设，为地方教育事业贡献了地质智慧和力量。由 30 名青年地质工程师组成讲师团，为临沂市中小学生送去了丰富的地质科普知识，并发放小课堂精心制作的《山东金刚石地质找矿成果简介》学生版和《防灾减灾科普手册——地震篇》《十万个为什么》《中国地理》《解读地球密码》等书籍，为实施乡村战略、提高农村教育质量贡献了地质人的智慧。在每一个孩子的心中种下地质科普之花，播撒下地质的芬芳。并因此被山东省直机关工委授予 2019 年度"青年文明号"。

2019 年 4 月 24 日，七院沂蒙地矿流动小讲堂（第 7 讲）走进临沂北城小学。由七院的青年工程师袁丽伟为 500 名小学生上了一堂关于《岱崮地貌》的地质科普课，活动现场为每名小学生发放了《山东金刚石地质找矿成果简介》学生版。并赠送学校书籍《解读地球密码》36 册。课堂上，袁丽伟精心准备制作的课件吸引了同学们的注意力。风景秀美的沂蒙山层峦叠嶂，同学们对岱崮地貌产生了好奇，袁丽伟讲述了岱崮地貌形成方式和主要分布地点，最后对有关"崮"的几个红色小故事与现场 500 名学生进行互动分享。通过本次授课，同学们对沂蒙山岱崮地貌有了更清晰的认识，对沂蒙红色文化有了更深的了解，对脚下这片红色热土更多了一份荣誉感和自豪感。袁丽伟号召同学们当好沂蒙红色文化的传承人，发扬光大沂蒙精神，长大后做对社会有用的新时代社会主义建设接班人。

临沂市北城小学校长张淑琴指出，小小的地质知识点，蕴含着大智慧。七院在第 50 个世界地球日活动宣传周期间，走进北城小学举办地质科普进校园活动非常有意义，不仅拓宽了学生视野，增长了见识，也点燃了同学们对家乡地质科学追求的梦想。希望七院继续加强与学校的合作交流，共同为沂

征途

蒙革命老区的学生撑起一片地质科普的蓝天。

2021年3月5日，沂蒙地矿流动小讲堂团队携带地质科普知识和爱心物资，赴平邑县地方镇王家庄小学开展主题为"暖心三月学雷锋，志愿服务在行动"的献爱心送温暖活动。小讲堂团队的青年工程师贾志斌为同学们上了一堂主题为《闪光钻石》的地质科普课。小讲师团队还向老师和同学们科普了国家高分辨率对地观测系统的知识，并介绍了高分临沂中心和临沂地质资源环境大数据中心的相关情况。让孩子们学到了国家高分辨率对地观测系统的知识，激发了他们对航空航天事业的兴趣和学习钻研的热情。

在费城镇东新安小学、莒南洙边镇中心小学、兰陵县车辋镇李村小学、临港经济开发区朱芦镇中心小学、临沭县玉山镇唐岭小学、罗庄区黄山镇中心小学、蒙山实验学校、蒙阴县野店中心小学、郯城县郯城街道十里小学、平邑县蒙阳新星学校、沂南县岸堤镇中心小学、沂水县黄山铺中心小学……都留下七院青年工程师的身影。

课堂上，七院的地质工程师们用精心准备的课件，通过一张张精美图片和视频资料的生动展示，并与同学积极互动，他们提出了多个问题引起了同学们的好奇：什么是地质勘查？地质工程师的宝贝是什么？什么是金刚石？什么是蓝宝石？什么是大地质服务？一个个新奇的问题，勾起了同学们的好奇心。通过学习，同学们对地质勘探有了初步的认识，对活跃在沂蒙大地上的这支硕果累累的专业地质勘查队伍有了新的了解，不禁感叹大自然的神奇与魅力，更对这支为临沂市经济社会发展作出重要贡献的地质队伍肃然起敬。

同时，在原有地学科普主题的基础上，又积极探索开展了新冠肺炎疫情防控课、开展了宪法知识进校园、防灾减灾知识科普课，及党史学习红色科普，引导学生知党史、感党恩、听党话、跟党走，让红色基因、革命薪火代代传承。

近期，结合《问事七院》第三期，针对部分市、县区提出加强科普的要求，沂蒙地矿流动小讲堂将致力做好以下四点：

一是加大"请进来"力度。邀请临沂市的中小学生和地质爱好者来七院，参观展览室，了解各种岩石背后的地质故事；到实验室做各种新奇的实验，激发他们的探索之心；到高分中心科普基地参观，深入了解国家高分辨率对地观测系统的知识，激发他们对航空航天事业的兴趣和学习钻研的热情；到山东省实物地质资料中心临沂库参观，让大家认识临沂市地层特点及各种矿产的母岩，了解岩心的数字化扫描流程。

二是加大"进校园"力度。充分发挥各县区办事处纽带作用，联合各县区自然资源部门，通过动画视频、实例讲解、图片展示等方式，扩大科普维度，拓展科学视野，推动科普工作与学校学科教育资源相衔接，助力提升临沂市中小学生综合素质。

三是加大"进社区"力度。针对世界地球日、世界环境日、全国土地日、中国航天日、防灾减灾日等节日，联合临沂市及各县区自然资源、应急部门，在各县区开展丰富多彩的室外宣传活动，通过散发宣传页、现场讲解等方式，为当地群众送去丰富的地学科普知识。

四是开展"现场教学"。联合临沂市自然资源和规划局、临沂市教育局、临沂日报小作家团等，赴沂蒙山世界地质公园、临沂地质博物馆等科普基地，现场进行地质科普教育，从地质角度讲解沂蒙山独有的地质结构，宣传建设沂蒙生态文明实践高地、红色文化传承高地，引导青少年了解家乡、热爱家乡，长大后建设家乡。

截至 2021 年 11 月底，沂蒙地矿流动小讲堂已走遍临沂三区九县共开展 46 讲，为 1.5 万余名中小学生送去丰富的地质科普知识。一个个精彩的地质故事、一次次地质科普知识进校园活动，使同学们不仅增长了地质知识，更对地质工作产生了浓厚兴趣。成千上万颗地质科普的花朵，播撒在校园里，播撒进孩子们的心田里，假以时日，沂蒙大地将弥漫着地质芬芳，沁人心脾。

征途

▲ 沂蒙地矿流动小讲堂荣获省直机关"青年文明号"

▲ 沂蒙地矿流动小讲堂科普地质知识

▲ 临沂市第十一中学学生走进七院

▲ 沂蒙地矿流动小讲堂课堂上，学生互动回答问题

征途

▲ 沂蒙地矿流动小讲堂开展"党史知识进校园"活动

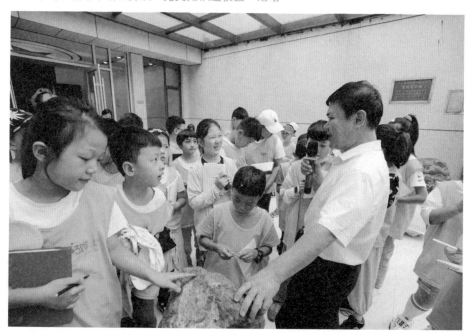

▲ 七院总工程师肖丙建为小学生讲解地质知识

▲ 沂蒙地矿流动小讲堂走进临沂市红旗小学，为学生送去科普知识及科普书籍

▲ 沂蒙地矿流动小讲堂走进沂南县蒙河，解密五彩石

蓝图八：问事七院问责问效

2021 年 8 月 12 日，七院第三期"问事七院"现场会在临沂市广播电视台演播大厅成功举办。山东省地矿局党委副书记、一级巡视员倪军，局机关纪委书记、离退休工作处处长王彦安，临沂市自然资源和规划局一级调研员李景波，临沂市地震台副台长庄乾元，沂蒙山世界地质公园管理局四级调研员崔宏伟等领导莅临现场指导。临沂市应急管理局、临沂市生态环境局、临沂市林业局、各县区自然资源和规划局等单位派出代表参加并现场担任问事观察员，对问题答复情况现场进行满意度测评。本次现场会通过"爱临沂"客户端进行了全程直播。

为深入贯彻落实"学党史、悟思想、办实事、开新局"的总体要求，推动党史学习教育同解决实际问题紧密结合，本期"问事七院"以"聚焦群众急难愁盼"为主题，聚焦市自然资源和规划局、市生态环境局、市地震局等服务单位及广大社会群众在地质工作领域急难愁盼问题。在两个多小时的现场问事中，回答了相关单位提出的如何推进沂蒙山区域山水林田湖草沙一体化保护和修复工程；由七院实施的罗庄采空区治理方式能否在其他县区推广；可否在水、气、土壤等环境监测方面为市生态环境局提供技术服务等 14 个方面的问题，七院分管院领导、部门负责人当场回答，认真诚恳表态，并就压实责任、深入整改做出郑重承诺。参与现场测评的 15 位"问事观察员"按下表决器，对相关问题答复情况进行了满意度测评。问事现场严肃认真，"辣味十足"，既让被问事的部门负责人直呼如临大考，又让现场观众感受到扎实优良的作风和刀刃向内的勇气，感受到七院服务临沂经济社会高质量发展的责任和担当。

李景波点评指出，"问事七院"平台的成功打造，是七院狠抓内部管理、改进提升服务、提升工作效能的重要表现。他希望七院与临沂市自然资源和规划局能够进一步深化沟通交流，拓展合作领域，在协同发展上融为一体，提供优质地质服务和专业技术支撑，为加快推进临沂"由大到强、由美到富、由新到精"战略性转变作出新的更大贡献。

倪军在现场点评时强调，"问事七院"平台是七院创新实践的有效载体，从前两期开展情况来看，取得了为职工办实事、办好事、解难事的实际效果，职工满意度较高，产生了良好的影响。"问事七院"第三期以对社会提供地质服务为主要内容，现场问事解答，纾解"痛点"，疏通"堵点"，补齐"断点"，打通服务社会"最后一千米"。他要求，七院要不辜负期望，尽快拿出详细的实施方案，及时回应社会关切，切实解决实际问题，充分发挥地质工作先行性、基础性、公益性、战略性职能作用，不断深化拓展党史学习教育成果，把"问事七院"提升打造成高质高效、精准服务的监督问效平台。

余西顺代表七院党委做出如下表态：一是直面问题，照单全收。虚心接受现场会提出的问题和建议，不折不扣整改，以实际成效取信于民。二是提高站位，强化落实。既要落实好问事答卷，拿出切实可行的整改措施；又要落实好办事答卷，交上一份高质量的满意答卷！

接下来，七院将以党史学习教育为引领、切实发挥好"问事七院"平台作用，汇聚群众参与、群众支持、群众监督的磅礴力量，把学习党史同推动工作结合起来，同解决实际问题结合起来，在不断解决问题中提升服务临沂经济社会发展能力水平，展现主动作为、服务大局的地矿担当。

▲ 2021 年 7 月，第三期"问事七院"在临沂广播电视台演播大厅成功举办

▲ 第三期"问事七院"现场

▲ 第三期"问事七院"现场，山东省地矿局党委副书记、一级巡视员倪军做点评发言

▲ 第三期"问事七院"现场，临沂市自然资源和规划局一级调研员李景波做点评发言

征途

▲ 七院党委书记、院长余西顺做表态发言

▲ 第三期"问事七院"现场，七院相关部门负责人答复各县、区征集的问题

▲ 第一期"问事七院"力戒形式主义、官僚主义专题

▲ 第二期"问事七院"全局现场观摩会

蓝图九：以青春之名谱新篇

正如万物生长离不开阳光和空气一样，任何一项伟大的事业，都离不开一个坚强的领导核心。

"中国共产党立志于中华民族千秋伟业，必须始终代表广大青年、赢得广大青年、依靠广大青年，用极大力量做好青年工作，确保党的事业薪火相传、确保中华民族永续发展。"习近平总书记在纪念五四运动100周年大会上这样说。坚持党对共青团的领导，是共青团建设和发展的根本保证。共青团是党的助手和后备军，是党联系青年的桥梁和纽带，是党的青年工作的重要力量。加强对共青团工作的领导是《党章》规定的党的各级委员会的一项重要职责。"党建带团建"是在基层组织建设实践中探索总结出来的成功经验，是新时期基层团的建设的重要途径，也是巩固党的青年群众基础，凝聚青年力量的时代要求。近年来，七院坚持以党组织坚强的凝聚力和战斗力，带动团组织建设，不断增强团组织的活力和魅力，更好地发挥党的助手和后备军作用，形成了"党建带团建"的良好局面。

坚持院党委的领导，把牢党建带团建的政治方向

党建是团建工作的根本保证，要实现党建与团建的结合，需要党委的重视和支持。因此，共青团在抓团建的过程中，要始终把争取到党委的领导和支持放在首位，让共青团的工作始终沐浴在党的阳光雨露下，保持先进的思想指引、正确的前进方向和强大的力量支撑，努力为共青团工作创造良好的外部环境。"问渠那得清如许，为有源头活水来。"从省地矿局党委到七院党委始终高度重视和解决团组织的实际问题和困难，始终充分信任青年、热切关心青年、严格要求青年，乐于并善于为广大青年施展才华、实现抱负提供广阔舞台。省地矿局党委书记、局长张忠明在"五四"青年节寄语青年"青春心向党、建功新时代"，号召全局广大团员、团干部和青年朋友牢记习近

平总书记的谆谆教诲，听党话，跟党走，彰显出地矿事业接班人的使命和担当。七院党委历年来十分重视共青团工作，一是强化院党委对共青团工作的领导地位，党委委员、党群工作部主任分管共青团的工作，形成了党委系统部门具体抓的机制，为七院党建带团建工作不断向前发展提供了基础。二是安排院团委书记列席院党委理论中心组学习，实现了院党委方针政策第一时间传达到一线的团员青年中，切实把全院广大团员、青年干部的思想和行动统一到院党委的安排部署上来，充分调动了青年职工的积极性、主动性和创造性，让他们为七院的高质量发展贡献青春、智慧和力量。三是日常工作中，七院党委经常过问、了解团建工作开展情况，定期听取共青团工作汇报，经常研究共青团的问题，为共青团的工作要点和团的重大活动出谋划策，提供支持，最大限度地解决共青团在工作中遇到的问题和困难，为团的各项工作开展创造了良好的外部环境和广阔的舞台，使七院共青团工作条件得到了改善。

坚持理想信念导航，筑牢党建带团建的信仰之基

一是坚持政治引领。依托"青年大学习""学习强国"等平台，引导广大团干部和团员青年深入学习贯彻习近平新时代中国特色社会主义思想和党的十九大及十九届历次全会精神，学习贯彻习近平总书记"七一"重要讲话精神，强化理论武装，增强"四个意识"、坚定"四个自信"、做到"两个维护"。深入学习习近平总书记关于青年工作的重要思想，认真研究思考团的工作思路，提高理论指导实践能力，增强干事创业本领。

二是实施理论学习提升工程。根据局团委的安排部署，组建院属青年理论学习小组。七院共有181名青年，组建了15个青年理论学习小组，各学习小组制订了学习计划，明确了学习重点。目前已开展集体学习百余次，开展了系列丰富多彩的座谈会、知识竞赛、经典诵读、观看主旋律电影等活动，组织团员青年到刘少奇在山东纪念馆、沂蒙山小调诞生地、沂蒙红嫂纪念馆等红色革命教育基地接受红色教育，全面推动青年强化政治理论、增强政治

征 途

定力，提高政治能力，防范政治风险，提高青年运用科学理论认识分析解决问题能力。

借助党建运行机制，创新思维，稳步推进团建工作

一是加强组织建设。借助党建运行机制，稳步推进自身建设是加强共青团工作的有效措施。加强团的自身建设，增强团组织的吸引力、凝聚力和战斗力。持续加强基层团组织规范化建设，实现"智慧团建"日常化、规范化运转。加强与院党委的沟通，积极争取党组织对团组织工作的关心与支持，形成全团抓基层工作合力。

二是加强团支部的阵地建设。制定下发《共青团制度汇编》，共6章，27条制度。使团的工作有章可循，权责分明，规范运作。把制度落实与制度创新相结合，根据共青团工作的特点与发展趋势，及时总结经验，促使团的工作更趋规范化、科学化，切实提高共青团工作效率和管理水平，推动团的工作更好运转。

聚焦新时代地质宣传任务，党团联手，推动地矿事业实现高质量发展

立足新发展阶段，贯彻新发展格局，主动融入新发展格局，聚焦新时代地质宣传任务，七院以秉承"守正创新再出发"的核心理念，大力倡树"地质报国、事业立局、科技引领、有为有位、争创一流"的工作理念，促进全体干部职工在理想信念、价值理念、道德观念上紧紧团结在一起，促进各级党委政府和社会各界了解地质工作在保障能源资源安全和生态文明建设方面地位和作用，为七院各项事业的高质量发展提供坚强思想保证，营造良好的地质环境。

一是引导青年立足岗位建功。院团委紧紧围绕全院重点工作，组织团员青年积极承担急、难、险、重任务，使广大团员青年在全院高质量发展的

主战场上贡献才智。积极组织团员青年参加山东地矿大讲堂、沂蒙地矿大讲堂等培训活动，学习专业技术知识；组织青年干部职工参加第三届全国地勘行业职业技能（地质调查员）竞赛、青年科技成果汇报比赛等活动，以赛代练，检验自身技术水平，充分调动全院团员青年奋勇争先的积极性，不负时代、不负韶华，立足岗位，为地质事业高质量发展贡献力量。

二是擦亮品牌活动。由 30 名青年地质工程师组成了地质科普小组，创新开展沂蒙地矿流动小讲堂活动，结合青年的岗位专业特长，定期到临沂各县区学校讲授通俗易懂的地质科普知识，走进临沂各县区的学校讲授地质知识，旨在打造青少年地质科普教育品牌。已开展 46 讲，为 1.5 万余名中小学生送去地质科普知识。用实际行动持续擦亮了"省直机关青年文明号"品牌，秉承"让经典走进大众，让阅读成为时尚"理念，积极推进"读书分享会"走出七院，着力打造七院新品牌。积极组织青年职工参加《新时代　中国梦　话小康》《绽放战疫青春　坚定制度自信》《我为群众办实事》《地矿青年说　永远跟党走》《请党放心　强国有我》等诵读活动，开展"以史为鉴 开创未来"青年演讲比赛，开设"青年先锋论坛"——科技创新专题，谋划全院科技创新发展规划和工作思路，拉开了持续开展青年学术交流研讨的序幕。

三是精准服务需求。恪尽服务青年的职责任务，积极回应青年需求，开展"关爱青年"活动，始终保持共青团组织与最广大青年的紧密联系。以"世界读书日"为契机，向全院干部职工发出读书倡议，并组织开展学习《习近平讲故事》《习近平用典》《论语》《温家宝地质笔记》等书籍的读书活动。组织开展"学《论语》诵经典"读书分享会、"悦读青春、分享快乐"读书会活动，服务青年学习读书的需求。组织开展单身青年婚恋交友，开展交友主题活动。组织开展篮球比赛、乒乓球比赛、登山、环保骑行、健步行等形式多样的青年活动，丰富职工业余文化生活。

四是积极参与社会公益活动。组织青年职工参加临沂 512 防灾减灾宣传活动，向社会大众科普防灾减灾知识；组织开展世界地球日科普宣传活动，唤醒群众对环保的认识，珍惜资源，保护地球。大力加强青年志愿者队伍建

征途

设，组织青年志愿者携带爱心物资走进平邑县地方镇留守儿童小学、看望临沂市儿童福利院孤儿、走进枣园敬老院为老人包水饺，积极承担社会责任，做到服务精准化、队伍专业化、活动常态化，努力在扶贫、助学、助困、助残等救助领域发挥主力军作用，提高七院参与社会公益活动的影响力。

习近平总书记在庆祝中国共产党成立 100 周年大会的讲话中向全国青年提出希望和要求："未来属于青年，希望寄予青年。新时代的中国青年要以实现中华民族伟大复兴为己任，增强做中国人的志气、骨气、底气，不负时代，不负韶华，不负党和人民的殷切期望！"

散是满天星，聚是一团火。坚持党建带团建，依靠党建抓团建，抓好党建促团建，是共青团健康发展的基础和保证。七院的进步与成就，就是七院地矿青年的"诗和远方"。共青团应该聚焦经济发展任务，立足实际工作，以党建带团建，不忘初心，牢记使命，努力开启充满活力的新时代共青团工作，无愧于党的助手和后备军的光荣称号，以青春之名，为七院各项事业的高质量发展再谱新篇章。

▲ 组织开展"巧手撷来月中桂　情满中秋共团圆"DIY 手工月饼活动

▲ 组织青年志愿者赴兰新社区开展 512 防灾减灾宣传活动

▲ 组织志愿者赴平邑县地方镇留守儿童小学开展献爱心送温暖活动

▲ 组织青年理论学习小组成员赴沂蒙红嫂纪念馆开展党史学习教育

▲ 组织开展"学论语、诵经典"读书分享会

▲ 组织团员青年赴平邑开展"传承五四精神　高扬青春风帆"为主题的登山活动

征途

▲ 七院团委组织集中学习习近平总书记在庆祝建党 100 周年大会上的重要讲话

▲ 录制《请党放心 强国有我》视频

蓝图十六：地质报国 银发添彩

初心不改若磐石，笃定前行显本色

近年来，在局党委的正确领导下，七院党委坚守为民服务初心，践行地质报国使命，心系民生促和谐，服务基层促发展，立说立行求突破。关心关爱离退休工作，始终把离退休职工的冷暖放在心上，实现了为民服务的新高度。2017—2020年七院连续被省局评为"离退休工作先进集体、先进单位"。

全院离退休工作总思路是：根据局党委工作部署要求，以"一切为了老同志，真心为老同志服务"为出发点，坚持完善老干部工作制度，突出党建引领，突出服务保障，注重加强文化养老平台建设，注重发挥典型示范带动作用，以退休党支部、老科协、老体协组织、文艺社团、志愿服务队为抓手开展活动，着力解决好老同志关心的实际问题，立足服务，在院党委和老同志中发挥协调和桥梁纽带作用。

建立齐抓共管格局，敬老爱老氛围浓厚

七院党委高度重视离退休工作，专门成立了离退休工作领导小组，并将离退休工作纳入了党委工作议事日程，定期召开成员会议，研究解决实际问题。领导小组成员积极宣传党和国家关于老干部工作的方针政策，教育职工尊老、敬老、助老，新老干部之间形成了相互尊重、相互支持的良好氛围。

强化阵地建设，着力细化人员管理架构

近几年，七院党委高度重视临沂基地家属院环境改造和绿化升级工作，先后接通自来水管道和暖气管道，安装了监控系统、设置了门禁卡，重新规

征 途

划了停车位，优化小区生活环境。投资77万元修建了临沂基地家属院健身活动广场，占地1178平方米，投入4万余元配备了各种娱乐设施和娱乐用品，建立了老干部阅览室。投资18万余元修建了临沂基地老干部活动室"颐心苑"，占地212平方米。先后投资87万余元修建了蒙阴基地健身广场，占地1790平方米。又投资6万余元对临沂基地和蒙阴基地的活动室分别进行了重新粉刷，对党建活动室进行了改造升级。在临沂基地，投资30余万元修建了健身排练厅。

截至2021年7月底，七院现有离退休职工634人，在职职工437人，占在职职工的145.1%。其中离退休党员108人，离退休党总支下设6个离退休党支部。成立了老年科技者协会、老年体协，老干部自我管理中心，银铃志愿者服务队和"助老志愿者"服务队。其中，老年体协，下设太极拳（剑）表演队、模特舞蹈表演队、书画摄影写作创作小组、棋牌兴趣小组以及红旗合唱团等五个兴趣社团。离退休人员基数大，对人员相对集中的地方我们采取了网格化管理，分楼分片区设置了网格联络员，便于日常联系和活动组织。

突出精准规范，着力提升服务保障水平

七院党委始终高度关注关心离退休老同志们的身体和生活。尤其是在老同志们身体欠安住院静养的时候，都会第一时间赶去慰问，在老同志们大寿的喜庆日子里，也会前去送上最诚挚的祝愿。2017年，七院全体干部职工加入了地方社会保险，离退休人员的统筹养老金由临沂市社保部门发放，保证了养老金领取及时。每次养老待遇调整也及时落实到位，切实保障了离退职工的各项生活待遇。七院离退休科设立了离退休职工联系档案，将老同志本人及子女的联系方式等信息进行登记，方便为离退休职工服务。同时建立了"地矿七院离退休管理QQ群"、离退休支部书记微信群等服务平台，畅通沟通渠道，将党群工作部、人事科、地矿物业服务有限公司、蒙阴办事处等相关科室人员加入群管理员，方便老同志在网上进行对口咨询，提高了工作效

率。将老同志的子女纳入管理群，方便了解的生活状况及诉求。坚持每年组织健康查体，对重病、高龄、失能、空巢、独居等困难情况进行摸底，建立特殊人群档案，方便有针对性地进行救助。2017年，七院离退休科倡导成立"地矿七院助老志愿者"服务队，对困难老同志进行多次帮扶，送去温暖与祝福。同时，让青年职工融进离退休老同志的生活，促进老中青三代人的交流。

突出传帮带，着力倡导老同志作用发挥

七院高质量发展，离不开这些老同志们的奉献，虽然他们离开了一线岗位，却仍然心系七院发展，退休不褪色，离岗不离党。积极参与单位大事记编写，走上科普讲堂，为在职职工讲传统、讲党史国史，讲地矿故事，传承红色基因。积极发挥了余热，传承地质报国理念，为青年职工做好榜样，真正起到了传、帮、带的作用。

2021年，七院组织了"助力十四五、奋进新时代，我为党旗添光彩"志愿服务活动，积极参与"薪火课堂"，践行老有所为。在"5·30"全国科技工作者日，组织专家参加"沂蒙地矿流动小讲堂"，到学校为小学生宣讲地质科普知识，捐赠科普书籍。六一儿童节，组织离退休文艺爱好者到地矿幼儿园开展节日联谊，教小朋友们唱红色歌曲，为小朋友们讲革命故事，上爱国主义教育课，将党的关爱传递给祖国未来花朵。

突出内涵发展，着力推行文化养老理念

积极响应七院党委积极融入地方的号召，离退休科工作人员联系临沂市老干局，主动参加临沂市老体协组织的活动。组织离退休文艺骨干参加了临沂市中老年健身球、健身秧歌（腰鼓）、健身气功、太极拳、摄影和棋牌等教练员培训，取得教练员证书。其中，2020年，七院离退休职工李新东参加临沂市离退休干部"初心·使命"宣讲报告团成员选拔赛，取得二等奖。

征 途

积极参与院合唱团、舞蹈队、模特队、太极拳队、棋牌协会、书画摄影协会等多种文体活动团队，配合了全院的精神文明创建活动。并多次在全局离退休职工活动比赛中获奖。还自发成立了银铃志愿者服务队，退而不休献余热，助力现代化强省建设。

2016年以来，在省局举办的离退休职工广场舞比赛、七院蝉联太极拳（剑）比赛、乒乓球比赛优胜奖。2020年参加省委老干部局组织的"传承经典·云诵读"网络朗诵比赛，分别获得最佳创作奖和纪念奖。

七院始终高度重视老年人节日。2018年，组织临沂基地的职工到蒙阴老基地参观，与蒙阴基地的老同志进行茶话联欢，追忆地质青春。2019年，举办"定格幸福的模样"为离退休职工拍婚纱照活动，重圆了老同志的婚纱梦，受到广大离退休职工的高度赞扬。2020年与实验室共同组织"追忆青春，畅想未来"实验室新老职工座谈会，组织实验室退休的老职工回七院参观，架起了新老职工的"连心桥"。

突出典型示范，着力选树模范先优

榜样就像"随风潜入夜，润物细无声"的甘霖，往往能收到"忽如一夜春风来，千树万树梨花开"的效果，让我们的前进有了生动的比照。每年七院都会在离退休职工中评选出"优秀共产党员"和局"优秀离退休职工"，也积极向省委老干部局报送推荐材料。在每年的离退休老干部座谈会或者院情通报会上，邀请优秀离退休职工做事迹汇报交流。结合新时代离退休工作的新要求，交流新思路、新方法，进一步统一思想、凝聚共识，推动离退休工作高质量转型发展再上新台阶。

七院离退休党组织篇：永不褪色的青春

在局党委和院党委的指导和引领下，七院离退休党总支始终把六百余名退休老同志的管理工作放在首要位置。积极探索将党建工作与社区党建、地方党建融合发展，离退休党建融入退休职工生活、科学人性管理、推动地矿发展的新途径和新方法，充分发挥离退休党支部的政治作用，以党建工作激发凝聚离退休职工活力，让离退休老同志发挥余热，助力地矿事业高质量发展。2021年6月，七院离退休党总支被评为省委老干部局"本色家园·银龄榜样"推进融合共建类集体榜样，党建典型案例《坚持"四位一体"筑牢幸福生活》在山东省离退休干部党建网进行展播。

一是强党建，老党员一马当先展初心。

七院离退休党总支高度重视党的建设工作，充分发挥离退休党组织、离退休职工活动中心主阵地作用，组织广大离退休职工深入学习习近平新时代中国特色社会主义思想，引导老党员进一步增强"四个意识"，坚定"四个自信"，做到"两个维护"。

离退休党总支重视支部建设工作，指导离退休各党支部开展组织生活。按时对离退休党总支和6个离退休党支部进行了换届选举，选举年轻、能力强、有奉献精神的党员当选为支委，每个支部配备支部书记、组织委员、宣传委员、纪检委员各一名，配齐了班子，保证离退休各支部正常开展活动。

2020年，突如其来的新冠疫情肆虐神州大地，七院离退休党总支面临很大的挑战。离退休人员分布比较分散，疫情防控期间人员又不宜集中，党建工作开展难度加大。但离退休党总支的老党员们并没有退缩，在全面落实党中央和院党委疫情防控工作部署的同时，把疫情排查工作覆盖到每一位老同志，把组织的关怀传达到每一位老同志，用心用情做好离退休老同志疫情防控工作。按照院党委的安排部署，离退休党支部相关负责人通过电话、微信等不见面方式，逐一了解离退休老同志的生活、居家防疫、身心健康、出

征途

行等情况，并及时与高龄、独居、身患重疾等重点人群或不能接听电话的老同志的家人取得联系，确保不漏一人。并牢牢抓住意识形态的话语权和信息传播的主导权，做好正面宣传引导，确保党的理论、路线、方针、政策贯彻落实。

在收到"心系情牵武汉 驰援抗击疫情"爱心捐款倡议后，老同志们一天内捐款41200元，彰显出了老一辈地质工作者对党的忠诚和对国家的热爱。

二是签共建，推动离退休党建向社区延伸。

为深入贯彻党的十九大精神关于构建和谐社区的要求，紧紧围绕服务群众、稳定社会发展的重心，七院离退休党总支深刻学习领会关于融合共建的指导思想，将活动阵地等资源与社区联合共享，深入开展结对共建活动，努力形成双向受益、共同提高的党建工作格局。

与兰新社区签订共建协议，积极开展党员"双报到"活动，与社区共同开展党员共建，定期开展宣传党的十九大精神、反腐倡廉、崇尚科学反对邪教、家庭教育树新风等主题活动。2019年端午节，与兰新社区共同组织了离退休职工"倡树文明家风，建设幸福家园"端午节文艺汇演；2020年，与兰新社区进行党员共建，开展法治教育活动，邀请临沂市民法典宣讲团进行民法典专题讲座；与临沂市司法局机关党委开展支部共建，邀请临沂市司法局工作人员到家属院和社区现场进行法律咨询和宣传活动。2021年，通过社区联动，与社区党员齐聚共学党史，积极参加社区主题党日活动，与社区联合开展"追忆峥嵘岁月，传递红色星火"主题党课活动，邀请七院抗美援朝老战士颜承忠为社区党员和兰山小学少先队员宣讲党史，重温抗美援朝战争的鲜活历程。

三是促学习，开启党史教育"红色引擎"。

聚焦学思践悟习近平新时代中国特色社会主义思想，七院离退休党总支定期开展理论学习，建立了老党员政治学习制度，定期开展"三会一课"活动，组织观看网上专题报告会、健康讲座。在疫情期间也不放松学习，党总支牵头组织集中收看数次云报告会。健全经常性思想工作机制，关注离退休职工思想动态，武装老同志的大脑，丰富老同志的精神，改善老同志的面貌。

为扎实推进党史学习教育活动，七院离退休党总支开展"清单式"党史学习，指导各支部有序开展理论学习。坚持把组织离退休党员干部学习贯彻习近平新时代中国特色社会主义思想、学习"四史"作为当前首要政治任务，通过党史学习教育网上专题报告会和支部书记带头讲党课、老党员轮流上党课的形式组织离退休党员定期进行党史集中学习；做好"送学上门"，登门为身体行动不便的老党员送上党史书籍，确保党史学习教育全员覆盖"一个都不能少"。依托党史学习教育，组织撰写心得体会，号召老干部在学习的过程中有所思有所悟。组织参加全省离退休干部党员"庆祝中国共产党成立100周年党史知识竞赛"活动，夯实理论思想根基，检验学习成效。通过开展组织生活会的方式进行"政治体检"，交流讨论学习心得，查找自身问题和不足，深刻分析原因，思考改进措施，并签订了整改承诺书，进一步提高政治免疫力。

四是强党性，筑牢理想信念根基。

七院离退休党总支每年年初都会制定"一月一主题"活动计划，为党性学习教育注入"温度"。通过红色游学、现场观摩、先模事迹学习、红色观影、过集体政治生日等形式开展主题党日活动。2020年，开展"善比知福、感恩时代、地质报国、银发添彩"主题教育活动。通过召开一次座谈会、组织一次专题讲座、开展一次主题党日活动、组织一次专题讲座、举办一次知

征 途

识竞赛、编印一本风采录活动，引导老同志为单位发展、支部发展、离退休服务方面建言献策再立新功。2021年，开展"看发展变化·助强省建设"现场观摩活动，组织老党员到沂南县朱家林村观摩党建引领乡村产业振兴战略的新成果，感受到了新形势下基层党组织在推进新农村建设中焕发出的强大生命力。

为深入推进党史学习教育，开展了"颂党恩、跟党走、添光彩""七个一"系列主题活动，组织离退休党总支和各支部开展重温入党誓词、政治理论学习、党性教育、传唱红色歌曲、我来讲党课、志愿服务等一系列主题党日活动。

在建党100周年前夕，为老党员颁发了"光荣在党50年"纪念章，发放政治生日贺卡，让老党员再次接受思想洗礼，时刻铭记入党初心。开展了"向党说句心里话"微心愿征集活动，引导广大离退休党员干部通过文字、书画作品、视频等形式，抒发感党恩、跟党走、践初心、担使命的真情实感，展示了不变的初心和承诺。组织三十余名老党员现场录制了《说句心里话，礼赞百年庆》微心愿视频，深切表达他们对党的无限热爱和感恩之情。

五是传帮带，老一辈钢铁般的凝聚力。

自2019年起，七院离退休党总支持续开展"传承红色基因，弘扬沂蒙精神"主题教育活动，邀请资深老党员、老专家充分发挥"传帮带"作用，结合党史、国史、七院发展史、金刚石发现史等为在职党支部上党课，深刻体悟老一辈共产党人为崇高信仰无私奉献的奋斗精神，使青年党员对共产党员的光荣身份和神圣使命有更深层次理解，帮助年轻一代"铸魂补钙"。2021年党史学习教育期间，组织了"红色基因我传承"党史学习教育宣讲活动，由离退休支部书记带头讲党课，讲述革命、建设、改革历史进程中的动人故事、分享身边优秀离退休干部党员的先进事迹，从党的光荣历史和先模人物、先进事迹中汲取政治智慧和道德滋养。

▲ 举办"定格幸福的模样"为离退休职工拍婚纱照活动

▲ 组织离退休职工开展"追忆革命岁月 弘扬沂蒙精神 永葆政治本色"为主题的红色游学活动

征途

▲ 组织离退休党员到临沭县曹庄镇朱村开展主题党日活动

▲ 组织老党员到沂南县朱家林村观摩党建引领乡村产业振兴战略的新成果

▲ 参加全局离退休职工健身舞大赛

▲ 举办"弘扬沂蒙精神、倡树文明家风、建设幸福家园"端午节文艺汇演

征途

▲组织离退休人员开展红色游学和沂蒙拥军特色体验活动

▲组织离退休人员开展红色游学和沂蒙拥军特色体验活动

蓝图十一：畅谈愿景共话蓝图

借由对一张张蓝图的探究，再次采访了七院余西顺院长。谈到未来地质工作的愿景展望，余西顺院长介绍说，党的十九大确定了未来党和国家事业发展的总纲领、总部署和总目标，为新时代地质事业的发展指明了方向，提供了遵循。展望未来，地质工作将以习近平新时代中国特色社会主义思想为指导，坚持以人民为中心，坚持五大发展理念，坚持山水林田湖草生命共同体，以需求和问题为导向，以科技创新和信息化建设为动力，树立地球系统科学观，推动地质工作不断满足经济社会高质量发展和生态文明建设的重大需求，解决经济社会发展面临的重大资源环境问题，提升支撑服务自然资源管理的能力，实现从地质大国向地质强国转变。

国家要求新时代地质事业改革发展，要重点抓好以下几方面的工作：要为实现"两个一百年"目标提供稳定、经济、可靠的能源、矿产、水和其他战略资源安全保障。加大低碳清洁能源矿产、大宗紧缺矿产和战略性新兴矿产资源勘查开发力度，提高国内资源保障能力。要为实施区域协调发展等"七大战略"和打赢"三大攻坚战"等国家重大战略，推动经济高质量发展，建设美丽乡村，提供更加精准、有效的支撑服务。着力推进海洋地质、生态地质、农业地质等工作，拓展地质工作领域，延伸地质工作链条。要为生态文明建设和自然资源管理提供有效的技术支撑和高质量的解决方案。加强自然资源数量、质量、生态"三位一体"调查评价，开展资源环境承载能力评价、国土空间开发适宜性评价、生态系统修复和治理等工作。要为重大工程、基础设施建设和新型城镇化发展提供基础性、先行性支撑服务。着力加强水文地质、工程地质、城市地质等工作，为重大工程实施和新型城镇化建设提供地质方案。要为地质灾害防治提供及时、有效的调查评价和监测预警信息服务。加强各类地质灾害成灾机理、监测预警预报和风险评价基础理论研究，构建群测群防与专业调查预警相协调的监测预警体系。要加强科技创新和人才培养。肩负起"向地球深部进军"的历史使命。着力推进深地探

征 途

测、深海探测和深空对地观测等重大工程的实施，加强新方法、新技术、新装备的研发和创新型、加强高层次人才团队的培养。要扩大对外开放。加大与"一带一路"沿线国家在地质矿产领域的合作力度，全面参与全球矿业治理，打造更为科学、有序的境外地质工作体系，促进全球矿业和地球科学发展。要深化地质工作改革。坚持市场化、国际化和法治化的改革方向，促进市场体系建设，培育商业性地质勘查主体，推进矿业及其他相关产业发展。

可以预计，到 21 世纪中叶，一个以地球系统科学为统领、以保障能源和其他战略资源安全、服务生态文明建设为核心的现代地质工作体系将全面形成；公益性与商业性地质工作协同发展、互相促进，中央与地方地质工作有机联动、相互融合，境内与境外地质工作统筹推进、互为补充，各类市场主体职责法定、竞争有序的地质工作体制将全面建成；地质工作者富裕体面、精神高尚，地质工作基础性、先行性作用得到充分显现的地质工作现代格局，将在支撑服务国家现代化建设和中华民族伟大复兴的进程中同步推进，同期实现。

在这样大框架下，七院的蓝图是"一二三四五六"的总体发展思路，即围绕"一个目标"，高质量发展；突出"两条主线"，规范发展、融合发展；坚持"三个导向"，政治导向、制度导向、目标导向；做好"四个聚焦"，资源保障、地质服务、科技创新、民生改善；突破"五大业务"，自然资源与环境调查、矿产勘查、清洁能源勘查、生态环境修复与工勘施工、地理信息测绘与大数据应用；强化"六个抓手"，抓党建促发展、抓经济夯基础、抓改革建机制、抓管理强支撑、抓文化促凝聚、抓落实转作风。

新旧观念的碰撞，新旧制度的更迭，加速七院对未知领域的孜孜探求，坚定地走上转型跨越的新长征路。在巩固传统行业的基础上，积极转变，加强在新科技、新产业、新经济领域的强化提升。组建"三站一室七中心（小组）"，分别是：山东省金刚石成矿机理与探测院士工作站、山水林田湖草修复和保护院士工作站、城市地质调查与研究院士工作站、金刚石成矿机理与探测重点实验室、临沂地质资源环境大数据中心、国际高分辨率对地观测系统山东临沂数据与应用中心、稀土矿技术攻关研究小组、土壤污染调查修复研究中心、金刚石研究小组、山水林田湖草生态保护修复研究中心和城市地质研究中心。

成立山东省金刚石成矿机理与探测院士工作站，旨在共同深入研究蒙阴金刚石原生矿床的时空分布规律，建立金刚石矿床成矿模型，综合分析金刚石成因环境，完善金伯利岩成矿理论。研究金伯利岩成岩、成矿的构造岩浆背景，探索建立具有直接指导找矿意义的金刚石矿成矿理论模型和找矿新方法，建立完善金刚石勘查理论与关键技术，形成金刚石勘查技术集成和技术标准，推动提升我国在金刚石研究领域的国际学术地位。共同推进金刚石成果转化，人才培养与科技创新，进一步擦亮七院金刚石品牌，助力七院高质量发展。

成立山水林田湖草修复和保护院士工作站，旨在研究探索山水林田湖草沙系统修复、综合治理新模式和地质环境、生态环境综合评价新方法，开展"山水林田湖草沙一体化保护和修复"地质环境调查评价和技术理论创新，形成可复制、可借鉴的"沂蒙模式"，为北方山水林田湖草沙一体化保护和修复提供技术支持和可借鉴的模式经验，技术成果水平在省内达到领先。指导培养专业技术人才，提升专业技术水平步入省内前列。

成立城市地质调查与研究院士工作站，旨在共同开展临沂市城市地质综合研究，沂沭断裂带沿线城市地质综合研究，地下空间环境适宜性评价体系研究，活动断裂对城市地下空间影响研究，城市地下水环境研究等，建设临沂市城市三维地质模型和"城市地质信息服务与决策支持平台"，开发全过程、可视化、一体化、通俗化、人性化的城市地质信息系统和地下空间政府决策分析平台，为城市规划建设和地下空间开发利用提供地质信息支撑。

成立金刚石成矿机理与探测重点实验室，主要从事岩石矿物分析、基岩、土壤化探分析、水质分析、环境监测分析、土壤监测分析、重砂分离鉴定、岩矿鉴定、电子探针分析、金刚石选矿及矿物鉴定、宝玉石鉴定；兼顾从事对外组建实验室、培训化验人员、仪器及分析方法咨询。打造成为区域中心实验室。

成立临沂地质资源环境大数据中心，旨在整合临沂市地质数据资源，研

征 途

究地质大数据集成技术，开发专业的地质数据汇聚、融合、应用体系，打造地质—地埋—时空—属性大数据一体化的地质信息综合服务平台，服务省局政务云建设和临沂市大数据局应用需求，实现地质工作与地方政务平台对接，推进地质成果转化和融入地方，服务临沂市经济社会发展。

成立国家高分辨率对地观测系统山东临沂数据与应用中心，主要是"以需求为牵引、以市场为导向、以服务为中心"，以"数据应用服务""增值应用服务""遥感一体化服务"模式为主，建设临沂高分应用服务平台，形成一个多领域、全产业链服务体系，提供一站式协作服务。统筹管理高分辨率对地观测系统重大专项在临沂的应用示范与成果推广，为临沂各级政府部门、行业应用部门等各类用户提供平台化动态监测及时空大数据服务，支撑自然资源调查与利用、城市和交通精细化管理、现代农业和林业资源监测、地质环境和防灾减灾等应用需求，积极推动高分数据区域应用发展，促进应用产业化，服务临沂市经济社会发展。

成立稀土矿技术攻关研究小组，旨在研究山东省有关稀土矿勘查资料，分析稀土矿成矿地质条件，确定重点工作区，圈定找矿靶区，为项目申报提供依据。并通过承担稀土矿勘查项目，累积技术成果，培养技术骨干，增强七院稀土矿核心竞争力，实现稀土矿勘查全省一流的目标。

成立土壤污染调查修复研究中心，旨在联合高校和科研院所，以土壤污染控制与修复为目标，立足城市土壤污染控制领域，服务省、市及各县区自然资源和规划局、生态环境局等，开展重金属、有机物及复合型土壤污染修复有关技术的研究，带动"地质＋"新兴产业的发展，达到技术成果水平在省内领先，专业技术团队在全局领先。通过土壤修复中心建设，依托项目实施，建设成为技术成果具有明显的标志性特色，可以独立承担大中型地块土壤污染修复和监测工作，拥有土壤污染防治行业权威学术带头人及专业研究队伍的研究梯队。

成立金刚石研究小组，旨在建立完善金刚石勘查理论、关键技术，形成金刚石勘查技术标准；研究金伯利岩成岩成矿的构造岩浆背景，探索建立具有直接找矿指导意义的金刚石矿成矿理论模型和找矿方法，有效指导山东乃至全国同类型金刚石找矿；建立金刚石数据库创新平台，力争成为全国一流金刚石研究团队，推动提升七院在金刚石研究领域的国内学术地位。

成立山水林田湖草生态保护修复中心，旨在立足沂蒙山大地质服务领域，开展"生态环境系统修复"技术研究，积极服务市自然资源和规划局等相关职能部门，为沂蒙山区域山水林田湖草沙一体化保护和修复工程及地质灾害治理和矿山地质环境修复提供技术支持，培养一批精通生态系统保护修复业务的技术人才，打造一支专业技术水平在全局领先的专业研究队伍，推出具有鲁南地区明显的标志性特色的技术成果，形成适合鲁南地区的推广应用生态修复模式，服务七院高质量发展。

成立城市地质研究中心，旨在根据临沂市城市建设实际需求和发展需求，围绕临沂市城市重点发展区、重大工程和基础设施建设区及生态功能区，开展多要素城市地质调查，建立城市三维地质结构模型，评价地下空间资源，促进智慧城市建设，建成城市地质信息大数据共享平台，支持城市可持续发展，全面提升地质成果服务水平，为下一步健全完善临沂市城市地质调查工作机制，为临沂市国土空间规划、重大工程建设、自然资源开发利用、生态环境保护、防灾减灾提供基础支撑和服务。

奋斗百年路，启航新征程。七院要以习近平新时代中国特色社会主义思想为指导，立足新发展阶段，贯彻新发展理念，主动融入服务新发展格局，围绕局党委关于高质量发展的总体部署，聚焦服务"七个走在前列""九个强省突破"和临沂市"八个第一方阵""六强六富六精"目标任务，牢牢把握院"一二三四五六"总体发展思路，谋划实施"十四五"规划，认真贯彻落实曾赞荣副省长对地矿工作要求的各项举措，聚焦党建引领，以省委巡视整改和局巡察整改落实为契机，以深化制度创新和管理提升年活动成果为抓手，以开展党史教育为民办实事为动力，以高分中心和大数据中心科研平台建设为突破，对标一流，争创一流，凝心聚力，攻坚克难，加快构建"大地质、大资源、大生态"的工作格局，推动全院高质量发展再上新台阶，大力增强干部职工的获得感和幸福感。要坚定不移抓好以下几项工作：

要坚定不移推进党建引领持续强化，实现工作新局面。坚持党建工作同

征途

业务工作深度融合。深入学习贯彻习近平总书记"七一"重要讲话精神。完善和落实党建工作责任制，进一步加强党建工作顶层设计和分类指导，建立与各支部党建工作沟通联系长效机制，开展基层党建述职评议工作，建设日常动态管理与考核相结合的信息化平台，深入开展基层党建联述联评考核工作。进一步巩固"党建创新大动力"活动成果，总结推广过硬"支部亮点"和"实体品牌"。建立常态化开展"问事七院"工作机制，将问事七院纳入纪检监察常规工作。坚持建设高素质干部队伍目标，要着力推进地矿文化建设，推广宣传沂蒙地矿核心价值理念，加大对外宣传工作力度，不断扩大七院影响力。要高度重视国家安全和意识形态工作，强化风险意识，及时准确把握职工思想动态，做好研判，守好意识形态主阵地。做好年轻后备干部的培养选拔，加快干部队伍年轻化进程。加强日常提醒，常态化开展谈心谈话。加强教育培训，增强实践能力，为地矿事业高质量发展提供坚强组织保障。抓好党建引领，加强离退休老同志管理和服务保障工作，打造七院地矿离退休工作特色品牌。要全面推进群团工作，不断完善党建带团建工作机制。充分发挥工会、共青团和妇女等群团组织作用，在服务高质量发展上展现新作为。抓好巡视巡查问题整改落实，制定切实有效的整改措施，细化分工，落实整改责任，加大整改力度，确保整改到位。创新形式，提高成效，推进党史教育走深走实，汲取奋进的力量。

要坚定不移推进地质主业转型加快，实现发展新跨越。要主动参与重点区域生态治理，做好"沂蒙山山水林田湖草沙一体化保护和修复工程"，打造样板，助力打造生态沂蒙、幸福沂蒙。要积极开展矿山地质评估与修复，实施好临沂市矿山地质环境保护与治理中期评估工作。做好采空区治理工程，积极参与县区煤矿采空区注浆治理工程，打造可复制可推广的临沂煤矿采空区治理新模式。要做好地热清洁能源勘查开发，积极对接临沂市生态环境、自然资源等部门，主动参与临沂市2030年前碳达峰、碳中和行动方案编制，并积极争取承担方案中确定的地热能勘查开发利用相关项目，助力沂蒙老区、沂沭河流域碳达峰、碳中和。要继续拓宽农业地质调查工作，做好富硒土地高效利用示范基地的建设。要开展城市地质调查，依托院士工作站，邀请知名专家参与，为临沂市城市地下空间资源开发和城市规划提供技术支持。开展灾害防治勘查及应急救援。搭建临沂市岩溶塌陷预警平台及临沂市地质灾害监测预警系统。主动配合做好地质灾害应急救援。做好临沂市及各县区地质灾害防治规划评审，积极承揽临沂市及各县区自然灾害风险普查项目。开展重要矿产调查与勘查。积极参与新一轮战略性矿产找矿行动。开展山东金刚石十四五规划的编制和沂沭断裂带综合地质研究专项规划编制。开展金刚石、金矿、铁矿、三稀矿种、建筑石料用闪长岩等调查评价，为推进沂蒙老区、沂沭河流域新旧动能转换提供资源保障。做好绿色勘查钻探工作。加强对钻探新技术、新方法的应用总结，在小口径岩心钻探的基础上向便携钻机转型，承揽绿色勘查钻探项目，从单一类型钻探施工技术向多工艺钻探技术发展。开展重大项目工程地质技术服务。围绕临沂重要基础设施建设，加大开拓市场力度，做好测量、勘察和施工等工作。持续发挥工程地质专业技术优势。

要坚定不移推进科技创新能力提升，实现服务新突破。进一步认清树牢地质工作就是科技工作的理念，进一步强化科技引领的作用，牢牢锚定地质科技工作的方向和重点，打造自身的核心竞争力。要坚持创新驱动发展，全面塑造发展新优势。以"三站一室七中心"科技引领为抓手，全力推动临沂地质资源环境大数据中心、高分临沂中心建成，提供多领域科研技术支持。要全力以赴加快推进高分中心办公场地、机房、展厅等工作，确保高标准高质量高水平完成，尽快举行揭牌仪式。要加强院士工作站平台建设，通过科研项目研究和综合提升，提高科技能力。积极建设城市地质院士工作站和山水林田湖草院士工作站。以七院为牵头单位、院士工作站为平台、联合中国地质大学以及省部级专家，为沂蒙山区域山水林田湖草沙一体化保护和修复工程项目监控监管、总体绩效评价、环境治理调查评价、经验总结验收等提供技术支撑。要加强"金刚石重点实验室"建设，开展蒙阴地区金伯利岩综合利用研究，金刚石及包裹体成分及来源研究，金刚石数据库建设研究，进一步提升七院金刚石研究在全国的影响力。通过强化科技引领，积极拓展服务领域，实现大地质服务"质"和"量"的新突破。

征途

要坚定不移推进融入地方纵深发展，实现融合新高度。 要继续深入对接临沂市直各有关部门和县区局，加深了解，加强合作力度，充分发挥技术服务中心作用，推进合作向具体项目转化落地。持续拓展全院在市直部门、县区局、乡镇的合作领域。做优做强省内市场，加强与省厅有关处室、中国地质调查局南京中心、天津中心等单位的合作对接。持续加大同科研院所、高校的交流合作，推进产学研协同发展。

要坚定不移推进防范化解各类风险，实现管理新成效。 要重点抓制度执行优化，夯实执行基础，确保"有章必循"。要加强项目管理、质量管理，严格执行合同管理，强化风险管理，做到全过程全闭环管理，形成项目规划、内部审计和风险管理、绩效评价、考核激励一体化管理流程。对出现把关不严、整改不力、落实不到位的严肃追究责任，决不姑息。强化制度执行，总结深化制度创新和管理提升年活动经验，推动建立健全推进制度执行落实机制，推动全院治理体系和治理能力现代化。要认真落实安全生产大排查大整治活动，严格落实安全生产责任制，突出重点领域和关键环节、关键部位，确保从根本上消除安全隐患。

要坚定不移推进疫情常态化防控，保障职工生命安全。 要认真贯彻落实省局党委和地方有关部门的疫情防控要求，讲政治担当、政治责任，始终把干部职工生命安全和身体健康放在第一位，始终绷紧疫情防控这根弦，坚决克服麻痹思想、侥幸心理、从严从实从细从快把各项防控措施落实到位，坚决守住疫情防控底线。

乘风破浪潮头立，奔跑追梦正当时。从矿山到道路，从乡村到城市，从田间到学校，勤劳勇敢的七院人践行着地质报国的初心使命，也在描绘着大美新临沂的美好蓝图。绿水青山就是金山银山的愿景，已渐渐清晰、渐渐靠近。

▲ 高分辨率对地观测系统临沂数据与应用中心、临沂地质资源环境大数据中心

征 途

▲ 高分辨率对地观测系统临沂数据与应用中心、临沂地质资源环境大数据中心

▲ 高分辨率对地观测系统临沂数据与应用中心、临沂地质资源环境大数据中心

征 途

▲ 蒙山风光

▲ 美丽的沂河

▲ 临沂市城市风光

▲ 临沂市城市夜景

第五章

使

命

征 途

在建设大美新临沂过程中，开拓进取、无私奉献的地质人是不可或缺的重要力量。七院作为唯一驻临省直属地勘单位，为临沂发展做了许多先行性、基础性、公益性、战略性的工作。为使地质人更好地融入地方、建设地方、服务地方，以更加精准优良的地质服务助力大美新临沂建设，以下为七院与《临沂日报》合作开设"沂蒙地矿"专版的内容。

精准地质服务　助力乡村振兴

如今，行走在我市的村庄院落、田间地头，只见蓝天白云下，村路小巷、房前屋后干净整洁，道路两侧图文并茂的文化墙与红瓦灰檐交相呼应，一幅宜居、洁净、富裕、文明的美丽乡村新画卷让人流连忘返。

绿水青山就是金山银山。在我市全面实施乡村振兴战略的进程中，七院成为一支重要力量。他们充分发挥地质工作的先行性、基础性、公益性、战略性作用，着力在农村资源环境问题上下功夫，深深扎根临沂，以精准地质服务，助力乡村振兴；以地质报国理念，为地方建设提供更加有力的资源保障和专业地质技术支撑。

"当前，随着农村经济发展水平的不断提高，在土壤质量、农村面源污染、饮用水安全、冬季清洁能源供暖、村镇规划建设、农村居住环境等方面问题较突出。"院长余西顺介绍说，解决这些问题需要大量的地质调查评价、资源开发利用与保护、生态环境治理修复、监测预警和地质工程技术措施等。七院作为唯一驻临省直属地勘单位，服务乡村振兴战略是义不容辞的责任和使命。

农业地质调查评价让土地有了"身份证"

为提升地质工作服务"三农"水平，助力打造乡村振兴齐鲁样板，七院主动作为，发挥公益属性，在沂南县双堠镇开展1∶50000土地质量地球化学调查工作。

沂南县双堠镇是西瓜生产重镇，是沂南县西瓜、辣椒生产基地，黑山安村的"红嫂"牌樱桃远近闻名。开展土地质量地球化学调查，对双堠镇开发特色农业，提升旅游价值意义重大，七院高级工程师刘同这样说。

据了解，目前该项目正在开展土壤取样工作，评价工作结束后，将向地方政府及有关部门汇报评价成果，借鉴南方土地质量调查评价成果转化与应用经验，探索土地质量地球化学调查在土地管理各环节的应用机制，推动成果在土地利用规划调整完善、永久基本农田划定与保护、土壤污染治理修复、耕地质量等级评定与监测、特色农产品和生态农业开发、工业用地利用与保护、后备耕地选区等方面的应用和服务。

在兰陵县，七院已对该县北部地区开展了土地质量地球化学调查与评价工作，为兰陵县土地高效利用、现代农业发展、高标准农田建设、精准扶贫、污染防治、基础地质研究等提供可靠地质资料。目前正在开展样品加工测试工作，并布置2019年春耕时期的灌溉水取样、农产品取样等工作计划。

在沂南县铜井镇，这个已拥有竹泉村、红石寨和马泉农业园的著名旅游乡镇，七院的工作人员正在帮着当地做矿山环境地质分析。

"我们将根据这里的地质特色，结合红色文化传承，向矿山复绿典型延伸，向当地政府提供建设特色旅游项目的合理化建议，助力地方发展。"七院环境地质所所长窦连波说。

公益找水打井让农民摆脱"望天水"

2019年11月13日，由七院承担的省乡村振兴服务队沂水前善疃村钻井引水项目开钻，彻底解决村庄用水紧张问题。

征 途

接到定井任务后，七院迅速组织专家及技术力量，采用高密度电阻率的物探方法，利用三天时间在前善疃村及后贺庄村布设物探测线 8 条，完成测点 480 个，成功定出四个井位。利用一周的时间组织机械进场，完成了全部的准备工作。

"我们对四个供水井位分别取样进行了水质检测，其中一个井位打出的水含锶量超过天然饮用矿泉水标准 20 倍，人若长期饮用，对身体健康益处多多，我们跟村里商量，打算引进社会投资成立矿泉水生产项目，解决部分村民就业问题，带动村民致富。"七院副院长王伟德对前善疃村打出的高锶水很有信心。

加强乡村供水水文地质工作，是七院助力乡村振兴的一项重要工作。院长余西顺表示，下一步，七院将开展乡村地下水调查评价，注重小型水源地勘查，圈定一批优质富水地段和水源地，建设供水工程，就近解决乡村社区安全饮水问题，提高农民生活质量。开展基础水文地质调查，寻找地下水富水地段和水源地，实施公益找水打井行动，为农村安全饮水和农田灌溉提供保障。在缺水乡镇地区开展应急供水水源地勘查，解决或缓解供水紧张问题。

浅层地温能开发解决农村"供暖难"

乡村供暖问题一直是制约村民提升幸福指数的瓶颈，七院积极利用浅层地温能技术，倡导利用绿色能源，实现惠民生、控煤炭、促节能。

河东工业园区寇家屯村由于远离市区，供热管线还没铺到，历来冬天只能想尽各种办法取暖，效果差、风险大，还有污染。七院精心谋划、多方联系，利用自己掌握的技术条件，采取财政资金引导、社会资本跟进的模式，帮助村里建起了浅层地温能开发利用项目。

"我们采取打井的方式，打到 100 到 120 米的深度，然后下入 U 型地埋管，通过管内循环的方式，一端注水另一端取水，做到冬天取暖夏天制冷。整个过程不开采地下水，不污染地下水，并且由于冬夏两用，能够保持地温场的平衡，可以说做到了节能又环保。该项目预算 578.18 万元，其中财政资金 162 万元，仅用于换热孔施工、埋管、监测孔施工安装等基础性工作，不足资金由七院和寇家屯村民委员会自筹解决。"七院水文地质所所长胡自远介绍说。

目前，寇家屯项目已成为全省浅层地温能开发利用示范工程。以寇家屯项目为依托，七院积极推动浅层地温能开发利用服务于新农村建设，为解决我省浅层地温能开发利用冷堆积提供参考。

我市浅层地温恒定在 16℃左右，综合利用后，只需用一套设备就可以实现冬季供暖、夏季制冷、提供日常生活热水 3 个功能，比传统方式节能 50% ~ 75%，在新旧动能转换、服务乡村振兴方面优势明显。

远离城市供暖管网，农村和城乡接合部如何实现集中连片供暖，一直是亟待破解的难题。由七院主导的河东寇家屯浅层地温能开发利用项目，或许能蹚出一条新路。

助力乡村振兴，七院一直在路上。院长余西顺表示，下一步，将认真贯彻龚正省长、于国安副省长对山东地矿局建局 60 周年的批示精神，坚持以习近平新时代中国特色社会主义思想为指导，积极践行新发展理念，不断深化改革，强化公益属性，发挥专业技术优势，在乡村振兴方面，重点加强生态农业、饮水安全、清洁供暖、村镇规划建设、乡村旅游等领域地质勘查工作，不断提升精准服务水平，为打造乡村振兴齐鲁样板贡献地质智慧。

本报记者 柏建波 通讯员 李卉 李文正

（刊登于 2019 年 2 月 1 日《临沂日报》A3 版）

征 途

珍爱美丽地球　守护自然资源
——临沂市隆重举办第50个世界地球日活动

旗帜飘起来、快闪拍起来、科考走起来。2019年4月22日，一场丰富多彩、影响深远的活动在临沂人民广场隆重举行，来自省、市多家单位的嘉宾和现场市民上千人参与其间，共同举办第50个世界地球日活动。

今年世界地球日宣传主题为"珍爱美丽地球，守护自然资源"，主题宣传活动周自4月22日开始至4月28日结束。在临沂，"我的家园、我的生命共同体"与"保护母亲河"沂沭河科考行动启动仪式当日一并举行。

"今年地球日活动旨在宣传我国自然资源国情国策国法，普及地球科学知识，引导社会公众树立生态文明理念，建立正确的自然资源观；动员广大自然资源工作者积极投身生态文明建设，激发千万群众形成亲近自然、了解自然、保护自然的生态意识。"省自然资源厅一级巡视员亓文辉说。

临沂作为革命老区，人口多，底子薄，面临着发展和保护的双重压力。市委、市政府坚持以习近平生态文明思想为引领，牢固树立绿色发展理念，坚决守住生态保护红线、环境质量底线、资源利用上线，持续打响碧水蓝天净土攻坚战，深入推动自然资源集约高效利用，大力推进生态保护与修复，山水林田湖草生命共同体理念在沂蒙大地落地生根。副市长常红军说，珍爱家园、保护生态、节约资源，只有进行时，没有完成时。

本次活动由山东省自然资源厅、地质矿产勘查开发局，临沂市人民政府指导，市委宣传部、市自然资源和规划局主办，七院、临沂大学资源环境学院、山东宏原环保科技集团承办。活动的"临沂味道"明显：通过开展沂沭河流域考察活动，引导公众树立"绿水青山就是金山银山"的生态文明理念，增强对山水林田湖草生命共同体的认识。

本次活动的主办方之一山东省地矿局是全省地质工作的主力军，建局60年来，在基础地质调查、矿产地质、水文地质、工程地质、环境地质、农业地质、城市地质、旅游地质和科技创新等领域取得突出业绩，为我省国土空间规划、自然资源开发、生态环境保护、城乡建设、防灾减灾等作出了重要贡献，为全省经济社会发展提供了有力的资源保障和地质服务。省地质矿产开发局副局长徐军祥在活动仪式上说，山东省地矿局所属的七院自1957年在临沂成立以来，一直扎根沂蒙老区，积极服务临沂经济社会发展，为创建"中国金刚石之都""中国地热城"和大美新临沂建设作出了突出贡献。

"我们志愿者和市民要积极参加地球日活动和公益科考行动，亲身实践、身体力行，进一步激发全社会亲近自然、了解自然、保护自然的生态意识，激发关心家乡、热爱家乡、奉献家乡的担当情怀，为打造革命老区绿水青山、推动临沂生态文明建设营造良好的社会氛围！"现场志愿者如此表示。"节约每一滴水、每一度电，绿色低碳出行，减少使用一次性餐具。"在活动现场，临沂大学资源环境学院一位大学生说，将立志从自身做起，提高节约集约利用自然资源的意识，并向身边人传播"节约资源，保护环境"的生活理念。

院长余西顺说，三家单位联合举办的本次沂沭河寻源科考之旅主旨是以保护临沂母亲河——沂河、沭河为契机，梳理和整合自然、民俗等文化资源，展示沂沭河流域矿产资源、地热资源、地质遗迹等自然资源，探索生态环境的变迁，引导公众树立"保护母亲河""人与自然和谐共生"的生态文明理念，为建设大美新临沂与弘扬沂蒙精神作出重要贡献。让我们争当"两山"理论的实践者、山水林田湖草守护者，保护和节约利用自然资源，努力推进生态文明建设，把我们的家园建设得更加美好！

今年全省世界地球日主题宣传活动周，临沂是两个主会场之一。当日的活动现场，副市长常红军、临沂大学有关负责人为"临沂大学绿色矿山发展研究院"揭牌，"保护母亲河"沂沭河科考公益行动启动并举行了授旗仪式，600人快闪活动"我和我的祖国"同日拍摄完成。

临报融媒记者 孙玉光 安连荣 通讯员 李卉 李文正
（刊登于2019年4月24日《临沂日报》A3版）

征 途

七院践行"两山理论"　助推绿色发展
矿山遗址变身生态旅游公园

如今,沂南县有这样一个地方、林木葱翠、繁花似锦、绿草如茵、蹊径蜿蜒、山青水绿,宛如一幅笔墨清爽疏密有致的山水画。这是七院依托沂南县铜井镇石英砂岩矿废弃采矿区打造而成的沂南县香山生态旅游公园,目前已经是集观光、食宿、娱乐、休闲于一体的生态旅游公园。

绿水青山就是金山银山。沂南县香山生态旅游公园是七院保护生态环境、还原青山绿水的真实缩影,也是他们实施绿色发展理念的生动实践。"践行'两山理论',实现绿色发展,做生态环境的守护者、地区经济社会绿色发展的贡献者,我们七院责无旁贷,甘为先锋。"院长余西顺踌躇满志,目光坚定。

沂南县香山生态旅游公园在七院践行绿水青山实践行动中并非个例。走进临港经开区朱芦镇幸福山村,完全颠覆了"矿坑"的印象,这里的每一座矿山都穿上了绿衣裳。在有着二十余年开采历史的临港区朱芦镇幸福山村,七院专业人员采用乔灌结合的绿化方式,让矿山变了样,给塌陷坑"补了妆",黑松、侧柏青秀挺拔、迎风而歌,连翘、爬山虎郁郁葱葱、满目苍翠。

七院环境地质所所长窦连波介绍,朱芦镇幸福山村原来经过十几年矿山开采,环境破坏严重,按照"因地制宜、科学合理"的原则,通过削坡、人工续坡、回填等技术措施,对该旧采矿区修复治理,让旧貌换了新颜。目前,通过综合整治,矿区的地表植被逐渐恢复,恢复植被面积20亩,整理荒废土地20亩,有效防止了水土流失、净化了空气、丰富了景观,推进旅游业的健康发展,为当地带来了看得见、摸得着的经济效益、社会效益和环境效益。

莒南县筵宾镇略庄重晶石矿区,又是另一番景象。七院通过对采空区及废弃矿井治理施工,综合治理,恢复耕地面积20800.6平方米,约合31.2亩,改善了该地区域自然生态,推进了当地旅游业发展。过去,在矿产开采中形成的露天采坑和废弃矿井,如治理不善,就会成为环境"杀手"、环保"心病"。近年来，七院坚持推进绿色发展，在大力发展经济的同时，承担起社会责任，致力为社会留下绿水青山。

具体来说，就是以彻底消除项目区内的塌陷隐患、恢复矿区自然地理环境，以保障人民群众生产、生活安全为目标，开展各项工作。七院先后编制了《临沂市兰山区白沙埠茶叶山破损山体矿山地质环境恢复治理工程设计方案》等设计近千份，实施费县、兰陵、罗庄、蒙山旅游度假区等矿山环境治理工程百余项。

近年来，七院将矿山修复及综合治理作为工作着力点，狠抓落实，因地制宜，宜耕则耕，宜渔则渔，宜林则林，把塌陷地治理与新农村建设相结合，对地势较高的塌陷区进行原地复垦，对普通低洼的塌陷区采取固体废物充填，对积水严重的低洼塌陷区采取挖深垫浅复垦——通过这些"组合拳"，积极为大地"疗伤"，开展破损山体修复治理工程，覆盖密闭网、加装抑尘网、安置"喷淋设施"，植树造林，变"黑山"为"绿山"，修复治理面积1250公顷，让塌陷区变成了良田、林地、渔场、公园、社区、工业园、农业生态园。

目前，临沂市矿山地质环境治理工程共投入资金约35284.90万元，恢复占损土地面积为617.74公顷，包括耕地110.16公顷、草地41.5公顷、园地10.7公顷、林地147.19公顷，恢复水域8.7公顷、其他土地类型299.49公顷。

今年，临沂市启动了矿山地质环境保护与治理规划，直指全市责任主体灭失的1388处停产矿山，计划到2020年，各类矿山地质环境问题得到有效治理，矿业开发对周边环境的影响进一步减少，矿山地质环境管理长效机制逐步完善，社会公众的矿山地质环境保护意识进一步提升，全市矿山地质环境保护与治理水平显著提高。立志以"山更绿、水更清、环境更美好"为己任的七院，作为先行者和主要参与者，践行"两山理论"，行稳更致远，发挥地质先行性、公益性、基础性、战略性作用，为生态临沂作出独到贡献。

临报融媒记者　安连荣　通讯员　李卉　李文正　周亮宇　刘伟
（刊登于2019年5月31日《临沂日报》A4版）

征　途

深耕土地质量调查，打造乡村振兴的"沂蒙底板"

7月8日，在七院土地质量地球化学调查现场，一片繁忙景象映入眼帘。表层土壤样品采集工作正在紧锣密鼓地进行。工作人员冒着高温酷暑，忙碌在田间地头，确保每个投点、布点都精确到位，先用五点取样法组合采取组成一个样品，然后去掉杂质仔细筛样，保证每次的采样和制样都了然于心。尽管太阳炙烤，但看着各项工作有序进行，还是让人感觉到一份安心与宁静。

经济要实现高质量发展，就要摸清土地质量的现状。近年来，七院积极融入地方发展，主动转型，做好土地质量地球化学调查工作，助力临沂乡村振兴。

6月初，在助力临沭县玉山镇乡村振兴工作启动仪式上，七院将《玉山镇土壤质量调查报告》移交给玉山镇政府，该工作成果圈定的优质微量元素地块是临沭县农业地质工作的一项突破性发现，以此为基础在富硒、富锗、富锌营养元素丰富的地块开展特色作物种植，不仅能使农作物口感更好，而且能够调节人体机能，改善人类亚健康状态，实现真正的科学、绿色种植，将进一步提高农业品牌效应，壮大农业经济，提高农民收入。之前4月份，沂南县双堠镇 1：50000 土地质量地球化学调查与评价工作也已完成。

目前，临沂市兰山区土地质量地球化学调查工作正在稳步推进中。而这只不过是七院土地质量地球化学调查工作的一个缩影。事实上，七院土地质量地球化学调查的脚步早已踏遍兰山、沂水、兰陵、沂南、临沭等地。他们积极推进土地质量地球化学调查工作，助力现代农业产业园、田园综合体、特色农业等项目建设，主动融入地方发展大局中，做好地质技术服务支撑。

意义重大 应用广泛 农田有了身份证

"土地质量地球化学调查是一项基础性、公益性、战略性的地质调查与研究工作,其成果与地方经济建设和社会发展关系密切,不仅对基本农田建设、土地资源保护、整治和开发利用,促进农业经济区划和种植结构调整,加快土壤保护治理和矿产资源勘查等具有重要现实意义,而且对改善人民的生存环境、提高人民的健康水平、保障社会经济的可持续发展具有深远的战略意义。"院长余西顺表示。

以沂南和兰陵两个县土地调查为例,土地质量地球化学调查工作以地块为单元,系统查明了土壤、灌溉水、大气干湿沉降物以及重要的农作物等有益、有害元素和污染指标的含量与分布特征,利用该成果对优势及特色农产品区域布局进行调整,为土地高效利用、现代农业发展、高标准农田建设、精准扶贫、污染防治、基础地质研究等提供地质资料支撑。

"摸清土地质量家底,圈定绿色、特色土地资源分布区,有益于农业产业的布局优化,指导农业结构调整,提升优质绿色农产品质量;同时对政府土地管理模式的升级转型,土地管理从数量管理向质量与数量并重提供依据。近几年开展土地质量调查的需求越来越多。土地质量调查工作稳步开展,呈不断增长态势。"副院长徐希强说。

土地质量调查报告应用范围非常广泛,在总体规划、农田划定、土地资源的开发利用和规划、重大实施方案的编写、土壤污染治理修复、特色农产品的开发、土地整治等方面提供服务和依据。

土地质量调查为基本农田质量建立了档案,真实记录土地基本属性、土壤养分、土壤环境等信息,客观反映土地质量状况及其变化情况的技术资料,建立了基本农田每个地块的"身份证"。

征 途

内容丰富　服务明确　土地有了"鉴定书"

土地质量调查工作内容丰富，通过对土壤、灌溉水、大气、农作物根、茎、叶、果实的采样、调查与分析，让土地有了"鉴定书"，土地的现状、优点、缺点，一切都有了依据和凭证。七院的实验室可开展样品检测700余项，为土地质量调查提供最有利的技术支撑。

比如，通过对土壤、灌溉水、大气、农作物等进行土地质量调查工作，明确了该地域土地的有益元素、有害元素，查明了污染物的含量、分布及土壤环境的质量、现状，这样就可以在具体农田规划、绿色食品种植基地与生产基地时做到有凭有据。土地环境质量等级较差的区域不划入永久基本农田，将环境质量好的调整为农耕地，差的调整为建设用地，进行基本农田划定，为城镇开发边界和城镇发展方向提供依据。对于不适合绿色农产品的种植区和发现重金属超标的区域发出预警，引起各级各部门的重视，将蔬菜产业向绿色土地转移，确保"菜篮子"安全。另外，通过查明浅层地下水质量状况，分析影响浅层地下水环境质量以及对人体健康危害的因素，为提高居民生活环境质量提供依据。

当前，土地污染日趋严重，粮食的质量与土地的质量密切相关。如何确保农产品产地质量安全已经成为老百姓普遍关注、政府高度重视的一项工作。在开展土地质量地质调查的同时，建立基本农田和重点污染地区土地质量变化监控网络，可为农产品质量、产地环境安全提供有力保障和技术支撑。

勠力同心　攻坚克难　乡村振兴有了"好底板"

土地质量调查工作主要包括设计方案编制、采样点位布设、样品采集、样品制备加工、送样分析、室内资料整理以及工作质量监控等一系列内容。这项工作千头万绪，大到规划指导，小到布线定点，甚至每一个布袋、一把尺子，都直接关系到结果的精度。

　　土地调查工作需要经常在野外露天作业，全程需要精益求精。七院团队合力，真抓实干，继承发扬地质"三光荣"精神，传承弘扬沂蒙精神，将地质报国初心和责任使命担当注入日常工作中。严格执行采样小组互检、项目组抽检、院总工办检查的三级质量管理制度，保证项目的野外质量。通过开展野外检查、GPS航迹检查、室内记录卡检查、样品加工抽检、专家技术顾问指导等措施，确保项目质量全方位控制，调查工作高质量完成。

　　"中央对山东的乡村振兴工作高度重视，希望山东能够打造乡村振兴的'齐鲁样板'。七院将继续发挥地质工作公益性、先行性、基础性、战略性作用，健全完善地质服务体系，发挥技术优势，踏寻沂蒙山区的好山好水好土地，打造乡村振兴的'沂蒙底板'，为建设乡村振兴的'齐鲁样板'和'沂蒙高地'助力！"院长余西顺豪情满怀。

临报融媒记者　安连荣　通讯员　李卉　李文正　刘伟

（刊登于2019年7月10日《临沂日报》A3版）

征 途

扎根沂蒙大地　服务保障民生
——七院三十五年专注如一日做好临沂地下水监测工作

"七院以临沂市地下水动态监测为己任，设立了众多地下水动态监测点，编织了一张'地下水监测网'，为临沂市地下水动态监测提供保障。今后，我们将不忘初心、牢记使命，继续认真做好地下水监测和地质灾害防治工作，积极融入地方发展、服务地方建设，发挥地质工作先行性、基础性、公益性、战略性作用，为临沂市经济社会高质量发展提供有力资源保障和精准地质服务。"七院院长余西顺这样表示。

灾情就是命令。8月10日，我市启动橙色汛情预警后，七院立即成立应急救援领导小组和专业救援服务队，积极投身台风过境重点地质灾害隐患点巡查和地灾应急救援。这是七院提供精准地质服务、助力地方发展的一个侧影。

地下水是我们生产生活依赖的重要水源类型之一。临沂市地下水动态监测工作是生态环境保护的基础，也是生态文明建设的重要支撑。

自1984年以来，临沂市地下水动态监测工作一直由七院承担。截至2019年7月，临沂市正常运行的各级地下水监测点总数161个，控制面积17191.2平方千米，其中长期监测井133个，统测井28个，其中自动化监测102个，人工监测35个，水质监测点59个。

精准服务　搭建覆盖全市的地下水监测网络

水位、水温监测、水质监测、岩溶塌陷预报预警、服务矿难工作……对临沂市地下水进行动态长期监测，七院三十五年如一日。

合理布设监测网点，因地制宜选择监测方法，逐渐更新与改进地下水动态监测手段和方法，地下水监测质量和水平不断提高，在临沂市建立起地下水监测系统。

一张覆盖全市的地下水监测网络已逐步搭建。

查明和研究水文地质条件，掌握地下水动态规律，为地下水资源评价、开展地下水管理和保护、实施水资源优化配置和合理开发利用提供重要科学依据，是水资源决策的基本依据之一。三十五年来，由七院提供的地下水动态监测数据，广泛应用于临沂市地质灾害预警预报与勘查治理、地下水和地热资源合理开发利用、重大工程建设地质安全、环境保护、自然资源行政管理等方面。

影响地下水水质的因素主要有哪些？下一步防控重点在哪里？

每年在汛期，七院发布地下水水情预报，编制并提交《地下水动态监测年度报告》和《地下水动态监测五年报告》。七院提供的报告思路清晰、内容全面、研究深入、图文并茂，监测数据和研究成果可广泛应用于水文地质调查评价和地下水演化研究、地质灾害防治和地质环境保护、自然资源管理以及生态文明建设。

以七院提供的水质动态监测和报告为依据，临沂市出台《水污染防治行动计划》实施方案，就水污染防治给出了一张清晰的路线图。

近年来，七院通过加强地质环境监测工作，及时掌握和预测预报地下水、地质环境状况的特征信息、动态变化规律和趋势，服务保障自然灾害预警救援治理，多次参与临沂市地质灾害应急调查工作、在地质灾害排查、岩溶塌陷预警系统建设、编写矿山地质环境生态修复工作中，为临沂城市发展提供精准地质服务。

一马当先　做好临沂市自然灾害预警、救援工作

在自然灾害预警救援治理方面，地下水监测究竟怎样发挥作用呢？

记者看到这样一个记录：2015 年 12 月 25 日 7 时 56 分，山东省平邑县玉荣石膏矿发生坍塌事故，采空区和巷道大面积坍塌，多人被困井下。通过生命探测孔发现四名幸存者。救援工作迅速展开，副院长徐希强带队第一时

征 途

间到达现场，并于当日在矿区周围安装高频率自动化水位监测仪，采集水位监测数据，分析渗漏强度，及时掌握水位、水面特征，间接分析矿柱挡水墙的坍塌破坏程度及变化趋势，快速准确研判涌水通道和充水水源，有的放矢及时采取堵排措施，保障被困矿工在地下 200 米巷道中生存 36 天免受水害，为 4 名矿工的成功救援提供了精准水文地质服务。

这只是七院做好地下水监测工作，在危险和困难面前冲在前面，为临沂城市发展提供精准地质服务的缩影。

据七院环境地质所教授级高级水工环工程师田洁介绍，临沂地形形态以断裂构造为主，岩溶裂隙发育，形成岩溶水强富水区。2000 年以后，临沂市区内发生了多次岩溶塌陷，均由于区域岩溶水水位常年处于灰岩顶板之下或在灰岩顶板上下波动导致。七院利用地下水监测网络，预测顶板岩溶水位变化趋势，对岩溶塌陷进行预警，发布岩溶塌陷监测预警，尽力减少了岩溶塌陷等地质灾害造成的经济损失和社会损失。

临沂城区西部，沂南县双堠—青驼一带，沂南县铜井—界湖—大庄一带，沂南县孙祖镇部分区域属于临沂市岩溶塌陷易发地，七院多年来积极展开地质灾害调查工作，提出地质灾害防治方案，组织实施岩溶塌陷的防治与治理工作。

目前，七院在临沂市已经确定 22 处岩溶塌陷隐患点，并在临沂市城区西部及沂南县安装岩溶塌陷预警预报系统 40 套。

润物无声　102 个地下水专业监测站点一体化自动监测

目前，七院在全市安装自动化监测站点 102 个，人工监测点 35 个。近两年，七院通过新增设地下水长期监测井（孔）、核查落实 600 ～ 2000 米的地热井，安装自动监测设备，及时维修地下水自动监测设备故障。

积极服务临沂市地下水监测和地质灾害防治工作，地下水监测工作没有结束时，只有进行时。

"七院以临沂市地下水动态监测为已任，设立了众多地下水动态监测点，编织了一张临沂市'地下水监测网'为临沂市地下水动态监测提供保障。今后，我们将不忘初心、牢记使命，继续认真做好地下水监测和地质灾害防治工作，积极融入地方发展、服务地方建设，发挥地质工作先行性、基础性、公益属、战略性作用，为临沂市经济、社会高质量发展提供有力资源保障和精准地质服务。"院长余西顺讲道。

临报融媒记者　安连荣　通讯员　李卉　李文正　张驰

（刊登于 2019 年 8 月 15 日《临沂日报》A3 版）

征 途

经年累月，日夜坚守。持续打造自然灾害应急救援"铁军"，绘出我市地质灾害预警区域图，筑牢我市自然灾害应急救援安全"防线"，七院——

当好沂蒙大地的"守护人"

挺身而出　迎难而上
筑牢自然灾害应急救援安全"防线"

2019 年 8 月中旬，台风"利奇马"的到来使临沂遭受了巨大损失。

救急于水火之中，救人于危难之中。为积极应对"利奇马"台风，省第七地质矿产勘查院立即成立防范应急救援领导小组和专业技术救援服务队，以院长余西顺为首，抽调精干力量，成立了 60 人的应急救援小组，兵分两组，每组配齐两辆应急车，随时待命，积极投身重点地质灾害隐患点巡查工作。

七院逐点做好安全隐患排查，做到防患于未然，形成一级抓一级，层层抓落实的工作格局。安排专业技术人员 24 小时配合应急管理局、市自然资源和规划局参加地质灾害隐患点巡查及沂河沿岸岸堤安全巡查，协助我市各级地方政府，组织受地灾隐患威胁的群众避险撤离，保障了人民群众生命财产安全。我市防御防范措施到位，无人员伤亡。

几乎每年，洪涝灾害、台风灾害、强降雨、龙卷风等都会给我市农业、工业、基础设施带来极大的破坏力，给人民群众的生产、生活带来了诸多不利影响。

在自然灾害面前，七院加强值班值守，实行 24 小时值班制度，保持通讯联络畅通，在岗在位，履职尽责。灾害期间，每天加班加点认真核查评估灾情，准确规范上报灾害信息，确保灾害信息的迅速、翔实、完整，统计上报灾情照片、灾情数据、制作表格、汇总材料、查灾勘灾……七院人圆满完成了各项工作任务。

事实上，这只是七院助力临沂地灾应急防治救援、抗灾救灾工作的一个缩影。二十余年来，尤其每年的6月至9月防汛期间，七院都是枕戈待旦，随时待命。加强与气象、水利、农业、自然资源和规划局等部门的沟通协调，建立起联络沟通机制，密切关注天气变化，做好灾害预报预警，扎实做好灾情统计和值班值守工作，发现情况及时汇报，为我市自然灾害应急防御工作作出了重要贡献。

勇于担当 滴水穿石
绘出我市地质灾害预警"区域图"

"利奇马"台风过去后，七院第一时间深入受灾乡镇，认真核查评估灾情，准确规范上报灾害信息，绘就了我市地质灾害预警区域图，为恢复重建提供了第一手资料。

2019年7月20日15时30分，卞桥镇左庄村南大温线以北突然发生地面塌陷及伴生地裂缝现象。接到报告后，七院第一时间到达现场，在塌陷区周边派工作人员值守、设置警戒线、警示牌及防护围栏，防止当地村民踏入。当日19时，由平邑县人民政府、卞桥镇人民政府、平邑县自然资源和规划局及平邑县应急管理局、七院组成的地质灾害调查组立刻进行了现场调查，对该地的塌陷背景、塌陷概况、成因展开分析、对灾情展开预测预警，制定出了初步的防范方案。经过细致认真的工作，七院迅速、翔实、完整地出具了《平邑县卞桥镇左庄村北美银石膏矿地面塌陷调查报告》，给当地政府应急治理提供了科学依据。

《临沂市罗庄区褚墩镇房屋开裂区地面调查报告》《蒙山管委会地面塌陷调查报告》《平邑县富饶庄地面塌陷调查报告》……七院出具的调查报告足以垒成一座小山。大量的工作，默默无闻的付出，二十余年如一日的坚守，七院人用他们博大的情怀、无私的付出、高度负责的精神，牢牢筑起了临沂自然灾害应急的防线，建立起了自然灾害应急与安全防卫的堤坝。

征 途

事实上，在每个危难和紧急情况面前，七院都挺身而出，不遗余力。今年以来，已对兰山、罗庄、蒙阴、平邑、兰陵等多地展开应急救援工作十余次。每桩每件的背后都浸透着无数的汗水与心血，更是七院人奋勇前进、迎难而上、攻坚克难的实际行动与责任担当。

枕戈待旦　实战磨炼
打造自然灾害应急救援"铁军"

招之即来，来之能战，战之必胜。七院能够成为我市自然灾害应急救援的"铁军"，得益于他们几十年如一日的锤炼和坚守。

自然灾害应急工作面临着种种挑战。七院始终保持安全生产的高压态势，不断夯实自然灾害应急工作主体责任，不断提升应急队伍抢险救援能力，确保关键时刻冲得上，打得赢。

实战是最好的磨炼。七院在每一次自然灾害防御和抢险救援过程中，建立完善了应急指挥体系，制定出台了应急值守、突发事件信息报送、应急响应工作规范等一系列规章制度，确保了自然灾害应急救援工作有章可循、有法可依。在每一次自然灾害防御和抢险救援过程中，通过实战锻炼整合了应急救援力量，组建了一支关键时刻能够拉得出、靠得上、打得赢的应急救援"铁军"。

勇于担当，主动作为。七院与临沂市应急管理局签订合作框架协议，为地震和地质灾害防治救援提供技术支撑，成为政府应急救援不可或缺的"编内队伍"。

"当好沂蒙大地的'守护人'，筑牢安全底线，守护沂蒙人民平安，是我们义不容辞的政治责任。"院长余西顺表示，"在省地矿局和市委、市政府的坚强领导下，我们定当不忘初心，牢记使命，忠于职守，激情担当，为建设新时代大美新临沂贡献地矿力量。"

临报融媒记者　安连荣　通讯员　李卉　李文正　刘伟

（刊登于 2019 年 9 月 6 日《临沂日报》A3 版）

传承发扬"红旗精神" 精心筑就钻石品质

金秋十月，丹桂飘香。10月12—13日，由山东省地质矿产勘查开发局、中国地质调查局南京地质调查中心主办，七院承办的金刚石深部探测理论技术研讨会在红色革命老区、中国金刚石之都——临沂隆重举办。中共十五届中央委员、原地质矿产部部长宋瑞祥，中国科学院院士、南京大学教授杨经绥，山东省地矿局党委书记、局长张忠明等有关单位、科研机构、专家学者共八十余人出席大会。

1965年8月24日，七院的前身沂沭地质队在蒙阴县常马庄发现了我国第一个金伯利岩脉——"红旗1号"，填补了稀有矿产的一项空白，从此结束了我国没有金刚石原生矿的历史，创造了中国金刚石找矿史上的奇迹，获原地质部"地质找矿重大贡献嘉奖令"。正是在这种"红旗精神"引领下，相继发现并评价了常马庄、西峪、坡里三个金伯利岩矿带，提交金刚石矿物量1000多万克拉。目前临沂市累计查明金刚石资源储量约占全国查明总量的50%，实至名归地被誉为"中国金刚石之都"，对此，七院功不可没，作出了重大贡献。

近年来，七院加强对深部及外围金刚石找矿的勘查研究，持续加大勘查力度，踏遍蒙山沂水，跋山涉水、风餐露宿，他们以苦为乐，以苦为荣，无私奉献，前赴后继，对金刚石勘探的脚步从未停息，取得了可喜的成绩。

在蒙阴县常马矿区金刚石原生矿深部开展普查工作，通过深部钻探工程（最深孔达955.5米）对"胜利Ⅰ号"岩管深部进行勘查，新发现了"胜利Ⅰ-1号"隐伏岩管，探获金刚石矿物量达到大型以上，达到了深部找矿的预期目标。在蒙阴县西峪地区金刚石原生矿深部及外围通过深部钻探（最深孔达1051米）及物探工作，基本查明了西峪岩管群深部变化情况、延伸趋势及含矿性等，估算深部新增金刚石矿物量超过300万克拉，获选金刚石18粒，提高了对矿体的研究和控制程度。

在费县朱田镇通过AMT技术和深孔钻探验证大井头岩管的产状与山东

征 途

蒙阴胜利 I 号、辽宁瓦房店 50 号岩管较为一致，新选获一批金刚石及其指示矿物，特别是在岩芯中发现金刚石 3 粒，这些新发现为今后进一步开展研究工作和金刚石找矿突破提供了重要的基础资料。

在江苏张集地区开展了金刚石调查评价工作，新发现辉绿岩、橄榄玄武玢岩等基性岩体 30 余处，新发现含金刚石的煌斑岩管 3 个，岩脉一条，获选金刚石 3 粒及一批指示矿物，为今后该区金刚石找矿突破及研究工作积累了资料，锁定了靶区。

在本次大会上，院长余西顺介绍了七院自 2012 年开展金刚石深部找矿以来，在金刚石找矿资源量上取得的重大突破。山东省地矿局党委书记、局长张忠明在讲话中，向长期以来关心支持山东地矿事业发展的各级领导、各位专家、各界朋友表示热烈欢迎及衷心感谢，并表示，将以这次研讨会为契机，进一步加强与中国地调局系统、省直各有关部门、各市党委政府、各兄弟省局和相关高校院所的交流合作，优势互补，共赢发展，齐心协力谱写地质事业高质量发展新篇章。

会上，七院与中国地质科学院地质研究所教授、南京大学地球科学与工程学院教授、中国科学院院士杨经绥先生共同签署了聘任院士协议书，这将促进七院进一步提升金刚石研究成果、拓宽金刚石研究思路，成为山东省金刚石找矿工作取得新突破的重要推手。来自各科研院所、高校与地勘单位的 10 位专家教授结合自己的研究方向，无私展示了行业领域的前沿知识，慷慨分享了先进科技成果，为新一轮金刚石找矿突破提供了科学的理论指导。原地质矿产部部长宋瑞祥做了总结讲话，对近年来全国金刚石找矿取得的成果表示赞赏，并希望以研讨会为契机，力争金刚石找矿技术取得新突破，推动全国金刚石找矿实现高质量发展。

研讨会后，与会专家学者根据自身专业需求，分别到费县朱田镇大井头钾镁煌斑岩管及蒙阴常马胜利 I 号金伯利岩管—西峪红旗 6 号金伯利岩管两条路线进行了详细考察。

据悉，近年来，全国金刚石找矿取得了新成果。其中，在鲁南、苏北、安徽东北部及辽宁的基性岩体中选到了金刚石，并发现了含金刚石的基性—

超基性岩管。在蒙阴金伯利岩带 1000 米以浅找矿效果显著，经分析研究，深部找矿潜力巨大，取得新突破还需要理论技术创新。本次研讨会加强了金刚石地质成矿理论和深部探测技术研究交流，为下一步加快建立完善金刚石勘查理论、关键技术，形成金刚石勘查技术集成和技术标准，探索建立具有直接指导找矿意义的金刚石矿成矿理论模型和找矿新方法，提升我国在金刚石研究领域的国际学术地位起到了巨大的推动作用。

潮平两岸阔，风正一帆悬。七院将以本次研讨会为契机，在金刚石找矿的新征程上，继续传承地质"三光荣、四特别"精神，发扬寻找金刚石原生矿的"红旗精神"，秉承"地质报国、事业立局、科技引领、有为有位、争创一流"工作理念，与时俱进，顺势而为，拓宽金刚石找矿思路，将我省的金刚石找矿工作区重点放在鲁中南地区及郯庐大断裂两侧，方向聚焦金刚石新类型找矿和深部及外围找矿。重视科技创新、促进成果提升，争取实现新一轮金刚石找矿突破，推动地质工作高质量发展。

我们坚信和期待，金刚石必将以更加璀璨的光芒，照耀沂蒙，辉映全球。

李卉　肖丙建　李文正

（刊登于 2019 年 10 月 30 日《临沂日报》A3 版）

征 途

科学勘察　精准施工　助力临沂高质量发展

金秋时节，大美新临沂更加锦绣美丽。放眼望去，解放路沂河桥、金雀山路沂河桥、沂蒙路祊河桥等交通民生工程为临沂人搭起了快速便捷的通道，市广播电视塔、临商银行大厦等地标性建筑给临沂城绘出更美丽的画卷，本月即将通车的鲁南高铁更将为临沂经济高质发展注入强劲动力。这美丽的景象背后七院下属单位——山东地矿开元勘察施工总公司作出了重要贡献。作为城市变化的见证者和参与者，山东地矿开元勘察施工总公司投身于大美临沂蝶变的全过程，30 年来不忘初心、砥砺前行，全力担当，积极参与地方建设，提供工程勘察施工服务，在省内外承担完成了桥梁、铁路、市政基础设施等重点项目的勘察施工千余项。

公司在临沂市先后完成临沂飞机场、临沂长途汽车站、广播电视塔、临商银行大厦、鲁南高铁勘察项目；解放路沂河桥、金雀山路沂河桥、沂蒙路祊河桥及临沂大学图书馆桩基项目等重点建设项目的勘察施工工作，正在实施的临沂市体育中心勘察项目、临沂市创业产业园勘察设计施工项目、临沂市康养护理中心基坑项目等民生工程，体现了公司全面融入临沂市基础建设，服务临沂经济高速发展的责任担当。多次荣获省住建厅、山东地矿局优秀勘察设计奖，为地方基础设施建设作出了重要贡献。

改革创新　发展新模式

20 世纪 90 年代，随着国家经济改革深入推进，地质勘查工作任务大幅缩减，相应的探矿工程工作量锐减。为适应地勘经济改革发展需要，公司改革创新，探索发展新模式新思路。"勘察施工是探矿工程技术优势的拓展，是市场经济条件下，探矿工程由单一为地质工作服务转向为国家经济建设服务的结果。这是挑战，也是机遇。"山东地矿开元勘察施工总公司经理许杰满是感慨。

随着地质勘探市场的发展，逐渐形成了以工程勘察、工程施工、工程测量、工程物探等为主要工作内容的勘察施工业新开发模式。

公司的服务项目也由原来相对单一的工程地质服务工作扩展为现在的岩土工程设计、建筑工程沉降观测、基坑变形监测、岩土工程检测、岩土工程钻探、水文地质勘查、工程测量、工程物探、土工试验、地基与基础施工（桩基、基坑支护、抗浮锚杆施工）、桥梁、路基施工、地质灾害治理、矿山治理修复等。

1993年，经建设部批准，临沂地质工程勘察院更名为山东省临沂地质工程勘察院。

2005年，山东省临沂地质工程勘察院与山东省临沂基础公司、山东地矿路桥公司合并更名为山东地矿开元勘察施工总公司。

2013年，公司地基与基础工程施工资质由贰级升级为壹级，成为临沂市勘察施工行业技术力量的排头兵，自此公司驶入了发展的快车道。

2019年，公司全面深化改革，建立起了现代企业制度，以昂扬的姿态、崭新的面貌和奋进的精神阔步前行。

专注专业 打拼结硕果

"高瞻远瞩、稳步前行"，公司负责人许杰用八个字概括了公司的生存之道。

勘察施工工作是保障其他后期工作安全运转的"先行者"，任何一个细节都马虎不得。在完成项目中，公司不等不靠、行动迅速，坚持向管理要效益、向管理要时间，科学组织施工，积极调配资源，将工作任务具体到天、落实责任具体到人，坚持"日管控、周协调"进度管控，展现了"特别能吃苦，特别能忍耐，特别能战斗，特别能奉献"的地矿"四特别"精神。

"技术是我们这个行业的敲门砖，一步步地积累和创新为公司在行业内打开了局面。我们在临沂大学图书馆桩基项目中，克服了灰岩地区岩溶裂隙发育，施工难度大的难题；在金叶花园地基处理中，公司大胆尝试设计CFG

征 途

桩，大大降低了桩基造价成本，得到业主的称赞。"许杰说道。

明者因时而变，知者随事而制。在临沂市委、市政府及社会各界的大力支持下，地矿开元勘察施工总公司干部职工始终不忘初心、牢记使命，勇于担当。历经三十多年的顽强打拼，建设成果辉煌：临沂长途汽车站勘察项目荣获临沂市优秀勘察设计一等奖；临沂国际商品批发城岩土工程勘察项目获山东地矿局优秀勘察二等奖；临沂公路运输枢纽管理中心基坑支护工程获省岩土工程技术创新一等奖；临沂大学图书馆桩基项目荣获省岩土工程技术创新二等奖……

人才担当　奋进新时代

如今的山东地矿开元勘察施工总公司实验测试中心，高精尖新仪器和互联网的运用让各项数据分析高效又精准。

要发展，重人才，公司拥有岩土工程勘察甲级、地基与基础工程施工壹级、地质灾害治理设计与施工甲级、土工试验甲级、桥梁工程贰级，公路路基工程三级、水文、测量、监测乙级资质；现有职工 152 人，其中研究员 2 人，高级工程师 10 人，注册岩土工程师 4 人，注册安全工程师 7 人，注册造价师 2 名，一、二级建造师 40 余人，人才技术力量雄厚。现有党员 24 人，支部党建工作扎实规范，全面实行党支部标准化建设和项目部标准化建设，为勘察施工业的稳步发展提供了党建引领和人才保障。

公司对每位职工量身定制，根据每个人的特长，给其规划好以后的发展方向，每个阶段需要如何充电，达到什么效果，让职工对自己的职业生涯有明确的方向，便于发挥各人特长，运用到公司的生产经营中。

谈及未来的发展目标，院长余西顺目光如炬：一人为树、众人成林，人才就是生产力，未来要从干部职工加强学习、提升技能基础抓起，掌握真本领，练就硬功夫，为服务地方经济，实现合作共赢，提供人才保证。

从 2005 年与山东省临沂基础公司、山东地矿路桥公司合并更名为山东地矿开元勘察施工总公司开始，公司续写着艰苦创业、敢想敢干、厚积薄发的创业奋斗史。作为一家专业性勘察测量及工程施工单位，公司将以技术优势为支撑，以过硬的素质和本领，担负起新时代赋予的光荣使命，为加快推动临沂高质量发展，作出新的更大贡献！

临报融媒记者　安连荣　通讯员　李卉　李文正　刘伟

（刊登于 2019 年 11 月 21 日《临沂日报》A3 版）

征 途

没有金刚钻 不揽"钻石活"
——全国唯一的金刚石选矿鉴定全流程实验室

1965 年 8 月,七院的前身——沂沭地质队在蒙阴常马庄发现了中国第一个金伯利岩脉"红旗 1 号",结束了我国没有金刚石原生矿的历史。在此基础上,1970 年,在蒙阴常马庄建成我国第一座大型金刚石原生矿矿山,总产量达到 151 万克拉。

在人类采矿史上,100 克拉以上的特大金刚石总共不超过 2000 颗。然而,逾 100 克拉的"巨钻"临沂就出产了 5 颗。2014 年,临沂市被正式命名为"中国金刚石之都"。这一切的背后都有着省第七地质矿产勘查院实验室默默无闻的巨大付出与贡献。

全国唯一 金刚石选矿鉴定的技术"大拿"

金刚石找矿是七院的金字招牌,是全国为数不多的金刚石专业队,其找矿理论、找矿方法均有独到之处,七院的实验室室内矿物鉴定在国内是首屈一指的,拥有包括朱源、冯秀兰、陈积长等全国著名的矿物鉴定专家。

七院实验室,在金刚石及其伴生矿物的挑选、鉴定、研究领域是权威机构,是全国唯一的金刚石及其指示矿物选矿、挑选、鉴定全流程实验室。

1965 年,通过重砂分离选矿,七院实验室找到了我国第一个具有工业价值的金刚石原生矿。

此后,分别与澳大利亚、加拿大成立了鲁澳公司,华澳公司,在我国江苏、内蒙古等地寻找金刚石,在七院建立了大型选矿、鉴定实验室。

当前世界上前沿的金刚石选矿技术是重介质选矿,与传统金刚石选矿设备相比,重介质选矿技术分选精度高、效率高、分选指标稳定、自动化程度高、易操作,最主要的是大颗粒金刚石能够保持完整。

2018 年，七院投资 2000 万元，建成全国最先进的重介质全自动选矿实验室，在金刚石选矿及鉴定领域处于国内领先水平。

2019 年 4 月底，重介质选矿设备完成安装调试，七院实验室成为我国第一个金刚石重介质选矿实验室。

百尺竿头更进一步，七院实验室技术团队更是凭借顽强的攻坚克难、滴水穿石的精神自主发明了一套全自动的重矿物重介质的选矿工艺，替代了手工操作。该工艺不论重矿物多少，都能完全分离，且能够做到重介质完全回收，没有污染，这在国内也是独一无二的技术，已申请国家专利。

业务精湛 实验室可开展检测 480 余项

1958 年，七院实验室由山东省地矿局批准成立，是集产、学、研于一体的地质矿产检验综合实验室。实验室现有职工 18 名，高级工程师 4 名，工程师 7 名，研究生 3 名，本科生 10 名，实验室面积 2000 多平方米，固定资产总值 3000 余万元。2018 年，单位投资 300 万元对实验楼进行了整体装修，升级改造后的实验室实行全封闭式管理。

1998 年，实验室首次获得山东省技术监督局颁发的"中华人民共和国计量认证合格证书"，健全的组织机构和质量保证体系，确保向社会委托方提供科学、准确、公正的检测报告。

走进宽敞明亮的实验室，记者看到各种高大上的仪器熠熠生辉，工作人员身着白衣工作服，正在紧张有序地忙碌着。

目前，七院实验室拥有雷尼绍 invia 拉曼光谱仪（英国）、帕纳克 AXIOS-X 荧光光谱仪（瑞士）、赛默飞 ICS-600 离子色谱（美国）、赛默飞 iCAP-RQ 等离子体质谱仪（美国）、赛默飞 TRACE1300 气相质谱仪（美国）、步琦加速溶剂萃取仪（瑞士）等 160 余台仪器设备。"实验室先进的拉曼光谱仪能够对矿物石成分进行定量、定性分析和对包裹体的研究等，应用于珠宝检测及宝石的鉴定，能够准确区分钻石是天然的还是人工合成的，开展金刚石选矿技术、重砂处理、金刚石及其指示矿物鉴定分析工作。拉曼光谱仪填

征 途

补了七院对金刚石微区分析的空白。"对于实验室的仪器，实验室负责人焦永新十分熟悉，一一道来。

实验室业务范围包括矿产、环境、农业、大气、水、土壤检测等多个领域学科，也涉足农产品、污染治理等领域。目前实验室开展的业务项目有金银矿石分析、有色金属、黑色金属、稀有金属和非金属矿产、地下水、污染水，岩石、土壤化探等方面的检测480项，承揽金刚石水系、人工重砂的鉴定及金刚石基岩大样的选矿试验。

深耕齐鲁　出具上千份科学准确的检测报告

我们平时喝的水质量如何？

土壤质量如何？农民地里适合种什么？

哪种矿石中能找到金刚石？

钻石的成色如何、是否是天然钻石？

这些都需要专业实验室的精准分析。

截至目前，在水质分析方面，七院实验室一直承担临沂市地下水监测测试工作，先后承担了临沂市地质环境监测，郯城县水文地质普查报告，临沭县山里、蒙阴县麦饭石、平邑天宝山、苍山兰陵、费县大青山、莱芜汶阳等天然饮用矿泉水评价。省重点城市1∶50000地下水污染调查（临沂市）项目，沂蒙山区平邑县幅、放城幅、泗水县幅1∶50000水文地质调查等项目的水样分析。未来，水质分析方面，将增加放射性、有机项目，开展地下水、地表水、农田灌溉水、矿泉水等104项全分析。

传统的地质样品分析方面，多年来实验室先后承担了上百项国家地质项目的分析工作，主要承揽的大型项目有：青海哈次谱多金属矿详查，沂南冯家村瓷石矿详查，新疆可可乃克锶矿详查，该项目获当年中国十大找矿奖，安丘、兰陵农业土壤地质调查分析。费县大井头金刚石普查，江苏张集地区金刚石基岩大样选矿试验，并选出一粒金刚石，取得了该地区金刚石找矿新突破。

土壤污染调查分析方面，实验室将积极融入地方经济发展，加大土壤污染分析的力度，增加分析项目，培训技术人员，严格按照规范操作，力争高效、准确、及时提交分析报告，为地方经济发展作贡献。

每份分析报告都是一本厚厚的沉甸甸的书，每一张图、每一份数据、每一段文字分析的背后都凝结着实验室工作人员严谨的实验和分析，是实验室全体工作人员一步步严格按照实验操作规程辛苦工作的结晶。

截至 2020 年底，实验室资质认定项目达 1049 项，并且首次通过了生态环境监测领域的监测资质认定评审，将为七院更好地融入地方发展，为推动临沂"由大到强、由美到富、由新到精"战略性转变贡献地质智慧和力量。

除此之外，实验室不忘社会职责，每年都会开展公益活动。今年 4 月份，临沂市第十三中学几十名学生来到实验室，参观仪器设备，了解分析流程，和试验人员一道完进行化学试验。此举不仅提高了学生们对化学分析的兴趣，更锻炼了他们的动手能力，对孩子未来的志向也起到了一定指引作用。

擘画未来 为大美新临沂贡献力量

谈到实验室未来的发展，实验室主任焦永鑫信心满满，踌躇满志。他介绍说，经过全新投资改造的实验室设备先进、技术一流，下一步工作重点一是做好蒙阴地区金伯利岩中金刚石及其包裹体研究，初步建立蒙阴地区三个金伯利岩带的金刚石及包裹体数据库，综合分析蒙阴金刚石的成因环境，为金刚石找矿工作提供理论基础。矿物鉴定上，将开展金刚石理论研究工作加强金刚石及其伴生矿物的鉴定水平，申请金刚石研究科研课题。二是开展分析沂沭断裂带与蒙阴金刚石原生矿的关系。通过工作细致研究金刚石的形成时代、沂沭断裂带的形成时代及相互关联，解决金刚石原生矿的形成问题。三是做好金刚石原生矿深部评价。通过采取大量不同品位的金伯利岩进行常量、微量等元素分析，找到某种特征与金刚石品位之间的相关性，以解决深部金伯利岩中金刚石含量的评价问题。四是实验室计划还将拓展环境监测分析、环评报告验收，大气、噪声检测、土壤污染治理等工作。

征 途

多年来，实验室先后承担了上百项国家地质项目的分析工作，发现和评价各类矿产资源二十余种，提交的矿产资源储量潜在经济价值近百亿元。

七院实验室全体干部职工勇于担当、真抓实干，坚持"公正可靠、科学准确、诚信守约、优质服务"的质量方针，不断完善提升，积极打造成为向社会各方提供检测服务和咨询的高标准严要求的实验室，成为临沂市最大的综合实验室。未来，七院实验室将不忘地质报国初心，牢记使命担当，以助力地方高质量发展为己任，为大美新临沂建设作出新的更大贡献。

临报融媒记者　安连荣　通讯员　李卉　李文正　刘伟
（刊登于 2020 年 1 月 16 日《临沂日报》A3 版）

责任担当　迎难而上
地质铁军：勠力同心战疫情，多点发力促发展

2019 年岁末，一场突如其来的新冠肺炎疫情打破了欢乐祥和的节日氛围。疫情发生后，党中央高度重视，习近平总书记指示："要把人民生命安全和身体健康放在第一位。"党中央迅速做出部署，提出"内防扩散、外防输出"的总体要求，把控制传染源、切断传播途径作为关键着力点；实施全国一盘棋，在党中央的统一部署下，全党全军全国人民众志成城、团结奋战，只为打赢这场疫情防控阻击战。

抗击疫情，人人有责，七院践行。七院高度重视，迅速响应，科学决策、扎实部署，把疫情防控作为最重要的工作来抓，全力以赴打赢这场疫情防控阻击战。同时精准施策，确保各项工作正常有序运行，做到两手抓、两手硬、两不误，为夺取疫情防控和经济社会发展全面胜利，贡献地矿力量，践行责任担当。

彰显责任，筑起战"疫"坚强堡垒

疫情袭来，迅速进入战时状态。七院成立以院长余西顺为组长的新型肺炎疫情处置领导小组，严格落实领导带班，全天 24 小时值班值守，创新采用"学习强国"视频平台全天候调度部署全院疫情防控工作。

生命重于泰山，疫情就是命令，防控就是责任。为全力保障人员的生命安全和身体健康，七院党委制定印发了防控方案及应急预案，对全院 432 名在职职工、656 名离退休职工、514 户辖区住户，逐一入户排查，严格落实疫情"零报告""日报告"制度。对来自疫区的人员进行全天监测和居家隔离，保证无一遗漏，信息准确无误。向全院干部职工下发预防通知书，发放疫情举报公告、签订疫情防控承诺书 1602 份。购买防疫物资，发放防护服、消毒

征途

液、酒精、口罩、体温计等千余件，有效维护了全院干部职工及群众的生命安全和身体健康。

同时，在办公区、家属院设置体温监测点、消毒站，每天对办公区、家属区全方位无死角消毒，坚决切断传染源。通过院网站、微信公众号每天不定时推送疫情防控知识和防控开展情况相关信息三百余条，在院办公区、家属区每天循环播放疫情防控知识，让疫情防控变被动为主动。

这支在地质一线特别能战斗的队伍，在抗击疫情阻击战中闪耀灼灼光芒，始终保持战时状态，负起更大责任，抗起更大担当。

党旗飘扬，践行为民使命

这场疫情，来势凶猛，且正值春节，防控形势严峻。七院党委向全院党员发出倡议书，动员全院党员干部积极参与到疫情防控一线，发挥先锋模范作用，组建疫情防控党员志愿服务队，把投身防控疫情第一线作为践行初心使命、责任担当的试金石和磨刀石，让党旗始终在疫情防控一线高高飘扬。

一声倡议，纷纷响应。没有誓师会，没有请战书，不用谦让，更没有退缩，七院党员干部身先士卒，冲锋在前，他们每天日出前就离开温暖幸福的家，在黑夜来临后还在疫情防控岗位上，像一道道防洪堤坝挡在疫情的前面。

疫情就是战情，哪里有困难哪里就有共产党员的身影。除夕之夜，当万家团圆之时，省地矿实业总公司党支部书记韩新国，七院物业中心党支部书记薛玉书却正忙着在一线安排防疫工作。大年初一，他们又主动冲到一线，安排消毒排查工作。他们带领着支部党员连续加班加点，夜以继日战斗在疫情防控第一线。

像韩新国、薛玉书这样的共产党员，在七院还有很多很多。院党委班子一马当先，靠前指挥，院长余西顺每天坚守岗位，带领疫情防控工作小组成员，深入办公基地、家属院详细察看防疫开展情况，及时调整工作部署安排。分管院领导实行分工制，负责疫区归来干部职工的隔离监测和生活物资供给，为他们解决困扰和难题。还有无数中层党员干部，每天都在一丝不苟地调度完成疫情防控每一项具体工作。

一个个熟悉的身影、一张张亲切的脸庞，在最危险的抗疫一线筑成了一道道防线，以实际行动践行着在党旗下立下的誓言，展现着地质人的责任担当和大爱情怀。

众志成城，凝心聚力共抗疫情

疫无情，人有爱，隔离病毒，不能隔离爱。七院严格落实管控措施，同时做好对职工的关怀关爱。

采取上门服务、电话询问、微信安抚、心理疏导等方式，及时跟进以上家庭、人员的生活需求和健康状况，及时提供贴心、热情服务。七院在全院开展"服务群众，党员先行"活动，领导班子带头深入排查了解，汇聚问题难题并予以解决，为孤寡独居和隔离职工代购蔬菜粮食、药品等生活必需品，切实解决他们的生活困扰和后顾之忧。

职工食堂采购预防疫情中药，党员韦廷国每日为在疫情防控一线的值班职工熬制并发放中药，撑起温暖爱心的"保护伞"。开展爱心捐款活动，全院604名在职及离退休干部职工共捐款132800元。齐心协力，众志成城，用实际行动诠释爱心，在疫情防控中传递力量。

担当作为，有序开展复工复产

抓防疫不放松，抓经济不动摇。七院防疫、发展两个战役一起打，在继续严格防控疫情的同时，早谋划、早部署，全力落实好全年工作计划，有力有序推进各类项目复工复产，确保圆满完成全年目标任务，坚决做到两手抓，两手都要硬、两战都要赢。

严格落实复工前准备工作，科学周密制订复工生产实施方案，加强人员管理，购置各类防护用品，重点部位定期消毒，严格24小时值班和领导带

征 途

班值班制度，食堂分时段就餐，制作各类提醒标语等措施，将措施抓严，落头到位。创新工作方式，提倡网络办公、手机办公，灵活运用远程通信方式和网络进行项目招投标工作，对原先确定的事项、项目，紧盯不放，加快推进，做到疫情防控与生产经营两不误。通过以上措施的实施，为全面返岗复工，保障单位平稳健康安全运行和完成2020年发展任务目标提供了坚强保障。

目前，平邑县归来庄金矿矿界区项目，罗庄区2020年中央环保督查项目，费县探沂镇青山湖、新庄镇石龙庄村、新庄镇东流村三个村废弃矿山地质环境治理及土地复垦项目，莒南县矿山生态环境修复项目，蒙阴县矿山地质环境治理项目等均已陆续开工。截至目前，全院累计三十余个项目已经复工，其他计划复工项目也在有条不紊推进，为临沂经济社会发展贡献地质力量，为生态环境保护提供技术支撑。

"我院战胜疫情的信心坚定，措施有力。下一步，我们将继续统筹抓好疫情防控和安全生产，坚决打赢这场疫情防控战争。"院长余西顺表示。

临报融媒记者 安连荣 王婷婷 通讯员 李卉 李文正 刘伟

（刊登于2020年3月6日《临沂日报》A4版）

发挥专业优势　践行使命担当

七院做好做活"水文章"

2020 年 3 月 22 日是第 28 届"世界水日"。3 月 22 至 28 日是第 33 届"中国水周"。水是生命之源，作为自然的元素、生命的依托，与人类生活乃至文化历史有着天然的联系。

绿水青山，就是金山银山。生态沂蒙，更离不开对碧水蓝天的守护，在水资源保护和开发利用方面，七院发挥专业队伍的先行和引领作用，在区域水文地质调查、抗旱找水打井、地下水动态监测、水资源保护、地热开发利用等工作中持续贡献地矿力量，服务临沂发展战略，积极推进大美新临沂建设。

对标最优　打造水文地质调查标杆

多年来，七院勇于担当作为，积极干事创业，对标最好最优标准，真抓实干，埋头苦干，努力打造水文地质调查工作的标杆。

水文地质调查亦称"找水"，即查明水文地质条件，包括地下水补给来源、径流途径、排泄渠道、水位、水质、水量、水龄、更新能力等地下水动态特征及其影响因素。水文地质调查可对地下水资源开采及其环境功能影响等提出防治对策和优化方案。

近年来，七院开展了众多水文地质调查项目，其中山东省沂河流域水文地质环境地质调查主要就水文地质条件、环境地质条件等做了详细扎实的调查，最终圈定出了多个富水地段，切实解决了居民的供水和饮水安全问题。该项目保障了 4 万余人的饮水问题，为经济社会可持续性发展提供技术支撑，产生了很好的社会效益和经济效益。

诸如此类的地质调查工作数不胜数，一本本水文地质调查报告在七院的

征 途

资料室像小山一样码放着。一个个翔实的数字、一张张图片、一个个字符都汇集着七院地矿人的心血和汗水，显示着他们的责任和担当。记者随手翻开眼前的《沂蒙山区平邑县幅、泗水县幅、放城幅1：50000 水文地质调查报告》，再翻看《山东省1：50000 重坊幅、郯城县幅、瓦窑幅、新沂县幅区域水文地质调查报告》《山东省1：50000 莒南幅、届首幅、城头幅区域水文地质调查报告》发现，每个调查报告都从项目来源、目的任务、工作概况、地质概况、水文地质概况、地下水资源评价、环境地质问题评价、地下水资源开发利用等多个方面进行了详细的调查和论证，及至最后形成理性实用、针对性操作性强的结论与建议。调查报告内容量之多、资料之翔实、工作之细致令人叹为观止、心生敬佩。

长期以来，七院开展的水文地质调查工作，为临沂市国土资源开发规划、城镇建设和地质环境保护等提供了基础资料，发挥了十分重要的作用。

心系民生　全力保障生产生活

水是生命之源，生产之要，生态之基。多年来，作为临沂地质勘查队伍的主力军，七院着眼社会民生发展大局，积极参与推进区域内水资源保障工作，着力解决群众饮水困难，成效显著，得到社会大众的广泛支持和认可。

"还记得2011年沂蒙大地遭遇特大旱灾，七院积极响应我市抗旱打井工作，组织全院所有水文地质、工程地质及物探等专业技术人员和施工设备立即投入到抗旱找水打井一线，第一时间开进、第一时间开钻，第一时间出水、第一时间成井、第一时间抗旱，与时间赛跑，用实际行动为旱区人民服务。"七院副院长徐希强介绍说。

仅1个月的时间，七院共定井89眼，成井85眼，解决了18680人吃水、39970头牲畜的饮用水问题，保证了26360亩农田、果园的抗旱保苗需求，缓解旱情成果显著。2011—2013年，七院先后在沂南县、沂水县及临沭县定井114眼，在蒙阴县、费县和兰山区等县区施工抗旱井数百眼，为临沂市城镇缺水居民饮水提供了强有力的保障。

自 2018 年以来，七院发挥公益职能，助力乡村振兴战略。无偿出资 300 余万元，与外省乡村振兴服务队对接，开展了优质水源地评价和抗旱打井等工作，已成功施工供水井 28 眼，乡村服务队纷纷送锦旗表示感谢，赢得社会高度赞誉。

民之所呼，政之所向。实现矿产资源开发和生态环境协调发展，助力节能减排保护"绿水青山"，七院一直在路上。近年来，七院还积极推进清洁能源的开发利用，着力地热资源的开发利用。承接了我市多个县区的地热资源勘察工作，长期为沂南县、河东区等地温泉企业提供技术服务，完成了我市多个县区的浅层地温能调查评价项目，向省自然资源厅争取两处浅层地温能示范工程，经济效益和社会效益显著。

着眼安全 让老区百姓用上"放心水"

地下水是我们生产生活依赖的重要水源类型之一。为守护百姓"放心水"，做好水文章，近年来，七院充分发挥专业优势，突出公益担当，紧紧抓住水污染防治这个"牛鼻子"，承担着我市地下水资源保护和地下水监测工作。

七院承担的山东省重点城市 1∶50000 地下水污染调查（临沂市）项目，采用地面调查、动态观测、水位统测、岩矿测试等多种工作手段，基本查明临沂市地下水污染源类型和分布特征以及区内地下水、地表水、土壤环境质量现状。将全区划分为治理区、防控区和一般防护区三个级别，并根据不同的分区提出了相应的预防控制措施，为今后地下水污染防治提供了重要依据，保障了城市供水安全、粮食安全和生态安全。这只是七院承担水资源保护项目的一个缩影。多年来，七院以"咬定青山不放松"的态度，一直践行初心使命，发挥责任担当，全力做好水资源保护工作。

用责任与担当书写地矿精彩答卷。自 1984 年以来，临沂市地下水动态监测工作一直由七院承担。地下水及地质环境监测是客观反映地下水、地质环境质量状况和变化趋势的重要依据，地下水监测质量关系着生态安全。截

征 途

至目前，临沂市正常运行的各级地下水监测点总数 161 个，控制面积 17191.2 平方千米，其中长期监测井 133 个，统测井 28 个，其中自动化监测 102 个，人工监测 35 个，水质监测点 59 个。一张覆盖全市的地下水监测网络已搭建完成。七院多年来做好市地下水动态监测工作，为临沂城市发展提供了精准专业的地下水监测服务。

"做好水文地质调查、地下水监测、水资源保护、水环境治理等工作，我们责任重大，任务艰巨。未来我们将继续发挥吃苦耐劳、无私奉献的地矿精神，以专业技术优势，主动担当作为，全力做好地下水资源保护服务工作，让环境更美丽，人民更幸福，为大美新临沂建设贡献地矿力量。"院长余西顺目光坚定、踌躇满志。

临报融媒记者 安连荣　　通讯员 李卉 李文正

（刊登于 2020 年 3 月 23 日《临沂日报》A3 版）

打造自然灾害应急救援"铁军"
筑牢防灾减灾救灾安全"防线"

2020 年 5 月 12 日是第十二个全国防灾减灾日，5 月 9 日至 15 日为临沂市防灾减灾宣传周。七院联合临沂市自然资源和规划局、应急管理局，共同走进兰山兰新社区、罗庄龙潭社区、平邑县临涧镇，开展主题为"提升基层应急能力，筑牢防灾减灾救灾的人民防线"公益宣传活动，积极推进防灾减灾网格化管理，进一步提高人民群众对地质灾害的防范意识，倡导防灾减灾理念，提升防灾减灾能力。

在社区，七院采用摆放宣传展板、发放宣传彩页和组织专家现场讲解等形式，向居民普及应急管理、安全生产和防灾减灾救灾等领域的科学知识、安全常识和防灾避险、自救互救技能，讲解有关注意事项，分享防灾减灾经验，充分展示了防灾减灾方面的精湛技能和专业实力。系列公益宣传进社区活动，普及灾害风险防控知识，培育安全文化，筑牢防灾减灾第一道防线，营造了全民参与防灾减灾的良好社会氛围。

这只是七院开展系列公益宣传活动的一个缩影。近年来，七院发挥公益属性，主动担当作为，充分发挥各县区地质灾害应急服务中心的作用，积极参与地方应急管理地质服务和生态环境保护修复项目，提出专业性应对措施和建议，为临沂市自然灾害防治和生态环境保护修复提供全面的技术支撑。

勇挑重任担使命，建立完善的地质灾害应急服务体系

2019 年 6 月，七院与临沂市应急管理局签订合作框架协议，为地质灾害防治救援提供技术支撑，将专业应急队伍纳入临沂应急管理系统统一指挥调度，成为政府应急救援不可或缺的"编内队伍"。与临沂市自然资源和规划局、临沂市应急管理局联合对接，形成灾害应急防治工作的强大合力。

2020 年初，结合省地矿局制度创新和管理提升年活动，七院制定了《七

征 途

院自然灾害应急地质技术服务方案》《七院临沂市自然灾害应急地质技术服务预案》，增强底线思维，树立责任担当，积极参与到全省、全市应急管理部门的业务培训和应急救援演练中，全面提高精准服务地灾应急工作水平。

主动作为促融合，全面参与地质灾害预警防治

为深入践行绿色发展理念，近期，七院成功申请了"水污染治理施工总承包一级资质""生态修复施工总承包一级资质"，并延续"水污染治理设计和水污染生态修复设计一级资质"。始终牢记全面融入、服务地方经济发展，发挥地质专业技术优势，开展了系列以实施地下水环境地质调查、地下水污染调查、场地污染调查、地质环境监测、农业地质调查、生态环境修复等方面的工作，构建起了服务生态文明建设的地质工作支撑体系。

二十余年来，尤其每年汛期，七院都是枕戈待旦，随时待命。主动加强与气象、水利、农业、自然资源和规划局等部门的沟通协调，做好灾害预报预警。近期，又密切配合县区自然资源和规划局组成专业巡查组，对各县区地质灾害易发区的 391 处地质灾害隐患点进行细致排查，对隐患点位置、坐标、类型、图像、变化情况、威胁对象、威胁财产、潜在威胁信息进行详细研究，对存在问题进行现场评价并提出相应的处理措施及建议，为有效遏制汛期地质灾害的发生提供了技术依据，提高了地质灾害预警精准度和时效性。

应急救援冲在前，彰显服务发展的地质智慧担当

实战是最好的磨炼。七院在每一次自然灾害防御和抢险救援过程中，通过实战锻炼整合力量，组建了一支关键时刻能够拉得出、靠得上、打得赢的应急救援"铁军"。

2015 年 12 月 25 日，平邑县万庄石膏矿发生地面塌陷。七院安排水文地质、矿产地质、钻探、测量、物探、安全、施工等专家 50 多人，携带无人机、钻机、水位自动监测仪等先进设备和车辆 20 台（套），第一时间到达现

场，在救援指挥部统一指挥下，全程参与救援工作。争分夺秒进行救援孔、救生孔定位和施工方案设计，一丝不苟地完成老窟水监测与分析、排水孔施工和竖井封堵、采空区外围塌陷调查等工作，为救援成功发挥了重要作用。

2019年7月20日15时30分，平邑县卞桥镇左庄村南大温线以北突然发生地面塌陷及伴生地裂缝现象。接到报告后，七院第一时间到达现场，在塌陷区周边派工作人员值守、设置警戒线、警示牌及防护围栏，防止当地村民踏入。当日19时，由七院与当地政府、相关县局组成的地质灾害调查组，对该地的塌陷背景、塌陷概况、成因展开分析，对灾情展开预测预警，制定了初步的灾情防范方案。经过细致认真的工作，七院迅速、翔实、完整地出具了《平邑县卞桥镇左庄村北美银石膏矿地面塌陷调查报告》，为当地政府应急治理提供了科学依据。

2019年汛期，临沂市遭受台风"利奇马"影响，大部分地区开启"强风＋暴雨"模式，局部地区遭遇暴雨、大暴雨，诱发地质灾害的风险性较高。七院迅速启动地质灾害应急预案，组织地质灾害专家和专业技术人员进驻村庄，派驻专家30余人次，应急处置灾害点30多个，参与应急值守368人次、应急巡查622人次，参与转移人员4800余人，联合发布地质灾害黄色预警10次，保障了人民群众生命财产安全，树立了良好的社会形象。

事实上，面对每个危难和紧急情况，七院都会挺身而出，不遗余力。今年以来，已对兰山、罗庄、蒙阴、平邑、兰陵等多地展开应急救援工作十余次。每桩每件的背后都浸透着七院人无数的汗水与心血，更是七院人勇于担当，奋勇前进，迎难而上、攻坚克难的实际行动与担当。

默默无闻的付出，二十余年如一日的坚守，七院人用博大的胸怀、无私的付出、担当的精神，不断延伸大地质工作的深度和广度，彰显出地质主力军在应急工作和生态文明建设工作中的智慧和担当，牢牢筑起临沂自然灾害应急的防线，建立起了自然灾害应急与安全防卫的堤坝。

李卉　李文正　冯雪立

（刊登于2020年5月13日《临沂日报》A3版）

征 途

聚智土地质量大文章　助力乡村振兴结硕果
——七院以土地质量调查助力乡村振兴侧记

一方水土养一方人，一方水土也能养育出一方特产。说起临沂好吃有名的土特产，我们会想到蒙阴的桃子、费县的板栗、临沭的地瓜、沂南黑山的樱桃……它们为什么这么好吃有名？七院的专家们一语道破：农产品的品味、质量很大程度上是由土壤微量元素决定的，富硒、锗、锌等微量元素的优质地块生长出来的农产品，往往富含营养、味道甘美，而重金属超标、污染的土地却不适合种植农产品。这就是七院目前开展的重要工作土地质量调查。

2020 年 6 月 25 日是第 30 个全国土地日，今年的宣传主题是"节约集约用地，严守耕地红线"。七院通过土地质量调查，为八百里沂蒙把好"土地关"，在地方农田划定、农业产业结构调整、特色农产品开发等方面积极作为，助力乡村振兴，服务地方经济发展，并结出累累硕果。

做好沂蒙土地"分析师"

临沭玉山镇万亩七彩百合园内，"天然足硒片区 22 万平方米"的牌子坐落在花丛中，花开正艳，美不胜收。在玉山高端新型苹果园入口处，又一块写有"天然富锌、铁、镁、铜、钼、锰苹果园，面积 50 万平方米"字样的牌子映入眼帘。

省派玉山镇乡村振兴服务队王增乾介绍说："百合园、苹果园这些土壤元素含量标牌，是七院专家们土壤地质调查的成果。没有他们的帮助，这些园子我们是搞不起来的。这些富锌、足硒等优质地块的发现，对当地农业产业升级和农民增收意义重大。"

七院历时一年形成的《玉山镇土壤质量调查报告》，描绘了玉山镇 5 个自然村的土地元素含量等级图，圈出了 5000 亩的优质地块，其中 7 处大面积富磷、富锌、富铁、富钾、富锰以及足硒土壤，上述百合园、苹果园就是在这些地块上建设而成的。

在玉山高端新型苹果园，果树已长到一人多高。丁海良总经理介绍："果园首期120亩，目前已投入200多万元，是七院的土壤地质分析报告给了我创业的信心。明年10月份将收获首批富锌苹果，相信一定会供不应求。"

在玉山镇，类似这样的七院帮扶项目，还有李庄高标准茶园、营子茶园、临沭县甘薯现代农业产业园。据了解，今年七院争取到财政资金270万元，将在临沭县北面5个乡镇开展土地土壤、地下水的调查分析和治理，全面助力临沭农业发展。

在相隔90千米外的沂南县双堠镇，七院的助农扶农行动，也在开花结果。

2018年11月，七院组织专业技术队伍，对双堠镇相关地块开展土质调查与评价，查明了富硒、富锌和富锗等特色土壤资源分布范围，并进行了土壤结构的改良。现在双堠镇的西瓜享誉省内外，黑山安村的"红嫂"牌樱桃远近闻名。该镇的特色农业已初具规模，有效推动了当地农业发展和农民致富。

目前，七院积极融入地方中心工作，已与8个乡村振兴服务队全面对接，他们的足迹早已踏遍兰山、沂水、兰陵、沂南、临沭等多地，服务于当地现代农业产业园、田园综合体、特色农业等项目建设，为地方经济发展提供了强有力的技术支撑。

勇做土地质量"治疗师"

土地质量调查工作内容丰富，通过对土壤、灌溉水、大气、农作物的采样、调查与分析，查明土地的现状、优点、缺点，让一切都有了依据和凭证。

七院实验室可开展检测1052项，为土地质量调查提供有利的技术支撑。土地环境质量等级较差的区域不划入永久基本农田，将环境质量好的调整为

征 途

农耕地，差的调整为建设用地，进行基本农田划定，为城镇开发边界和城镇发展方向提供了依据。对于不适合绿色农产品种植的区域和重金属超标的区域发出预警，引起当地政府的重视，将蔬菜产业向绿色土地转移，确保"菜篮子"安全。

按照《土壤污染防治行动计划》，七院深入开展土壤环境质量调查，掌握土壤环境质量状况，建立定期调查制度，强化污染土地改造和未污染土壤保护，严控新增土壤污染。在开展土地质量调查的同时，建立基本农田和重点污染地区土地质量变化监控网络，为农产品产地环境质量安全、农产品质量提供了有力保障和技术支撑。

近年来，七院在我市多地开展了土壤环境质量调查，查明土壤情况，对不符合要求的土地，通过中和或移位处理的方式进行综合治理，取得良好效果。比如，在项目建设前，通过土壤环境质量调查，确定污染物是否超过建设用地标准，风险值在标准范围内的地块可以开发，风险值超标的地块，就要由土地所有权人制订土壤治理修复方案，并根据方案实施治修复或风险管控。

甘做土地增量"开拓者"

在大地质服务战略中，除了土地质量调查，还有一项重要工作，就是废弃矿山的治理及复绿复垦。这项工作在国家积极保护土地"存量"大背景下，更显难能可贵。地矿人通过对废矿的复垦造地，硬是让我们日渐减少的土地，获得了难得的"增量"。七院通过对全市废弃矿山的修复，复绿复垦，为地方政府开拓出大量"增量"土地，增加了实实在在的耕地和土地，有力促进了当地农业增收增产。

"土地是农村最重要最基础最直接的资源，是乡村振兴最有力的抓手。土地质量调查是一项基础性工作，对基本农田建设、加强土地保护治理以及促进农业产业区划、种植结构调整具有重要现实意义，对改善人民生存环境、提高人民健康水平也具有深远的战略意义。七院深耕土地质量调查，严控土地污染，注重生态修复，做好沂蒙土地的分析师、治疗师和开拓者，愿为节约集约用地和土地增量贡献地矿智慧和地矿力量。助农扶农、助力乡村振兴，地矿人永不停歇，一直在路上。"七院院长余西顺郑重表示。

临报融媒记者　安连荣　继能力　通讯员　李卉　李文正

（刊登于2020年6月25日《临沂日报》A4版）

征 途

同样是驾校　这边风景独好
——临沂地矿开元驾驶员培训学校鼎新发展谱新篇

"鲜衣怒马逐尘去，半碧微波不系舟。"

如果说古时策马奔腾是属于精英的人生快意，那么现代驾车飞驰就是每个人的标配技能。

对于需要考驾驶证的朋友来说，选择一所靠谱的驾校，安全高效顺利地拿到驾照，是必须仔细斟酌的大事。选对了，事半功倍；选错了，事倍功半。

记者带大家走进的，是临沂最早成立的三所老牌驾校之一，它已累计为社会培养合格驾驶员 20 万人。

它隶属于山东省地矿局第七地质大队，可靠的信誉、严格的管理、一流的服务，让它在诸多驾校中独树一帜。

它就是与时俱进、日新月异的临沂地矿开元驾驶员培训学校。

迈入临沂地矿开元驾校，宽阔的训练场地、清晰明亮引流白线、整齐划一的绿化带映入眼帘。几十辆教练车在教练的悉心指导下，有条不紊地进退挪移，一幅紧张活泼、静谧祥和的训练场景。

在这竞争激烈的时代，临沂地矿开元驾校的软硬件让人不断惊艳：大面积绿植美化，修建阳光房休息室，改造训练场地，全面升级改造食堂，修建高端整洁的卫生间，训练场地全部按照行业要求高标准交付……

2019 年以来，该校持续投入资金对校园进行升级改造，各项人性化举措将校园建成了"桃花源"一样的存在，实现了老牌驾校的华丽蝶变。

匠心品质　学车多一层安心

临沂地矿开元驾驶员培训学校隶属于山东省地矿局第七地质大队，是我市驾培行业中的翘楚。山东省地矿局第七地质大队是省直事业单位，扎根沂蒙 63 年，获得多项至高荣誉和科技成果，为临沂夺得"中国金刚石之都"和"中国地热城"称号作出了重大贡献。

临沂地矿开元驾校依托山东省地矿局第七地质大队优质资源，无论是在制度管理还是师资力量、规模档次，都具有得天独厚的优势。

临沂地矿开元驾校坚持"制度化"管理，制定严格的管理制度，规范教练员职业道德，建立监督投诉校长热线，杜绝了教练对学员的"吃拿卡要"。

拥有 33 年办学资历、20 万学员的深度信任，临沂地矿开元驾校的品质坚如磐石，有口皆碑。2005 年，驾校就经省交通厅验收评定为综合类一级驾校。近年来更是荣誉如潮，先后被授予"临沂市规范化驾校""临沂市驾校行业最具影响力品牌""临沂市驾校行业金牌诚信单位""临沂市综合 AA 驾校"等荣誉称号。

"您来地矿驾校学习，可以完全放心。我们是省级文明单位，既不会乱收费，也不会收受贿赂，更不会卷钱跑路。我们将对学员负责到底。"校长韩新国不无幽默地说。

管理严格　学车多一份放心

满 5 年 A2 大车驾驶经验、10 年以上驾龄、零交通事故……这些都是 2005 年盖洪磊应聘驾校教练员时的基础条件。"该校对教练员的入口要求非常严格，专门制定了'教练员管理办法'和'教练员培训质量考核评估办法标准''教练员日常行为规则'等一系列管理制度。"盖洪磊介绍。

不止如此，该校还开创性地推出"教练员技术比武"项目，让学员当裁判，给教练员评分，教练员要顺利完成每个环节，还必须技术过硬、讲解到位才过关。

征 途

真诚以待　学车多一些舒心

"来，回忆一下起步，一踩离合二挂挡三转向四鸣喇叭……"有着15年教龄的邬彬教练正在指导学员起步，一顿操作伴着朗朗上口的驾驶口诀，学员成功起步倒库。邬彬教练表示，现在的孩子面子薄，经不得批评，无论遇到什么情况，教练都会笑脸服务。驾校针对不同的学员采用不同的教学方式，为学员量身定制学车教学。学员拿证离校后，教练还会保留学员电话，定时沟通，做好服务售后，解决学员上路后遇到的各种问题，有需要的甚至还可以"回家再造"。

面对女学员的需求，驾校成立女子中队，6位优秀女教练充分发挥细心贴心的优点，为有需求的女学员提供规范的教学服务，多次被评为"优秀中队"。

在训练场地，被同学推荐到这儿的舒青松说，每天早上教练都会带他们"溜车"，在旁边指导复习以前的内容，发现错误都会亲自示范帮助改正。"驾校里有新修建的食堂，中午不用去外面找吃的，干净卫生，菜品丰富，可口实惠，学费也不高，在这里学车感受很好。"

对地矿开元驾校教练的贴心服务，老学员给予了"无声回报"，"回头客"如雨后春笋，"品牌效应"焕发出勃勃生机。

让利于民　学车享更多"惠"心

高考结束了，熬过这人生中的重要一战，很多考生选择学车，各地进入学车高峰期，地矿开元驾校特地推出了学生特惠暑假版，招生正火热进行中。

开元地矿驾校现有教职员工98名，教练车60余辆。教练车去年全部换新，与考试车型一样；在兰山区、罗庄区拥有两大教学基地，拥有科目二模拟考场，可开展C1、C2驾驶证培训业务；交通方便，25路公交车直达罗庄总校。

"我爸爸就是名司机，他比较了解情况。其实在我们家旁边就有一所驾校，他对比之后，发现这里价格合适，学 C1 只需 2100 元，C2 只需 2300 元，而且是老牌驾校，性价比也高，特别让人放心，就给我报名了。"兰陵考生舒青松说。

目前，在地矿开元驾校学车，价格非常透明公开，不做广告，不搞噱头，而是真正让利于民。"预计 7 月中旬，按照上级规定，将会上调价格。"韩新国介绍。

大好时光莫辜负，福利收下正当时！在这个人生中独特而不凡的暑假里，开启一段美妙的学车之旅吧！罗庄"宝藏"驾校——地矿开元驾驶员培训学校随时欢迎"桃花源"的探路者。

临报融媒记者 安连荣 通讯员 李卉 李文正
（刊登于 2020 年 7 月 15 日《临沂日报》A4 版）

征 途

为临沂高质量发展贡献地矿担当
——七院向社会无偿提供 48 项地质技术服务

有一群探索者，翻过巍巍蒙山，探寻山野奥秘；有一群开拓者，穿越汤汤沂河，勘探地下宝藏；有一群地质铁汉，踏遍沂蒙，以天地为庐，以家国为怀，找矿立功。他们就是七院的地质工作者。

近日，一个振奋人心的好消息引起临沂人民的关注：这支地质铁军向全市公示 48 项无偿地质技术服务，并一一列出清单。

"七院充分发挥地质工作的先行性、基础性、公益性、战略性，积极作为，全面服务，主动融入地方发展大局，一直在向社会无偿提供力所能及的地质服务。这次是把这些项目进行了梳理，并向全市进行公示，希望社会各界监督。"七院党委书记、院长余西顺表示。

无偿清单赢民心

"清单内容丰富，涉及面广。就拿防灾减灾来说，我们与临沂市应急管理局签订了合作框架协议，为地质灾害防治救援提供技术支撑，将专业应急队伍纳入临沂应急管理系统统一指挥调度，成为政府应急救援不可或缺的'编内队伍'。"七院相关人员介绍。

此次该院公布的清单，涵盖能源资源保障、农业和特色农产品、生态文明建设、防灾减灾、自然资源管理、基础设施建设、脱贫攻坚与乡村振兴、科技创新与成果转化、地质资料查询、地质专业技术人才支持等 10 个方面共48 项地质技术服务。

无偿清单是七院向全市做出的庄重承诺。七院始终以山水林田湖草生命共同体观和地球系统科学为指引，紧紧围绕全市经济社会发展和生态文明建设对地质工作的新需求，充分发挥公益性服务职能和主力军作用，为各级政府及相关部门提供无偿地质技术服务，助力全面建成小康社会和决战决胜脱贫攻坚，服务全市经济社会高质量发展。

多样服务惠民生

"百合园、苹果园这些土壤元素含量标牌，是七院的专家进行土壤地质调查的成果。没有他们的帮助，这些园子我们是搞不起来的。这些富锌、足硒等优质地块的发现，对当地农业产业升级和农民增收意义重大。"在临沭县玉山镇万亩七彩百合园内，省派玉山镇乡村振兴服务队的王增乾对七院提供的服务赞不绝口。

漫步在百合园内，"天然足硒片区22万平方米""天然富锌、铁、镁、铜、钼、锰苹果园，面积50万平方米"……一块块显眼的标牌成了一道道独特的风景。

七院历时一年形成《玉山镇土壤质量调查报告》，描绘了玉山镇5个自然村的土地元素含量等级图，圈出了5000亩的优质地块，其中7处大面积富磷、富锌、富铁、富钾、富锰以及足硒土壤，上述百合园、苹果园就是在这些地块上建设而成的。

多年来，七院始终如一地提供大量无偿地质服务。不管是助力乡村振兴、防灾减灾，还是生态文明建设，该院积极做好土文章、水文章以及村文章，发挥地质主力军作用，全力绘就沂蒙发展新蓝图。

围绕中心助发展

荒山变绿地，废墟变良田。

这翻天覆地的变化是七院多年来扎根临沂、服务临沂，配合当地政府和相关职能部门，深入推进临沂生态文明建设结出的累累硕果。

自1957年在临沂成立以来，该院一直扎根沂蒙老区，积极服务全市经济社会发展，在生态环境保护、土壤治理、地下水资源保护、矿山修复等方

征途

面成效卓著，为创建"中国金刚石之都""中国地热城""沂蒙山世界地质公园"等作出了突出贡献。

秉持着"积极作为，主动服务，坚持绿色发展，深度融入地方经济发展大局"的理念，七院在服务全市工作中，发挥了地质工作的基础性、先行性、战略性、公益性事业职能和生态环境治理、地质灾害防治主力军的作用。多年来，该院为自然资源开发、生态环境保护、城乡建设、防灾减灾等作出了重要贡献，为全市经济社会发展提供了有力的资源保障和地质服务。

行走大地，谁说山高路远；踏遍沂蒙，何惧地老天荒。"七院将紧紧围绕48项无偿地质服务，始终坚持提供能源资源安全保障、地质专业技术服务，支撑生态文明建设、自然资源管理、防灾减灾工作，扎根沂蒙、服务沂蒙，为乡村振兴及全市经济社会高质量发展贡献地矿力量、地矿智慧、地矿担当。"院长余西顺表示。

为充分发挥地质工作的先行性、基础性、公益性、战略性作用，贯彻落实省委、省政府地质主力军要求，七院积极作为，主动服务，充分发挥地质工作服务临沂经济社会发展的技术支撑作用，制定了《七院服务临沂经济发展提供地质技术服务方案》(以下简称《方案》)。

《方案》以习近平新时代中国特色社会主义思想为指导，以山水林田湖草生命共同体观和地球系统科学为指引，认真贯彻落实山东省委、省政府八大战略和新旧动能转换决策部署，以《关于进一步加强山东地质工作的意见》为指导，紧紧围绕临沂市经济社会发展和生态文明建设对地质工作的新需求，充分发挥公益性服务职能和主力军作用，为各级政府及其相关部门提供无偿地质技术服务，助力全面建成小康社会和决战决胜脱贫攻坚，服务全市经济社会高质量发展。

《方案》坚持公益服务原则。地质工作为经济社会发展服务必须坚持公益属性，要切实履行好七院公益服务职能，支持临沂经济高质量发展。坚持主动服务原则。要加强与市政府及各职能部门、各县区政府及其相关部门的沟通、联系，主动服务经济社会发展，寻找切入点，找准结合点，深度融合，主动服务。坚持全方位服务原则。围绕全市经济社会发展和生态文明建设要求，结合临沂市政府、各县区政府及其相关部门的需求，全方位、多形式提供地质技术服务。坚持无偿服务原则。积极发挥七院人才、技术优势，利用已有成果资料，对投入一定人力、物力和经费的非工程性工作，积极提供无偿地质技术服务。

《方案》面向临沂市委、市政府及各相关职能局，各县区政府及其发展改革、自然资源、生态环境、应急管理、科学技术、文化和旅游、能源、住房城乡建设、交通运输、水利、农业农村、林业等职能部门提供服务。服务和支撑能源资源保障、生态文明建设和防灾减灾等领域涉及的基础地质、矿产地质、水文地质、工程地质、环境地质、地灾防治、旅游地质、城市地质、地质大数据及自然资源管理、科技创新与转化应用、国土空间规划与土地综合整治、地下水及土壤污染防治、山水林田湖草生态保护修复、重大工程建设和重大项目地质危险性评估、实验检验检测等技术业务。根据临沂市委、市政府及各相关职能局，各县区政府及其相关部门需要，结合七院的专业特长，提供相关地质资料查询与咨询服务，开展专家决策咨询、项目预评估、项目现场指导、专题学术交流与讲座等。针对性提出各类项目方案建议或立项建议书、规划或专题建议书编制。开展地质灾害预警和应急调查工作。

根据基本原则、服务对象、服务范围和服务方式，七院向临沂市委、市政府及各相关职能局，各县区政府及其相关部门提供以下 10 个方面 48 项无偿地质技术服务（详见附录清单）。

能源资源保障。分析研判矿业形势和政策，国家、省产业发展布局，结合临沂能源资源禀赋条件和开发利用现状，向各县区政府及其相关部门提出能源资源勘查开发与综合利用、地热资源调查评价与开发利用、地下水（矿泉水）资源评价与开发等技术咨询意见建议、立项建议或规划建议书编制等服务。

服务农业和特色农产品。为特色农业和农产品提供地质技术咨询服务和技术指导，为特色高效农业与地理标志产品申报提供前期咨询意见、立项建议、规划建议书编制等服务。

征途

生态文明建设。与各县区政府及其相关部门主动对接，针对生态文明建设存在的问题，在矿山环境恢复治理、山水林田湖草生态保护修复、绿色矿山建设与修复、流域水生态环境规划与保护、地下水污染应急调查、区域地下水质量与环境监测、区域地质环境调查评价、土壤与地下水（农用地、建设用地、重点行业企业用地）污染防治等方面，提出保护、治理、恢复等方案建议、立项建议或规划建议书编制等服务。

防灾减灾。按照各县区政府防灾减灾工作部署，抓好地质灾害应急调查、监测预警和技术保障服务，积极参与地质灾害应急救援技术服务，提供相应的地质灾害应急技术指导，为各县区政府及其相关部门抓好区域性地质灾害隐患调查评价、地质灾害综合防治与应急处置等方面提出方案建议或项目建议书。

自然资源管理。加强与各县区自然资源管理部门的联系与沟通，主动在自然资源调查、国土空间规划与土地综合整治、自然资源调查监测评价、自然资源合理开发利用与保护、国土空间生态修复、资源管理、测绘地理信息管理等领域，为自然资源部门提供技术咨询意见、方案建议、立项建议书或规划建议书编制等方面的服务。

基础设施建设。围绕各县区政府及其相关部门开展的基础设施建设，在区域工程地质稳定性评价、区域及城市资源环境承载力评价、基础性城市地质调查、城市地下空间开发利用、环境影响评价等方面，提出相关咨询意见、方案建议、立项建议书或规划建议书编制等服务。

脱贫攻坚与乡村振兴。根据各县区政府及其相关部门要求，为沂蒙山缺水地区提供找水打井，提供应急供水保障与饮水安全，为特色文化村镇建设、地质遗迹及旅游地质调查等提供立项前期咨询意见、立项建议、规划建议书编制等服务。

科技创新与转化应用。围绕各县区政府及其相关部门需求，积极主动提供科技创新项目立项、成果转化应用、成果总结凝练、地质科普、科技创新平台建设与人才培养、科技成果鉴定等服务。

地质资料应用查询。根据各县区政府及其相关部门要求，提供非涉密基础地质资料查询或分析整理，针对性提供相关立项或建设所需的基础地质资料。

提供地质专业技术人才支持。一是推荐专家进入各县区政府及其相关部门专家库。二是应各县区政府及其相关部门要求，推荐专家参加项目立项、前期论证、决策评估等，提供专家咨询服务。三是派出专家或技术人员到政府部门提供针对性派驻服务，密切与各县区政府及其相关部门的联系，及时了解需求，提供地质技术服务等。

七院作为山东省公益性事业单位，为临沂市经济社会发展提供无偿地质技术服务，是基本职能要求。院领导高度重视，加强组织管理和统筹协调，抓紧抓好抓实抓细，努力为全市经济社会发展做好地质技术服务工作。各办事处要按照各自业务范围，积极对接、了解相关部门对地质工作的需求，加强沟通联系，牵头组织院各部门积极做好地质技术服务工作。办事处要积极与所在地政府及其相关部门保持密切联系，全面了解所在地政府及其相关部门在推动经济社会发展中的需求，主动对接，主动汇报，主动服务。加强公益性服务的规范管理，要在提升服务水平、强化服务意识上下功夫，确保服务优质高效。要选派责任意识强、专业技术水平高的专业人员承担为各县区政府及其相关部门提供技术服务工作，确保服务质量。各办事处要主动向所在地政府及其相关部门提供本单位专家名单。

通讯员　李卉　李文正

（刊登于 2020 年 9 月 29 日《临沂日报》A4 版）

征 途

附录：七院无偿提供地质技术服务目录清单

服务领域	技术服务目录与内容
一、能源资源保障	1. 提出区域地质、矿产地质、地球物理与地球化学等公益性基础地质调查规划建议书，项目前期技术咨询、项目设置建议、立项论证建议等。
	2. 结合区域工业发展规划布局及能源资源禀赋条件，提出能源资源勘查、开发、利用规划建议书和项目前期技术咨询、项目立项建议等。
	3. 提出地热资源区域调查评价与开发利用方案建议、规划建议书、项目前期技术咨询和项目立项建议等。
	4. 提出地下水（矿泉水）资源评价与开发利用方案建议、规划建议书、项目前期技术咨询和项目立项建议等。
二、服务农业和特色农产品	5. 为特色农业和农产品提供地质技术咨询服务和技术指导。
	6. 为特色高效农业与地理标志产品申报提供前期咨询意见、立项建议、规划建议书编制等服务。
三、生态文明建设	7. 提出矿山环境保护、土地整治规划建议书和项目前期技术咨询、项目立项建议等。
	8. 提出山水林田湖草生态保护修复方案建议、规划建议书、项目前期技术咨询和项目立项建议，为绿色矿山建设示范提供建议意见和技术服务等。
	9. 提出流域水生态环境规划与保护方案建议、规划与保护建议书、项目前期技术咨询和项目立项建议等。
	10. 提出地下水污染应急调查与处置方案建议、项目前期技术咨询和项目建议等。

续表

服务领域	技术服务目录与内容
三、生态文明建设	11. 提出地下水质量与环境调查方案建议、规划建议书、项目前期技术咨询和项目立项建议等。
	12. 提出区域环境地质调查评价调查方案建议、规划建议书、项目前期技术咨询和项目建议。
	13. 提出土壤与地下水（农用地、建设用地、重点行业企业用地）污染防治方案建议、规划建议书、项目前期技术咨询和项目立项建议。
	14. 提出环境"三线一单"编制与管理方案建议、规划建议书、项目前期技术咨询和项目立项建议等。
	15. 提出地学旅游资源调查、规划方案建议、规划建议书，立项前技术咨询和项目建议等。
	16. 提出旅游资源开发与保护利用规划建议书，项目立项建议或保护方案建议等。
四、防灾减灾	17. 按照各县区政府要求开展工作，提供地质灾害应急调查技术保障服务。
	18. 按照自然资源主管部门要求开展工作，提供地质灾害监测预警预报的监测资料数据和技术保障服务。
	19. 提出区域性地质灾害隐患调查评价项目立项建议、现场踏勘、专家咨询服务等。
	20. 提出地质灾害综合防治与应急处置知识宣传、技术培训、应急处置技术保障等。
	21. 提出地质灾害隐患点汛期排查、应急调查、专家核灾服务，参与应急地质灾害救援技术指导和技术服务等。
	22. 提出地质灾害工程治理项目立项前技术咨询、项目立项建议等。
	23. 派出专家指导开展防灾减灾科普宣传与培训等。

征途

服务领域	技术服务目录与内容
五、自然资源管理	24. 提出自然资源调查、土地整治等项目立项咨询、方案建议、规划建议书等。
	25. 提出国土空间规划等项目立项咨询、方案建议、规划建议书等。
	26. 提出基础测绘、综合执法测绘等测量测绘方案建议、项目立项前期技术咨询和项目建议等。
	27. 提出土地勘查定界、核实抽检方案建议、项目立项前期技术咨询和项目建议等。
	28. 提出不动产测绘及自然资源确权登记等工作的技术咨询和方案建议。
	29. 提出国家地质公园保护开发与优化调整技术咨询、规划建议书等。
六、基础设施建设	30. 提出区域工程地质稳定性评价方案建议、规划建议书、项目立项前期技术咨询和项目建议。
	31. 提出区域、城市资源环境承载力评价方案建议、规划建议书、项目立项前期技术咨询和项目建议等。
	32. 提出基础性城市地质调查方案建议、项目立项前技术咨询和项目立项建议等。
	33. 提出城市地下空间开发利用方案建议、规划建议书、项目立项前期技术咨询和项目建议等。
	34. 提出对重大工程、重大项目涉及的地质问题提出规划与实施方案建议、项目立项前期技术咨询和项目建议等。
七、脱贫攻坚与乡村振兴	35. 提出应急供水保障与饮水安全（地下水）实施方案建议、规划建议书、项目立项前期技术咨询和项目建议等。
	36. 提出贫困区农用地质量、地热、矿泉水、地质旅游等资源调查方案建议、规划建议书、项目立项前期技术咨询和项目建议。

服务领域	技术服务目录与内容
七、脱贫攻坚与乡村振兴	37.提出贫困区特色村镇规划方案建议、旅游开发保护建议、地学文化村（镇）规划建议书、项目立项前期技术咨询和项目建议等。
	38.提出贫困区发展特色高效农业产品项目建议、项目前期技术咨询、产业发展规划建议书、特色耕地保护与地理标志产品技术咨询服务等。
	39.提出易地扶贫搬迁整治规划方案建议、项目立项前期技术咨询和项目建议等。
八、科技创新与成果转化	40.提出科技创新项目立项指南编制、项目立项建议、项目立项前期技术咨询等。
	41.提出科技成果总结凝练、科技成果鉴定、科技成果转化应用等技术咨询、项目建议等。
	42.提出地学科普宣传建议、开展地学科普讲座、提出科普基地规划建议书。
	43.提出科技创新平台建设与人才培养建设技术咨询、项目建议。
九、地质资料查询	44.提供非涉密的基础地质资料查询或分析整理等。
	45.有针对性提供相关项目立项、重大工程建设项目等所需非涉密基础地质资料等。
十、提供地质专业技术人才支持	46.推荐专家进入各县区政府及其相关部门专家库。
	47.应各县区政府及其相关部门要求，推荐专家参加项目立项、前期论证、决策评估等，提供专家咨询服务等。
	48.选派专家或技术人员到政府部门提供针对性的派驻服务等。

征 途

"又见沂蒙山" 感受亿万年地质脉搏

孟子曰："登东山而小鲁。"东山，就是沂蒙山。

在沂蒙山腹地，有一座神奇的公园，横跨沂南、平邑、费县、蒙阴四个旅游强县，拥有丰富多样的山岳、森林、河湖、溪流、乡村、田园等自然生态、地质地貌、历史人文资源，由蒙山园区、钻石园区、岱崮园区、孟良崮园区和云蒙湖园区组成，共有古老地层、太古宙大规模侵入岩系、金钱石、金伯利岩型金刚石原生矿、岱崮地貌等 44 个地质遗迹点，面积达 1804.76 平方千米，占临沂市总面积的十分之一。这就是沂蒙山世界地质公园，目前临沂旅游唯一的世界级金字招牌，是临沂最靓丽的名片之一。

金秋十月，丹桂飘香，层林尽染。2020 年 10 月 17 日，"又见沂蒙山"首届临沂地质文化年暨沂蒙山世界地质公园申报成功一周年宣传活动，在沂蒙山世界地质公园龟蒙园区成功举办。

山东省自然资源厅二级巡视员李成金，山东省地质矿产勘查开发局党委常委、副局长徐军祥，临沂市政府副市长张玉兰出席开幕式并致辞。活动开幕式由临沂市政府副秘书长、市自然资源和规划局局长赵立新主持。中国地质科学院地质研究所、中国地质调查局地学文献中心、国家地质公园网络中心、山东省自然资源厅、山东省地质矿产勘查开发局等部门领导和杨经绥院士团队专家参加。活动由临沂市自然资源和规划局、七院、临沂沂蒙山世界地质公园管理局、临沂市文化和旅游局、临沂市林业局、临沂城投集团共同举办。

"我们要加强地质遗迹保护、地质科研和地质监测，号召全社会更加关注地质公园，让更多的人加入守护自然资源、保护地质遗迹的行动中来。"主办方之一七院党委书记、院长余西顺如是说。

地质文化年 带您领略沂蒙地质奇观

巍巍沂蒙山，滔滔沂河水，流传着多少神奇美丽的传说，呈现着多少天工开物的神奇，又蕴藏着多少不为人知的秘密。

2019 年 4 月，联合国教科文组织正式批准沂蒙山地质公园成为世界地质公园，由此成为山东第二处世界地质公园，是临沂首块世界级金字招牌，这对落实省市建设蒙山生态文明建设发展战略，推动临沂社会经济、文旅事业发展意义重大，影响深远。

临沂市政府副市长张玉兰介绍，近年来，临沂市恪守联合国教科文组织世界地质公园宗旨，以"促进人与自然和谐共生"为原则，加大对沂蒙山世界地质公园的保护和发展力度，实现绿色、生态环保高质量发展，使其真正成为展示临沂地质演变过程的科普园地、世界地质公园保护与发展的样板。

活动现场，首届"保护自然资源·规划美好明天"摄影大赛的获奖作品展格外引人注目。主办方从收到的近 3000 幅摄影作品中逐一筛选，评选出 100 幅作品参展。系列作品从不同层面展示了沂蒙山的巍峨雄壮，描绘了一幅幅天然秀美的生态画卷，令人赞叹不已。

现场发布了"沂蒙山世界地质公园旅游产品"，揭牌成立了山东省"金刚石成矿机理与探测"院士工作站，举行了摄影颁奖、精彩的文艺演出、地质科普展、生态公益宣传、沂蒙山地质遗迹学术研讨会等系列活动，分别从不同层面展示了沂蒙山独具特色的地质文化。

"一方灵山秀水，亿年地质奇观。"沂蒙山是我国太古代花岗岩系出露最好的地区之一，也是著名的中国钻石之乡，多种地质遗迹资源并存。在亿万年的历史长河中，它是一本博大精深的"地学史书"，是一座内容丰富的天然地质博物馆，记录了沂蒙大地的沧桑巨变，更造就了异彩纷呈的自然文化。

征 途

十大精品旅游线路　打造生态旅游样板

临沂市委、市政府提出，要把蒙山建设成为生态文明实践高地、红色文化传承高地、乡村振兴沂蒙高地、高品质旅游目的地和世界地质名山、国家生态样板。

"临沂市将进一步建立'全要素提升、全面参与、全域打造'旅游模式，推进'沂蒙山山水林田湖草'系统工程，让美丽沂蒙天更蓝、水更清、花更艳。"活动现场，张玉兰如是说。

一年来，沂蒙山世界地质公园的旅游产品、基础设施、服务质量得到全面提升，景区环境进一步优化，人与自然更加和谐，先后实施"崮上草原"、椿树沟花溪樾景观等18个旅游项目，产品涵盖山岳观光、红色体验、乡村休闲、温泉康养、运动探险、研学培训等10多个类型。目前公园辐射四县A级景区59家，星级饭店、品牌连锁酒店、主题酒店120余家，民宿、乡村客栈等115家，特色美食购物街区16条，游、吃、住、购、娱等要素更加齐全。

活动现场发布了"沂蒙山精品旅游线路产品"。目前策划推出了沂蒙山地质奇观览胜科普游、世界地质公园精品游、沂蒙精神研学体验游、沂蒙经典红歌体验游、沂蒙乡村休闲逍遥游、清凉避暑消夏游、冬日风情体验游、运动休闲度假游、蒙山养生长寿文化游、诗情画意游沂蒙十大精品线路，正在集中开展线上线下营销推介。未来将持续开发新产品、培育新业态，努力把"沂蒙山旅游"做成精品旅游、国际品牌。

靠山吃山，守着沂蒙山世界地质公园的优良资源，以旅游带动周边和全市经济发展，以沂蒙山世界地质公园为中心，建立高品质旅游目的地，打造世界地质名山、国家生态样板，未来，沂蒙山世界地质公园这块国际金字招牌将愈发闪亮。

坚守地质报国初心　助力临沂高质量发展

众所周知，发展蒙山全域旅游，对用好用足沂蒙山国家5A级旅游景区、沂蒙山世界地质公园两大金字招牌，科学利用蒙山旅游资源，打造高品质旅游目的地，助推沂蒙乡村振兴具有重要的意义。

谈到沂蒙山和此次活动的成功举办，不得不提七院。这支全国著名的金刚石找矿专业团队，在1965年发现了我国第一个具有工业价值的金刚石原生矿，成就了今天的沂蒙钻石公园，为临沂市命名"金刚石之都"作出了突出贡献，提升了临沂在全国的知名度，丰富了临沂地质文化资源。

深耕沂蒙大地六十余载，七院发挥地质工作的先行性、基础性、公益性、战略性作用，围绕生态环境保护、土壤治理、地下水资源保护与治理、矿山修复等方面，做了大量艰苦卓绝的工作。七院还在黄金、铁、石膏、石英砂岩、多金属勘查方面取得了丰硕成果，完成了大量水文、环境、农业地质调查、地热能勘查开发及矿山环境治理项目近千项，协助临沂市成功申报"中国地热城""金刚石之都""世界地质公园"等，有力地支撑了临沂经济建设发展。

近年来，七院一直致力于金刚石矿藏的勘查开发研究，建成了山东地矿局金刚石成矿机制与探测重点实验室，举办了全国金刚石深部探测理论技术研讨会，成立了金刚石地质研究中心和院士工作站，在金刚石深部及外围找矿工作中取得了新成果。

"新时代，新使命。七院将全力服务现代化建设，深入推进融合发展战略，践行生态发展理念，以全力承办本次地质文化年活动为契机，坚守地质报国初心，助推临沂高质量发展新篇章。"七院党委书记、院长余西顺在会上介绍。

"绿水青山就是金山银山。"此次地质文化年活动大力宣传和推介了沂蒙山丰富的地质旅游和文化资源，研究保护珍贵的地质遗迹，是沂蒙山地质文化和生态建设进程中的一个重要里程碑。

我们相信，沂蒙山世界地质公园必将成为更具世界影响力和知名度的靓丽"临沂名片"，必将会为临沂经济社会高质量发展贡献新力量，成为生态发展新高地。

临沂融媒记者　安连荣　通讯员　李卉　李文正
（刊登于2020年10月22日《临沂日报》A4版）

征 途

打造地质技术服务乡村振兴的"齐鲁样板"
——七院助力脱贫攻坚工作纪实

她，诞生于沂蒙这片红色的热土，六十余载栉风沐雨、春华秋实；她，背靠泱泱齐鲁，沐浴浩荡儒风，用担当和奉献诠释着社会主义新时代内涵。土壤调查、排查险情、寻找水源、宅基确权、矿山修复……在他们足迹到过的地方，一幅幅山清水秀的美丽乡村画卷徐徐铺开。

描绘这幅美丽画卷的就是七院。2018 年 6 月，习近平总书记在山东考察时指出，要把脱贫攻坚战打好打赢，扎实实施乡村振兴战略，打造乡村振兴的"齐鲁样板"。七院汲取沂蒙精神养分，传承红色基因，主动提出向社会无偿提供 48 项地质技术服务，不断提高地质技术能力，提升服务水平，努力打造出地质技术服务乡村振兴的"齐鲁样板"，用热血丈量着祖国的每一寸山河，用信念书写着一曲"地质报国"的壮丽赞歌。

为土地"解码" 精准助力乡村振兴产业发展

近年来，为提升地质工作服务"三农"水平，七院提升政治站位，主动担当作为，大力发挥公益属性，提前科学规划，"解码"土地质量秘密，为土地属性"基因排序"，全方位助力美丽乡村振兴。

"一乡一品"是目前山东省临沂市乡村振兴中的亮点项目，不少品质上乘的果蔬闻名全国。蒙阴的蜜桃、费县的板栗、临沭的地瓜、沂南的黄瓜……它们为什么这么好吃这么有名气？七院的专家们一语道破：农产品的品味、质量很大程度上是由土壤微量元素决定的，富硒、富锗、富锌等微量元素的优质地块生长出来的农产品，往往营养丰富、味道甘美。

如何找到那些适宜种植这些名优土特产的土地？七院通过土地质量调查，为八百里沂蒙把好"土地关"，在地方农田划定、农业产业结构调整、特色农产品开发等方面积极作为，结出累累硕果。

"开展土地质量地球化学调查，对当地发展特色农业，提升农业旅游价值意义重大。"七院高级工程师刘同介绍。将土地质量调查结果提供给当地政府及有关部门，有了这个翔实的"土地质量档案"，政府就可以探索土地质量调查成果在土地管理各环节的应用，不仅是特色农产品种植，而且在土地利用规划调整完善、永久基本农田划定与保护、耕地质量等级评定与监测、生态农业开发、工业用地开发利用、后备耕地选区等方面也广泛应用，为地方农业经济高质量发展提供技术依据。

2018 年 11 月，七院组织专业技术队伍，对双堆镇相关地块开展土质调查与评价。工作人员身着工作服，肩背测试仪，不畏严寒，风餐露宿，走遍双堆镇的山山水水、泥田沟壑，仅用不到一月时间，便出色完成了沂南县双堆镇土地质量调查任务。七院通过对表层土壤元素分布特征、营养元素分布、环境指标元素分布等进行分析后，进行了土壤分类，圈定了富硒、富锌和富锗等特色土壤资源分布范围，并进行了土壤结构的改良。在与地方政府合力之下，该镇的特色农业已初具规模，有效推动了当地农业发展和农民致富。

在临沂南部的兰陵县，七院已对该县北部地区开展了土地质量地球化学调查与评价工作，为兰陵县土地高效利用、现代农业发展、高标准农田建设、精准扶贫、基础地质研究等提供了可靠地质资料，为当地农民增产增收，打造宜居乡村提供了地质"智慧支撑"。

在临沭县玉山镇万亩七彩百合园内，"天然足硒片区 22 万平方米"的牌子坐落在花丛中，花开正艳，美不胜收。在玉山高端新型苹果园入口处，一块写有"天然富锌、铁、镁、铜、钼、锰苹果园，面积 50 万平方米"字样的牌子格外醒目。

"这些土壤元素含量标牌是七院土壤地质调查的成果。这些富锌、足硒等优质地块的发现，对当地农业产业升级和农民增收意义重大。"山东省派玉山镇乡村振兴服务队王增乾打心眼里感激。

七院历时一年形成的《玉山镇土壤质量调查报告》，描绘了玉山镇 5 个

征 途

自然村的土地元素含量等级图，圈出了 5000 亩的优质地块，其中有 7 处大面积富磷、富锌、富钛、富钾、富锰以及足硒土壤。除了百合园、苹果园，还有李庄茶园、营子茶园、甘薯现代农业产业园等。七院还为当地争取了财政资金 270 万元，在临沭县北面 5 个乡镇开展土壤、地下水的调查分析和治理，全面助力临沭县现代农业发展。

目前，七院积极融入地方中心工作，已与 8 个乡村振兴服务队全面对接，足迹踏遍兰山、沂水、兰陵、沂南、临沭、莒南、平邑等多地，服务于当地现代农业产业园、田园综合体、特色农业等项目建设，圈定富硒土地 3960亩、足硒土地 93990 亩、富锌土地 16260 亩、富锗土地 70380 亩等，为农民科学施肥、发展特色农业提供技术依据，优化农业产业布局，精准助力沂蒙农业精品工程。

为土地"美妆"地质生态修复绿化乡村环境

"望得见山，看得见水，记得住乡愁……"这是一幅画卷，也是一张"答卷"。

近年来，七院大力推进生态建设，深入实践"绿水青山就是金山银山"的生态理念，主动介入，从公益出发，积极开展矿山生态修复、地下采空区治理等工作，为坚定不移走生态优先、绿色发展之路奠定了坚实基础，生态扶贫成效显著。

今年 3 月，位于临沂市罗庄区沂堂镇与兰陵县大仲村镇交会处的黑石山不经意间成了一处网红景点。此处潭水清澈，最深处约 50 米，像蓝宝石一样深邃，是开采建筑石料形成的露天采坑，周边极易发生崩塌、落石，存在较大的地质灾害安全隐患。为确保群众生命和财产安全，七院将其列入 2020 年度矿山地质环境生态修复治理计划，并迅速完成测量及设计工作。

列入矿山地质环境治理的当然不止黑石山一处。为查明临沂矿山地质环境现状，掌握临沂市矿山地质环境治理工程实施情况，七院人栉风沐雨，发挥专业优势，秉承地矿"三光荣"传统、"四特别"精神，对全市矿山地质环境进行了全面勘查，提出了监测预警和治理措施，形成了《山东省临沂市环境地质综合调查研究报告》，编制了《临沂市矿山地质环境保护与治理规划》，为实施矿山地质环境治理恢复工作提供基础依据。

不仅要消除地质灾害隐患，更要美化周边环境，敢于向废弃矿山要土地"增量"。七院积极响应国家号召，主动作为，承担了临沂市多个县区废弃矿山复绿工程，开展破损山体修复治理工程一百余项，修复治理面积1250公顷，进一步改善了临沂市矿山地质环境，构建了人与自然的和谐画面，是临沂市矿山环境恢复治理当仁不让的主力军。

山间不但要通路，环境也要美美的。2020年，对于沂南县西北部岸堤镇明峪村来说，几代人的美好愿望终于成为现实。明峪村与蒙阴县龙虎寨村直线距离仅有两千米，两村之间一山相隔，交通出行极为不便。为解决这一问题，当地政府修建了大新庄至罗圈峪公路。但受地质环境影响，公路建好后，形成了"迎面墙"的状况。为解决视觉污染，七院专门成立了大新庄至罗圈峪地质环境治理项目组。在充分收集、利用现有资料的基础上，根据"因地制宜、技术可行、经济合理、讲求实效"的原则，综合采用削坡卸载、清理围岩、修筑挡土墙和排水沟、植被绿化等工作手段，种植上一行行地爬墙虎和侧柏，"迎面墙"不见了，环境更美了。

同样是在沂南县铜井镇这个已拥有竹泉村、红石寨和马泉农业园的著名旅游大镇，七院根据这里的地质特色，结合红色文化传承，向矿山复绿典型延伸，为当地政府提供建设特色旅游项目的合理化建议，完成了矿山地质环境恢复治理，以地质技术助力当地经济发展。

"土地是农村最重要最基础最直接的资源，是乡村振兴最有力的抓手。七院坚持守护沂蒙绿水青山的初心，坚持做绿水青山的'美容师'，助力乡村生态环境修复治理，给百姓更多的青山和绿水，努力向世人充分展现沂蒙山的魅力。守护好这片绿水青山，地矿人责无旁贷。在生态环境保护与治理的道路上，我们目标笃定，永不停歇，为绘就新时代高质量发展的靓丽画卷贡献地矿智慧、地矿力量和地矿担当！"在2020年6月5日世界环境日上，七院党委书记、院长余西顺郑重表示。

征途

为土地"预警" 地质灾害预警守护一方平安

2018年、2019年汛期,临沂市连续遭受台风"温比亚""利奇马"影响,大部分地区开启"强风＋暴雨"模式,局部地区遭遇暴雨、大暴雨,诱发地质灾害的风险性较高。七院迅速启动地质灾害应急预案,组织地质灾害专家和专业技术人员进驻村庄,派驻专家30余人次,应急处置灾害点30多个,参与应急值守368人次、应急巡查622人次,参与转移人员4800余人,联合发布地质灾害黄色预警10次,有效保障了人民群众的生命财产安全,树立了良好的社会形象。

2020年夏天,临沂北部县区遭受百年不遇的暴雨袭击,不少村庄受灾严重,七院的救援队伍风雨无阻,向险而行,成为雨夜中最美逆行者。

实际上,面对每个灾难险情和紧急情况,七院都会挺身而出,不遗余力。每年汛期,他们都是枕戈待旦,随时待命,主动加强与气象、水利、农业、自然资源和规划、应急等部门的沟通协调,做好灾害预报预警。

去年6月,七院与临沂市应急管理局签订合作框架协议,成立地质专业应急救援队伍,为地质灾害防治救援提供技术支撑,并将专业应急队伍纳入临沂应急管理系统统一指挥调度,成为政府应急救援不可或缺的"编内队伍"。

近年来,七院始终牢记全面融入、服务地方经济发展,发挥地质专业技术优势,开展了以实施地下水环境地质调查、地下水污染调查、场地污染调查、地质环境监测、农业地质调查、生态环境修复等方面的工作,构建起了服务生态文明建设的地质工作支撑体系。

今年初,结合山东省地矿局制度创新和管理提升年活动,七院制定了自然灾害应急地质技术《服务方案》《服务预案》,增强底线思维,树立责任担当,积极参与到全省、全市应急管理部门的业务培训和应急救援演练中,全面提高精准服务地灾应急工作水平。在每一次自然灾害防御和抢险救援过程中,通过实战锻炼整合力量,组建了一支关键时刻能够拉得出、靠得上、打得赢的应急救援"铁军"。

5月31日，兰陵县兰陵镇大李庄村南一千米处突然发生地面塌陷及伴生地裂缝现象，引起当地村民恐慌，一时网络有关兰陵县兰陵镇发生地震的消息纷纷传开。接到报告后，七院第一时间赶赴现场，在塌陷影响区周边派工作人员值守，设置警戒线、警示牌及防护围栏，防止当地村民误入，确保安全。当日19时，由七院与当地政府、相关县局组成的地质灾害调查组，对该地的塌陷背景、概况、成因展开分析，对灾情展开预测预警，制定了初步的灾情防范方案。经过细致认真的工作，迅速、翔实、完整地出具了《兰陵县兰陵镇大李庄村南远发石膏矿地面塌陷应急调查报告》，证明了此地为原远发石膏矿采空区引起的塌陷伴生地裂缝，并不是网传的地震，消除了当地村民的恐慌，为当地政府应急治理提供了科学依据。

几十余年如一日的坚守，七院人用博大的胸怀、无私的付出、担当的精神，坚持"地质报国、事业立局、科技引领、有为有位、争创一流"的工作理念，自觉融入"三农"、热情服务"三农"，完成水文、环境、农业地质调查，地热能勘查开发及矿山环境治理等项目2000余项，先后获得"全国十大地质找矿成果奖"、原国土资源部"抗旱找水打井工作先进集体"、自然资源部国土资源科学技术二等奖等荣誉，彰显出地质主力军在助力脱贫攻坚、服务生态文明建设工作中的智慧和奉献，用实际行动诠释了新时代地矿人的使命担当。

临报融媒记者　刘斯峰　李冰清　安连荣　王文卿

通讯员　李卉　李文正　刘伟

（刊登于2020年11月19日《临沂日报》A4版）

征途

为新时代新发展贡献沂蒙地矿力量

——七院高质量发展的新时代答卷

63 年的发展征程，记录着沂蒙大地的沧桑巨变，更见证着七院守初心、担使命、促发展的荣耀与梦想。

自 1957 年组建以来，七院立足沂蒙，探索齐鲁，挺进西部，走向世界，先后发现和评价了各类矿产二十余种，潜在经济价值近千亿元。1965 年，发现我国第一个具有工业价值的金刚石原生矿；1988 年，发现山东省第一个蓝宝石原生矿；2013 年，发现和评价新疆特大型锶矿一处。该院还与非洲、澳洲等地合作进行地质勘查开发，在津巴布韦发现并评价了大型金刚石古砂矿，选获金刚石 1000 万克拉，再次凸显了金刚石找矿劲旅的专业实力。

回顾七院创新探索的卓越实践，逐步发展强大的脚步尤显坚定。进入新时代，七院领导班子不断提高发展的平衡性和协调性，新理念催生新境界，新思路激发新活力，一幅高质量发展的图卷正在清晰呈现。2018 年，七院获得山东省地矿局"干事创业好团队"称号，进入全局优秀团队行列。2019 年，又荣获全局唯——个"攻坚克难"奖。2020 年度绩效考核位居全省 44 家自然资源事业单位第 4 名，实现了历史性突破。这是肯定，也是鼓励，更是鞭策。

高点站位　重塑理念　打造高质量发展新引擎

在新形势下，如何推动发展，在经济建设中做好结合文章？如何担起新时代的政治责任和社会责任？院长余西顺自上任之初，便开始了深度思考。

精心谋划长远发展大计。围绕新时代经济发展趋势，结合自身特点，七院形成了"加快新旧动能转换，推进融合地方发展"的思路，提出了坚持事业立院和主业发展不动摇，加强沟通联系，积极主动作为，发挥技术优势，全方位融入沂蒙老区的工作方向。这一思路的提出得到山东省地矿局的高度认可，并在全局复制推广。围绕目标绘蓝图，七院厘清了主辅发展格局，重构了战略框架，找准了未来五年事业发展的着力点。

积极探索有效方法举措。战略重塑的同时，七院人的思想也在重塑，余西顺提出"讲故事、种豆子、无中生有"的工作方法。

"讲故事"，就是在为政府服务过程中，讲好"金刚石""地质技术和文化""融合发展"等方面的故事，赢得认同、信任、理解和支持。重点在宣传工作上发力，传达优势，促成合作，提升行业知名度和社会美誉度。

"种豆子"，就是按客观规律办事，既要狠抓当前，更要着眼长远，在做事之前先学会做人，注重质量和效益，为以后的发展打基础、铺路子。在临沂的九县、四区分别设立技术服务中心，精准对接需求，积极服务各级政府、职能部门和当地群众。

"无中生有"，就是解放思想，大胆尝试，提高创新能力。在巩固传统行业的基础上，七院成立了7个研究中心，进行转型创新发展，并率先创新开展了沂蒙地矿流动小讲堂、党建创新大动力、内部管理和地质成果"双提升年"活动等。这些创新有效的工作方法引领七院跨上高质量发展的快车道。

"我们在过去艰难困苦的自然环境中顽强拼搏，是一种刻骨铭心的坚守。今天，我们在风云激荡的社会变革中奋发图强，更是一种浴火重生的坚守。"余西顺说。

守正创新 锐意奋进 擘画高质量发展新蓝图

七院的根在沂蒙，发展当从服务沂蒙开始。价值的再认识，带来责任的大担当。近年来，七院立足公益职能，以"满足人民日益增长的美好生活需要"为使命，主动对接生态文明建设等国家战略，精准发力，全力服务经济社会发展。

积极参与新旧动能转换。临沂是一个高速发展的城市，七院从政策中读懂机遇，找准定位，适应全市全面开创新时代现代化强市建设的发展需求，

征 途

围绕新旧动能转换工作部署，积极参与临沂国际生态城的前期地质调查，临沂北城新区二期工程的基础勘察，并为鲁南高铁建设，重大基础设施、基础工程建设提供技术服务和专业支持，受到临沂市委、市政府的高度赞誉。

自觉融入乡村振兴战略。积极主动全面对接 8 个省乡村振兴服务队，由七院无偿出资 300 万元助力乡村振兴战略，在土地质量调查、找水打井、田园综合体等方面进行合作。以"红色沂蒙，大德务农"的基因情怀，聚焦农业农村高质量发展。先后开展了兰陵县北、沂南东、兰山区 1：50000 土地质量地球化学调查，调查面积 3958.26 平方千米，圈定富硒土地 3960 亩、足硒土地 93990 亩、富锌土地 16260 亩、富锗土地 70380 亩等，提升农产品的高效和高附加值。

实施绿色能源开发利用。加大浅层地温能绿色节能环保型资源的开发利用，实施河东区寇家屯社区回迁房浅层地温能项目，满足建筑面积 2.86 万平方米、6000 余人的供暖和制冷，解决了偏远社区冬季集中供暖和夏季制冷问题，成功打造浅层地温能开发利用的"农村样板"。

开展生态环境治理修复。立志以"山更绿、水更清、环境更美好"为己任，形成《山东省临沂市环境地质综合调查研究报告》等千余份，制定《临沂市矿山地质环境保护与治理规划（2018—2025 年）》，开展地质灾害评估、矿山地质环境保护与治理规划、矿山地质环境治理工程施工、山水林田湖草修复与治理工程共计 165 项。因地制宜，宜耕则耕，宜渔则渔，宜林则林，把修复治理与新农村建设相结合，让塌陷区变成良田、林地、渔场、社区、农业生态园。

促进矿业经济绿色发展。开展各项地质服务 573 项。其中矿产资源核查 240 项，矿产储量核实 42 项，矿山现状测量 104 项，矿山储量年报编制、矿山环境监测年报与恢复治理年报、治理设计 86 项，二合一土地复垦方案 21 项，矿山地质环境自然修复可行性论证报告 6 项，绿色矿山建设方案编制 13 项等。作为地质先行者和主要参与者，七院以实际行动，为服务生态沂蒙建设作出更大贡献。

保障水资源环境安全。积极参与黄河流域山东段水工环地质调查，建立全省地下水监测网，设立 161 个动态监测点，监测指标 30 项。尤其做好了临沂地下水动态监测和地质环境监测工作，为国土空间规划和政府决策提供科学依据。开展了临沂地区的水文地质勘查，初步探明优质水源地及富水地段23 处，为临沂人民饮用水提供了后备水源地，保障了临沂城区的饮水安全。

……

在美丽新沂蒙、生态文明建设征途上，随处可见七院地质人忙碌的身影。主动投入，融合发展，为地方分忧解愁，七院已经成为当地经济社会发展必不可少的生力军。

改革聚力　革故鼎新　增强高质量发展动力源

"一个现代化的地勘单位，一定要跟得上时代和社会前进的步伐，以全新的理念、坚定的信念、优秀的人才、创新的技术、主动服务的姿态扎根于地方、立足于市场。"余西顺是这样说的，更是这样做的。他们在传承中创新，在创新中发展，不仅在续写传奇，更要做地勘行业转型发展的引领者。

开拓转型跨越新路。改革的阵痛清晰可觉，但新旧观念的碰撞、新旧制度的更迭，推动着七院主动走出传统业务的"舒适区"，加速对未知领域的孜孜探求，坚定地走上转型跨越的新长征路。组建大数据中心、高分中心、生态修复中心、山水林田湖草综合治理中心、城市地质调查中心、三稀矿产研究小组、金刚石研究小组等 7 个中心，在巩固传统行业的基础上，积极转变，加强在新科技、新产业、新经济领域的强化提升。推进大数据、高分中心成立运行，实现未来大数据应用的平台。与临沂市自然资源和规划局、应急管理局等 11 个市直部门进行了全面对接，签署合作协议，进行了深入的业务交流，在服务临沂发展中发挥了地质工作的专业优势。

科技创新引领未来。七院审时度势，从未停止科技创新的脚步。相继投资 3000 余万元，完成金刚石成矿机理与探测重点实验室硬件建设，增资扩项五大类 780 项。研发"生态修复三维模型应用系统"1 套，获得软件著作权 2 项。实施技术人员"一人一策""一人一案"培养机制，锻炼队伍，提升

征途

能力。近年来，先后获得地市级以上科技奖励 20 余项，拥有国家发明专利 5 项，实用新型专利 35 项。

2019 年 10 月，全国金刚石深部探测理论技术研讨会在临沂召开。七院与中国科学院院士杨经绥合作成立了院士工作站。会议的召开和院士工作站的成立，成为促进科技成果转型升级的强大推手，扩大临沂作为"中国金刚石之都"的品牌效应。一个老地质以"逆生长"的年轻态，持续演绎着不凡的勇气和担当。

几代七院人凭借专业技术和优质服务、不懈努力完成了华丽转身：从局限于省内区域到坚定"走出去"战略向省外、海外延伸，在国内十多个省市和海外市场多点布局，彰显了七院人登高远望、海纳百川的广阔视野。

担当作为　安全守护　当好应急救援先锋队

"在每一次公益救灾中，我们重塑了队伍的专业影响力和信誉度。在救灾过程中，从方案部署急需的地质、岩土、测绘、水文、物化探，到施工急需的交通、水利、市政等方方面面的人才，七院都有。从外围到核心，以有为谋有位，七院充分展示了行业优势和专业能力。"说起这些余西顺无比骄傲。

应急服务展现技术担当。近年来，七院在积极融入地方，利用自身技术优势，在地质灾害应急预案编制与演练、应急调查、应急救援、应急管理信息化平台建设、地质灾害调查、防治和治理等工作方面加强技术交流培训。先后参与地质灾害应急调查 52 次，参与技术人员 348 人次。调查多处地质灾害，查明灾害原因，制定应急措施，避免了人民生命财产的损失。

紧急救援彰显大爱力量。台风"利奇马"过境期间，配合临沂市自然资源和规划局参加沂河沿岸岸堤安全巡查，紧急巡查罗庄区、沂南县 6 处重点地质灾害隐患点，并协助临沂市各级政府紧急避险撤离群众 1980 户 5528 人，保障了人民群众生命财产安全。

63 年的岁月沉淀，让七院人积累了独特的精神财富。金刚石找矿"红旗精神"薪火相传，以人民为中心的价值导向，为七院协同发展赋予了新的时代内涵。"地质报国，事业立局，科技引领，有为有位、争创一流"的工作理念激励着七院人奋力前行。在新的历史征程中，七院人将秉承六十多年的历练与荣光，初心如炬，使命如磐，实干笃行，以十九届五中全会精神为指引，凝聚起推动地矿事业高质发展的磅礴动力，在祖国的锦绣河山、山水天地间续写更加辉煌的新篇章。

临报融媒记者　安连荣　通讯员　张岚　李卉　李文正
（刊登于 2021 年 1 月 26 日《临沂日报》A8 版）

征 途

让老矿区焕发新生机
——七院勇当临沂采空区治理排头兵

春回大地，万物复苏。从七院传来好消息：近日，由省第七地质矿产勘查院承担的罗庄区银凤湖片区项目用地 C 地块拟建场地煤矿采空区注浆治理工程，顺利通过专家组验收。

据悉，项目治理完工后，临沂市自然资源和规划局罗庄分局委托第三方山东省煤田地质局第三勘探队对采空区注浆治理效果进行了检测，并于 2021 年 1 月份出具了《临沂市罗庄区银凤湖片区项目用地 C 地块拟建场地采空区注浆效果检验报告》（以下简称"检验报告"）。

检验报告显示，本次检测通过场地物探探测、钻探验证的方式，结合孔内物探、岩土试验等措施，对采空区的治理效果进行了综合评判，认定项目场区的采空区场地经注浆治理已充填密实，治理后的场地完全满足一般建设用地的需求。

众所周知，矿区开采后土地怎么利用，这在全国都是个共性难题，很多地方都在积极探索。作为地质系统排头兵的七院充分发挥先行性、基础性、公益性、战略性作用，围绕中心，服务大局，在全国多地开展了采空区的调查与治理工作，积累了丰富的经验，得到广泛好评。

实力担当　抗起采空区治理的大旗

作为曾经的矿产资源开采地，罗庄区如今正面临着煤矿采空区用地治理的问题。

据罗庄区相关人员介绍，罗庄区矿产资源开采历史悠久，多年开采遗留下的采空区，给当地群众生产生活带来了一定影响，制约了罗庄区进一步发展。随着城市的发展和布局，罗庄区采空区的治理势在必行。基于此，罗庄区联合七院开展了对采空区的治理工作。

如何治理？春节前，记者探访了七院采空治理施工现场——罗三路和工业北路交会处的银凤湖片区项目用地。工地上，加压注浆泵泵房、注浆机械、智能化浆液拌和系统等数台机械产品有序排列，浆液拌和系统正在作业，现场忙而有序。

项目负责人、七院水文环境副总工程师胡自远介绍，银凤湖片区开采时间为20世纪八九十年代，形成了多个煤矿采空区。自2019年10月15日开始，七院在罗庄全面展开了采空区调查，收集了大量数据、资料、图纸，通过走访调查、资料分析，结合物探探测、钻探验证的方式完成了罗庄区现存采空场地的调查与采空形态特征的描述，于2020年8月份编制了《临沂市罗庄区采空区调查报告》，确定了罗庄的采空区范围。按照开采特点、地质环境条件等综合因素对地下采空区进行地质灾害危险性评估分析。

随着城市的发展壮大，原来偏远的矿产开采地目前已经慢慢融入主城区，如果不加以治理，就会对当地的城市发展和规划布局产生较大影响。"煤矿采空区不治理就存在塌陷、地表变形的可能，在开发利用过程中，需要根据小区域内地层情况及采空塌陷的实际状态、规划用途等科学研判。通过治理后达到使用标准，既消除了安全隐患也可以让政府用地规划顺利实施。从这个意义上来说，采空区治理是个化腐朽为神奇的过程，化废地为宝地，大幅提高了土地利用价值，给土地提供了更广阔的发展空间，让土地升值，让百姓受益。"胡自远这样介绍。

在采空调查的基础上，罗庄区委托七院于2020年10月份首先在银凤湖片区项目用地开始了采空区治理工作。通过采空区和塌陷区的治理，既保护了耕地资源，又改善了生态环境，还消除了安全隐患，拓展了城市发展空间，对保持社会和谐稳定和经济可持续发展具有重要意义。

据现场工作人员介绍，治理主要选用了地面成孔钻进至煤矿采空区加高压泵灌注水泥粉、煤灰混合浆液充填法，该方法安全性高，施工工艺成熟，对环境及地下水无污染，易于管理，材料常规易取得，能降低治理成本。对采空区进行注浆治理，可有效消除采空区内岩体产生二次变形的空间，同时

征 途

阻止、减缓地下水在采空区内流动，避免地下水进一步对采空区软化和侵蚀作用的发生。对采空区及上覆岩体残余空洞的填充以消除地面塌陷与变形为目的。

专业治理对采空区予以填充，从根本上解决了问题，提高了土地使用价值，是目前最彻底的治理方式。治理并经检测合格后的场地可满足后期建设的需要，大大提高了土地利用率。

根据检验报告，罗庄区银凤湖片区项目用地 C 地块充填密实，治理后的场地完全满足一般建设用地的需求。该检测结论顺利通过了专家论证，专家意见表明，采用的检测方式满足国家相关规范要求，采用措施得当，结论合理。

创新突破　治理效果再上新台阶

值得一提的是，七院对罗庄采空区的治理有多项技术的创新与突破，从浆液拌和、计量到注浆工艺、环境保护等多个方面进行了创新和研发，为项目节约了时间，提高了效率，更节省了大量的成本。

"目前我们使用的注浆站集成式泵注房是采用装配式的理念，集成度高、单次拌合量大、日生产能力大、将原材计量与生产计量相结合，智能化程度高，技术水平排在全国前列，也是最先进的。"现场工作人员指着机器自豪地说，"这是我们自主研发的。"

自行研制开发的密度反射法 + 声波解析的探测雷达系统，结合现有的集尘产品，选用主动式脉冲集尘器，主动收集扬尘，储尘仓满时可自动报警，人工除尘并更换空气滤清器。安装压力传感器，减小了计量偏差，将误差由原来的单体 10 千克降至 2 千克。

互联网技术接入后，七院还将系统接入地磅自动读入技术，将来料自动计入控制系统，综合数据自行研判，对剩余存储料存储量不匹配进行连续报警，减少了物资的人工浪费，增加了材料计量的准确性、客观性。

前行路上，创新不止，发挥探索精神，七院还自主研发设计了智能化注浆系统，解决了浓浆堵塞泵体等根本问题，泵体轻、小、模块化，便于运输维修，故障率低，维修成本极低。该系统集成了自动计量系统，可自动记录单控单次注浆量。比传统工艺，该套系统降耗降能达50%，实现了绿色施工、智能化施工，后台可实时监控施工现场所有设备的动态。

七院选用了提高产能节能提效非常明显的隔膜泵灌注+BW250泥浆泵高压充填技术，增强了项目施工可靠性、高效稳定，且满足绿色施工要求。

"我们还自行研发了专用添加剂，提高了结石率，降低了注浆量，从而降低了造价，减少了材料的浪费。"地矿工作人员介绍说。新工艺水压式止浆塞更是让治理工作更智能更高效更绿色。

善于总结，大胆探索、勇于创新，七院积累了丰富的经验，在采空区治理方面走在了全市乃至全省前列、成为采空治理的领头雁、排头兵。

继往开来 谱写高质量发展新篇章

多年来，七院人一直奋战在地质一线，充分发挥"三光荣""四特别"精神，勇于探索，敢于付出，从未止步。

在采空区治理的路上，七院一直在探索和实践。临港坪上铁矿项目的采空区治理采用了物理围挡的方式；兰陵石膏矿矿坑恢复治理将工业广场拆除恢复成耕地，并安装了监测设备，对采空地表位移进行实时监测；平邑石膏矿坑也采用了物理围挡的模式，对采空区进行回填恢复成了耕地。这次罗庄的采空区治理采用填充的方式，是对采空治理模式的一次全新升级，也是对采空区根本性的治理。

作为驻扎在临沂多年的省属地矿勘查单位，七院发挥主动融入临沂经济发展大局，严守绿水青山就是金山银山的生态发展理念，围绕生态环境保护、土壤治理、地下水资源保护与治理、矿山修复、绿色能源利用开发等做了大量工作，采空区治理是七院主动担当作为的又一生动体现。

"下一步，七院将继续深入贯彻高质量发展战略，以科技创新和项目部标准化建设为引擎，总结提炼项目成果、经验，不断提升核心竞争力，为更

征 途

好地开展采空区治理工作夯实基础，为地方经济社会发展提供技术支撑，为临沂'由大到强，由美到富，由新到精'的战略性转变贡献地矿智慧，展现地矿担当，积极谱写'十四五'建设新篇章。"七院党委书记、院长余西顺这样表示。

临报融媒记者　安连荣　韩广强　通讯员　李卉　李文正

（刊登于 2021 年 2 月 27 日《临沂日报》A4 版）

珍爱美丽地球　守护绿水青山

——七院助力沂蒙山区域山水林田湖草沙
一体化保护和修复侧记

"山水林田湖草是一个生命共同体！"习近平总书记强调，"统筹山水林田湖草系统治理"需要"全方位、全地域、全过程开展生态文明建设"，"人的命脉在田，田的命脉在水，水的命脉在山，山的命脉在土，土的命脉在树"。由山川、林草、湖沼等组成的自然生态系统，存在着无数相互依存、紧密联系的有机链条，牵一发而动全身。党的十九大提出必须树立和践行绿水青山就是金山银山的理念，坚持节约资源和保护环境的基本国策，像对待生命一样对待生态环境，统筹山水林田湖草系统治理。

统筹山水林田湖草沙系统治理，已上升到国家战略层面并进入具体实施阶段。

2021年3月20日，山东省财政厅、自然资源厅、生态环境厅组织专家在济南召开论证会，根据国家以及省部相关文件对《沂蒙山区域山水林田湖草沙一体化保护和修复工程实施方案》进行了审查，认为选择该区域作为实施区符合申报要求，同意按程序上报。

3月24日，《沂蒙山区域山水林田湖草沙一体化保护和修复工程实施方案》（以下简称"实施方案"）及相关附件材料报自然资源部。

实施方案申报的意义重大，影响深远。沂蒙山区作为华北平原的生态保障，影响南水北调工程，实施方案旨在打造区域生态高地，增强生态屏障功能，塑造生态沂蒙幸福沂蒙，开创生态发展水乳交融的美好前景，促进沂蒙革命老区生态保护和高质量振兴发展。实施方案将对临沂今后高质量发展具有举足轻重的作用。

申报的背后是专业技术队伍实施的大量基础性、先行性、公益性、战略性工作。七院作为地质技术支撑单位，从项目立项前期就承担着该方案的资

征 途

料汇总及各类工程技术方案的编制工作。方案申报工作量大，工作之繁杂琐碎超乎想象，七院人勇担使命，精益求精，不舍昼夜，为方案的成功申报提供了强有力的技术支撑和能力保障。

重任在前 勇担使命

沂蒙山区作为泰沂山脉重要组成部分，是国家生态安全的重要屏障，也是南水北调东线工程重要水源涵养区。区内岩石出露面积大，地形高差大，土地瘠薄，矿产资源开采程度较高，水资源分布不均。实施沂蒙区域山水林田湖草沙一体化保护和修复工程，共涵盖临沂市沂水县、蒙阴县、沂南县、平邑县、费县五个县域。早在 2020 年 1 月份，临沂市政府就安排市自然资源和规划局对接省自然资源厅争取山水林田湖草生态修复工作，七院作为技术支撑单位负责项目的立项工作。

七院高度重视，精选精兵强将 24 人，党委书记、院长余西顺专门给七院项目组人员召开了会议，勉励大家兢兢业业、尽职尽责，发扬地质工作"三光荣""四特别"精神，不怕苦不怕累，用更高标准、更严要求约束自己，为方案申报贡献地质担当。

为进一步完善方案内容，项目组向涉及本方案编制的市水利局、市生态环境局、市林业局、市应急局、市气象局以及涉及的五个县征集方案编制需要的资料。数据资料涉及门类多、数量大、资料管理相对独立，造成了数据集成化低、工作成果可视化程度低；由于部分资料涉密，资料收集进度缓慢。

时不我待。市自然资源和规划局抽调人员和七院的精兵强将 24 人组成 6个调研组，并立即在七院召开项目推进会。

2020 年 7 月 24 日，6 个调研组分别入驻平邑、蒙阴、费县、沂水、沂南和沂蒙山世界地质公园，针对山水林田湖草生态保护修复工程召开调研座谈会，安排部署县域方面的资料收集及项目的征集、调研工作。忙碌一周，收集到大量的一手资料，仅用两天的时间紧张整理，磋商确定出了项目第一稿。

时间紧张，项目组紧锣密鼓加快进度，放弃双休日和下班时间，连续加班加点，个个熬红了双眼，在最短的时间内以现有资料完成了方案正式稿第一版，并第一时间向临沂市蒙山山水林田湖草生态保护修复工程推进工作领导小组汇报征求意见。

2020 年 8 月 24 日，汇聚领导小组意见后，对方案进一步完善，编制完成了《山东省临沂市蒙山区域山水林田湖草生态保护修复工程实施方案》及相关附件，并通过了山东省自然资源厅组织的专家评审。

精益求精 勇争一流

2021 年 2 月，山东省确定从全省众多方案中将《山东省临沂市蒙山区域山水林田湖草生态保护修复工程实施方案》作为唯一向自然资源部申请的方案。

从 2 月开始到 3 月 24 日上报自然资源部的方案终稿，项目组精益求精，反复推敲，反复打磨，反复修改，先后向省、国家部委申报四个版本。

最终版本确定！根据自然地理特征和生态环境问题，划分出沂山—沂河水环境修复提升功能区、蒙山—汶河水土保持功能区和尼山—祊河生态修复与功能治理区 3 个区域，构建"三山三水"的生态保护修复格局。实施基础环境工程类 5 个，土地整治类项目 2 个，林草湿地工程（生物多样工程）类 19 个，水环境治理类项目 14 个，污染防治类项目 1 个，农业农村工程类项目 3 个，配套工程 3 个，共计 7 大类 11 小类，共 47 项治理工程。正是凭着"咬定青山不放松"的执着和"千磨万击还坚劲"的韧劲，通过整理分析大量原始资料，系统性整理子项目 14 版次，整理子项目逾千次，才得出被认可的最终方案。

为更好地突出生态保护修复的主体功能，更好地体现各子项目之间的整体性、系统性、科学性，项目组及时有效与市、县各职能部门沟通子项目整理、筛选、归纳结果。各县区上报的项目经过多次调整，每次调整，市项目

征 途

组前功尽弃，要重新返工，单单工作绩效的统计就重复了9次，工作量之大可想而知。由于工程涉及自然资源、水利、环保、林业等多部门、多行业，各部门提供的坐标、图斑等数据格式不统一，为项目的统计、融合及图件制作带来新的挑战。七院沂水、沂南、平邑、费县、蒙阴五个县办事处全力配合县区职能部门进行子项目整理申报和资料收集。项目组人员也分别到各县协助申报山水林田湖草子项目工作。为了按时完成任务，工作至凌晨至日出成了常态，一连几天三餐都是外卖，时常为了赶节点进度，外卖凉了都还没有人动筷。

"元宵节那天，项目组忙到晚上9点才匆匆往家赶，尽管没能吃上家里热腾腾的汤圆，但能够把当天的工作做好，内心感觉也很甜。"项目负责人胡自远介绍道。

今年3月份，是方案最繁忙的论证和修改阶段。这期间，项目组人员数次往返奔波于济南与临沂两地，在省自然资源厅、财政厅、生态环境厅之间来回往返。通宵达旦，白加黑连轴转，一次次磋商，一遍遍修改，一次次完善，终于编订好了滚烫的实施方案定稿。

3月19日这一晚，工作人员彻夜无眠，看着定稿从印刷厂印出装订好，连夜送到济南；

3月20日通过省财政厅、自然资源厅、生态环境厅组织的专家组论证审查；

3月22日，编制好的方案、图件、附件报送至山东省人民政府；

3月24日，《沂蒙山区域山水林田湖草沙一体化保护和修复工程实施方案》及相关附件材料报自然资源部。此时项目组人员才放松下来，发现外面已是草长莺飞桃花艳。

地质报国　勇当先锋

方案申报成功，只是区域山水林田湖草沙一体化保护和修复的开始，今后还需要按目标计划有条不紊地实施。根据方案内容，沂蒙山区域山水林田湖草沙一体化保护和修复工程实施后，将完成以下四个主要目标：

一是蒙山区域森林生态系统退化趋势得到遏制，自然保护地体系更加完善，有害物种得到有效控制，生态服务功能稳步提升。修复退化公益林面积15万亩，荒山造林0.96万。二是水土流失面积和侵蚀强度持续下降，地面植被得到有效保护和恢复，输入河库的泥沙有效减少。治理水土流失面积51.65万亩，封育保护13.35万亩。三是水环境质量持续改善，水质总体保持优良，饮用水安全保障水平持续提升。河道水环境综合治理150千米，修复湿地0.38万亩。四是破损山体有效修复，矿山生态环境得到有效治理，地质灾害逐步减少，国土安全空间更有保障。治理破损山体255公顷，废弃矿山29座，土地综合整治2830公顷，新增耕地173公顷。

随着该工程的实施和不断推进，预计可产生良好的生态效益、社会效益和经济效益。

沂蒙山根据地被誉为"华东小延安"，是全国著名的红色老区。开展山水林田湖草沙一体化保护和修复工程，将大幅度改善生态环境，加快生态农业结构调整，带动绿色经济发展，把实施区域真正打造成"山清水秀人和"的生态高地，吸引更多游客，增加旅游产业收入，不断提高沂蒙红色知名度和影响力，有助于打造全国革命老区高质量发展的沂蒙样板，促进红色文化+绿色发展新文化体系共建，为长期发展、绿色发展注入持续动力。

绿色勘探，筑梦山水。多年来，地矿人坚守初心使命，践行绿水青山就是金山银山、良好生态环境是最普惠的民生福祉等理念，怀着对沂蒙这片热土的深情，为临沂的生态文明建设鞠躬尽瘁。

七院人坚持地质报国，多年来深耕沂蒙沃土，默默无闻地做着矿山修复、土壤质量调查、土地污染治理、采空区治理、地灾治理、水资源调查与保护等大量艰辛工作，不断从实践中探索创新有效的生态修复系统方案，始终保持守

征途

护一方故土的热忱，为地方绿色发展添砖加瓦，用实际行动为临沂高质量发展贡献地质力量。

正是平时的积累沉淀，关键时刻七院人才能拉得出、顶得上、打得赢。党委书记、院长余西顺表示，七院始终秉承"地质报国、事业立局、科技引领、有为有位、争创一流"的工作理念，聚力人才队伍培养，提高核心竞争力，打出了七院"钻石品质，拓路前行"品牌，实施提供一揽子地质服务方案，以高度的政治担当，持续为融入临沂地方生态保护和高质量发展战略源源不断提供着"地矿方案"和"地矿力量"。

临报融媒记者　安连荣　王婷婷　通讯员　李卉　李文正
（刊登于 2021 年 4 月 20 日《临沂日报》A4 版）

勇做沂蒙生态文明建设排头兵

——七院助力生态环境保护与治理纪实

"芳菲歇去何须恨，夏木阴阴正可人。"初夏时节，七院在罗庄区二龙山的生态修复现场，绿树成荫、花团锦簇。几年前，这里却是满目疮痍、隐患丛生的废弃矿坑。

荒山变绿地，废墟变良田。这翻天覆地的变化是七院多年来扎根临沂、服务临沂，主动担当、积极作为，配合当地政府和相关职能部门，深入推进临沂生态文明建设结出的累累硕果。深耕沂蒙大地六十余载，七院发挥地质工作先行性、基础性、公益性、战略性作用，在生态环境保护、土壤治理、地下水资源保护、矿山修复等方面成效卓著。

做沂蒙大地的检验师

绿水青山就是金山银山。良好的生态环境是最普惠的民生福祉。随着城镇化的加快，废水废气废渣日益增多，土壤是否安全，农作物药残是否超标，重工业企业退城入园后其用地能否作住宅、学校用地，都可以通过土壤调查得到清晰的答案。作为省属驻临唯一的地质勘查单位，七院立足"三农"，围绕生态临沂和乡村振兴战略，不断提升生态环境管理系统化、科学化、法治化、精细化和信息化水平，目前，已完成兰山、临沭、兰陵、沂南、沂水等县区的地质调查，使这些地区的土壤有了"身份证"。现在正对北城新区、河东中心城区建设用地进行场地污染调查。

院长余西顺介绍，临沂是农业大市，每个县区都各具特色，但在全国叫得响的农业品牌凤毛麟角。做土壤地质调查，查明规避有害成分，可因地制宜开展特色种植，助推当地经济发展。不久前，七院在沂南县圈定了优质的富硒地块，正在帮助相关农产品申请富硒品牌。七院将继续寻找更多的富

征 途

锌、富硒土壤，优化我市农业产业布局，精准助力沂蒙农业精品工程。

做碧水蓝天的守护人

生态沂蒙，离不开对碧水蓝天的守护。临沂虽然水资源丰富，但是地下水资源一旦被污染，便是不可挽回的损失。七院承担着临沂市地下水资源保护和监测工作，在全市设立了 161 个动态监测点，构建了一张覆盖全市的地下水监测网。

多年来，七院积极做好水资源保护与治理工作，开展了多项水文地质调查。由其承担的山东省重点城市 1∶50000 地下水污染调查（临沂市）项目，将全区域划分为三个级别，根据不同分区提出了相应的预防控制措施，为我市地下水污染防治提供了科学严谨的依据和技术支撑。

做绿水青山的美容师

"望得见山，看得见水，记得住乡愁……"这是一幅"画卷"，也是一张"答卷"。七院一直坚守守护沂蒙绿水青山的初心，坚持做绿水青山的美容师，致力于矿山治理与修复，给百姓更多的青山和绿水。

七院人栉风沐雨、晨兴夜寐，发挥专业优势，秉承"三光荣"传统、"四特别"精神，对全市矿山地质环境进行了全面勘查，形成了《山东省临沂市环境地质综合调查研究报告》等千余份，并编制了《临沂市矿山地质环境保护与治理规划（2018—2025 年）》，绘制了我市矿山地质环境治理的美好蓝图。

2021 年，七院生态修复再"发力"，计划助力兰山、罗庄、费县、临沭、沂南、蒙阴、莒南等地多个矿山地质环境治理项目，为临沂生态环境修复治理贡献更大作为。前段时间被刷屏的网红景点黑石山已列入七院 2020 年度矿山地质环境生态修复治理计划，目前已完成该项目的测量及设计工作。

习近平总书记强调，要建设一支政治强、本领高、作风硬、敢担当，特别能吃苦、特别能战斗、特别能奉献的生态环境保护铁军。七院就是这样一支地质铁军，一代代地质人薪火相传、砥砺奋进，以地质报国之心，以专业工匠之手，担当沂蒙生态环境的守护卫士。

6月5日，是世界环境日。今年的主题是"美丽中国，我是行动者"。院长余西顺郑重表示："守护好这片绿水青山，地矿人责无旁贷。在生态环境保护与治理的道路上，我们目标笃定，永不停歇，勇做临沂生态文明建设的排头兵，为绘就新生代高质量发展的靓丽画卷贡献地矿智慧、地矿力量和地矿担当！"

临报融媒记者　安连荣　王婷婷　通讯员　李卉　李文正
（刊登于 2020 年 6 月 5 日《临沂日报》A1 版）

征 途

▲ 原地质矿产部部长宋瑞祥到费县朱田镇大井头钾镁煌斑岩管考察

▲ 山东省地矿局党委书记、局长张忠明到临沂新华珑悦广场基坑支护和桩基项目站点调研指导工作

▲2019 年 10 月，与中国科学院院士、南京大学地球科学与工程学院教授杨经绥共同签署协议书

▲2019 年 10 月，七院承办的金刚石深部探测理论技术研讨会在临沂召开

征 途

▲院长余西顺赴新能源钻探项目站点检查指导工作

▲《我和我的祖国》快闪活动现场

▲ 院党委召开专题会议安排部署疫情防控工作

▲ 开展抗击"新冠肺炎疫情"爱心捐款活动

征 途

▲ 风雨无阻，坚持战斗在疫情防控阻击战一线

▲ 2019 年 7 月，无偿为汤头中心敬老院打井一口

▲2019年6月，与临沂市应急管理局签订合作框架协议

▲2018年5月，全国农用地土壤污染状况详查样品采集

▲ 罗庄煤矿采空区调查

▲ 承办首届临沂地质文化年暨沂蒙山世界地质公园成功申报一周年宣传活动

▲ 山东省"金刚石成矿机理与探测"院士工作站揭牌成立

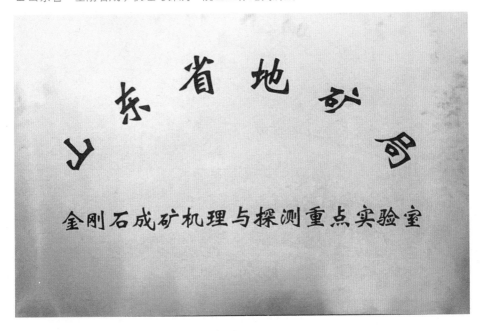

▲ 山东省地矿局金刚石成矿机理与探测重点实验室牌匾

征 途

▲ 实验室技术人员做滴定实验

▲ 承担实施临沂机场岩土工程勘察项目，图为建成后的临沂机场

▲ 承担罗庄银凤湖片区煤矿采空区注浆治理工程

▲ 风景优美的地矿驾校训练场地

389

征途

▲ 整齐划一的教练车

▲ 美丽的七院